Elogios para *Quinceañeras*

© Mario Aguirre

ADRIANA V. LÓPEZ fue la fundadora y editora de *Críticas*, la revista hermana de *Publisher's Weekly*. Los trabajos de López han sido publicados en *New York Times*, *Los Angeles Times* y *Washington Post*, entre otros medios. Es miembro del PEN American Center y vive en Nueva York y Madrid.

rayo *Una rama de* HarperCollins*Publishers*

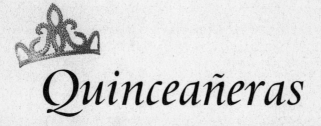

Quinceañeras

15 Relatos
de Coronas, Tafetán,
Tíos Borrachos
y Más

Editado por

Adriana V. López

Traducio del inglés por

Diseño del libro por Janet M. Evans

Este libro fue publicado originalmente en inglés en el año 2007 por Rayo, una rama de HarperCollins Publisher.

PRIMERA EDICIÓN RAYO, 2008

Library of Congress ha catalogado la edición en inglés.

ISBN: 978-0-06-147075-2

08   09   10   11   12   DIX/RRD   10   9   8   7   6   5   4   3   2   1

Para mis padres y su fortaleza,
cuando parecía que todos mis compañeros
estaban pensando en saltar de un puente...

Contenido

Damas y Chambelanes Reticentes

Los Soñadores

Introducción

No puedo recordar el día en el que cumplí quince años. Probablemente estaba castigada, como de costumbre, encerrada en mi habitación decorada con un empapelado de Laura Ashley, sollozando delante de mi afiche de Culture Club, preguntándome: "¿Por qué yo? *¿Por qué?*" El arco emocional de la vida parecía tan extremo en aquel entonces. Como una trama mal desarrollada en un video de música de MTV, o un programa en la televisión de la tarde cuya historia era tan calamitosa como la de mi propia vida.

Es demasiada información para que un nuevo cerebro adulto lo absorba todo de golpe. Al aproximarnos a los quince, básicamente somos personas plenamente formadas, conscientes de nuestro entorno. ¿Un poco precoz? Sí. ¿Extraño? Definitivamente. Pero, sin embargo, la pizarra todavía está lo bastante limpia como para sentirnos orgullosos de ella. Estamos llenas de ideas sobre el mundo, y en el mejor momento físico. No obstante, a pesar de estos atributos, nos sentimos absolutamente indefensas, *inútiles*, por dos razones fundamentales: 1) nuestras llameantes hormonas no nos dejan pensar con claridad y, 2) todavía somos ciudadanas de la república del hogar familiar. Básicamente, no tenemos más alternativas que ceder o desertar.

Al borde de la edad adulta, cumplir quince años puede suscitar muchos interrogantes existenciales acerca del papel que desempeñaremos más tarde en la sociedad. Especialmente cuando el simbolismo profundamente arraigado del ritual de la quinceañera está en juego. Esta fiesta definitiva de presentación en sociedad para las latinas en los Estados Unidos y en América Latina ha sido siempre, y siempre será, un rito de paso que atesoraremos toda la vida o reviviremos primero en la terapia, y que, finalmente, superaremos (la mayor parte de las contribuciones a este libro pertenecen a este último grupo).

Esta ostentosa tradición de transformación de niña a mujer ha sido difícil de abandonar para los latinos desde sus inicios más crueles en la cultura azteca, donde a las niñas de quince años se les festejaba por estar preparadas para el matrimonio y la procreación, y a los niños por estar preparados para la guerra. Después de que Europa extendiera su influencia sobre América, las fiestas de quinceañera para las debutantes de las altas esferas de la sociedad tenían más el carácter de un cotillón. Esta presentación formal en sociedad de niñas de mejillas rosadas incluía el vals, no tan latinoamericano, y habitualmente venían con una corona, un vestido elegante y quince parejas de baile.

En las últimas décadas, tener una fiesta de quince años ha estado a la moda y fuera de ella como cualquier ídolo adolescente del momento. Pero, en los últimos años, muchas ciudades de Estados Unidos han presenciado un regreso inusitado de los quince. Podemos llamarlo un caso de orgullo latino, o envidia del Bar Mitzvah y de los Sweet Sixteen, pero multitudes de latinos están reviviendo este rito y llevándolo a nuevas alturas en el nuevo milenio, con ceremonias tan opulentas como un matrimonio de *Dinastía*. Aparte de los juegos pirotécnicos, aún somos un pueblo tradicionalista y la mayor parte de las tradiciones señaladas para las quinceañeras persisten, con nuevos giros correspondientes a nuestra época multicultural. Algunas familias todavía optan por fiestas modestas en el jardín, algunas lo celebran en grande en elegantes salones, algunas alquilan Disney World, algunas prefieren una ceremonia religiosa más prudente e introspectiva. Pero todas incluyen a la niña, su familia y sus amigos, las grandes expectativas, los nervios y, al final, un confuso empalago de recuerdos.

No importa si era la única familia latina del pueblo o si en la tienda había una sección completamente equipada con comida Goya; si vivías en Estados Unidos, una fiesta de quinceañera afirmaba tu latinidad. Y, a los quince años, muchos de los autores de esta compilación no estaban seguros acerca de esta extraña fiesta bailable, formal, multigeneracional, latina, católica, con licor gratuito. Podía ser un poco surrealista para el joven latino promedio. Quizás habría asistido a un par de matrimonios, pero ahora se trataba de celebrar la iniciación de una compañera en las ceremonias de la adultez. No había un novio a la vista, sólo Dios. "*Ay, ¡cielos!*" podría preguntarse el preadolescente promedio. "*¿Primero está la ceremonia sagrada, luego estamos en esta enorme fiesta, ella súbitamente usa joyas y maquillaje, baila el vals, está seguida por chicas con vestidos iguales al suyo y por tipos en esmoquin, su padre baila con ella y luego la anima a bailar con otros chicos, y cambia sus zapatillas por tacones sensuales?*"

Si eres pariente de la quinceañera, sales con ella, estás enamorado de su madre, de una amiga de ella, o sólo estás ahí por la comida gratuita, de todas maneras estás en esta función preguntándote cuál es tu lugar en este espectáculo. Bajo los pisos golpeados por los tacones de esta fiesta en apariencia inocua, yacen interrogantes más grandes y espinosos para el preadolescente latino: las curiosidades de las tradiciones culturales, el acné recurrente, la iglesia, las técnicas de baile adecuadas, los parientes extraños, las bebidas ocultas, los vestidos formales poco favorecedores, el sexo opuesto, los estereotipos y mandatos del propio sexo y, lo más importante de todo, si esto significa que ahora puedes tener sexo.

En mi búsqueda de quince autores con un relato personal sobre un evento de quinceañeras en su vida, encontré que la mayoría pueden clasificarse en cinco categorías: aquellas que tuvieron una fiesta de quince, aquellas a quienes obligaron a tener una, las que soñaron con una, los que fueron invitados sin proponérselo o se colaron a una fiesta y aquellos a quienes se les pidió que fueran una dama o un chambelán de la corte de la quinceañera. Agradecí la abundancia de ideas para relatos que recibí, y me sentí aliviada de que hubiera tantas personas con sentido del humor, dispuestas a ser sinceras acerca de las cosas extrañas que les habían sucedido camino a *Quincelandia*.

Dado que mi propósito era mantenerme alejada de las descripciones monocromáticas del acontecimiento de los quince, me enorgullece decir que los autores de *Quinceañeras* son tan variados como los roqueros de los años ochenta. Difieren en género, orientación, clase social, regiones de América y generación. Y, aunque fueron seleccionados por la originalidad de su voz, experiencia y perspectiva, al final, sus relatos están todos relacionados subrepticiamente por el humor, la tristeza y un gran descubrimiento de sí mismos.

Quienes buscan un manual para planear una fiesta de quince años, deben dejar este libro a un lado; no fue hecho para ustedes. Las fiestas descritas en estas páginas no siempre son tan bellas. *Quinceañeras* busca burlarse del ritual, ponerlo en duda, imaginarlo de nuevo, retarlo y verlo a través de los ojos de un extraño. El libro está dividido en cinco temáticas que son cándidas instantáneas de quince autores que rememoran momentos de su juventud, intentando comprender qué significaron.

Para algunos, como sucede en la sección inicial, "Los Románticos," una subida hormonal parece haberlos impulsado a través de su experiencia. La escritora Angie Cruz revive un beso velado con un chambelán tan apuesto que habría podido formar parte de Menudo, mientras que el actor y abogado Alberto Rosas, maldecido por su parecido con Antonio Banderas, seduce accidentalmente tanto a la quinceañera como a su madre. Y la profesora y autora Constanza Jaramillo-Cathcart considera que la razón por la cual su apuesta pareja—que estaba vestido todo de blanco en una fiesta en Bogotá—nunca la llamó de nuevo, pudo haber estado relacionada con los vínculos que la familia de él tenía con la mafia.

Desde luego, hubo otras que no tuvieron tiempo de coquetear por todas las responsabilidades que tenían. En la segunda sección, "Reinas por un día," están aquellas escritoras que se vieron obligadas a sonreír y soportarlo todo como la quinceañera sobre quien recaía toda la atención. Resucitando páginas no censuradas de su diario con candado, la periodista Fabiola Santiago reflexiona sobre su humilde fiesta y la compara con la manera como sus tres hijas, muy diferentes entre sí, decidieron celebrar sus quince años. La editora Leila Cobo-Hanlon supo desde un principio que su vestido *debía* ser verde esmeralda, o iría desnuda. Encontrar aquel color fue difícil, pero convencer a los pretenciosos chicos de su escuela que asistieran a su fiesta lo fue aun más. La familia de la profesora y poeta Nanette Guadiano-Campos la obligó a hacer una fiesta. Siendo la chica nueva en una parte de Texas no muy latina, una fiesta de quinceañera era lo último que deseaba—especialmente con la tía Chucha vestida con un estampado de leopardo ceñido para mortificarla aun más.

Luego están aquellos en la sección de "Los Colados a la Fiesta" que no tienen nada mejor que hacer una noche de sábado que llegar a la fiesta y formar problemas. La escritora Malín Alegría-Ramírez se convierte en una heroína cuando rescata el regalo de una amiga de la fiesta equivocada, en una noche en la cual dos taquerías rivales están encargadas de la celebración de dos fiestas en un mismo salón. La actriz y escritora Adelina Anthony asiste a la fiesta de quinceañera de la chica mala de la escuela por las enchiladas gratuitas. Pero cuando ve a la divina mamá de la quinceañera, ya no es solo la fiesta de presentación de su compañera de escuela.

El escritor y director de cine Eric Taylor-Aragón sencillamente no pudo negarse a la invitación de su colega de trabajo Antón. Así, cuando asiste a la fiesta de quince de una chica a la que no conoce, la extraña fiesta lo deja, literalmente, destrozado a la madrugada—pero con una apoteosis sobre la vida.

Y ¿nunca han sido invitados a una fiesta a la que realmente no desean ir, pero se sienten *obligados* a asistir? Para los tres escritores de la sección "Damas y Chambelanes Reticentes" llevar los volantes y las chaquetas les provocó angustia por razones personales. El autor Michael Becerra documenta las numerosas experiencias de un pariente suyo como chambelán muy solicitado, y el impacto que tuvieron estas ceremonias sobre sus relaciones con sus padres, sus hermanas y con las mujeres en general. Cuando la autora Bárbara Ferrer tenía sólo cinco años, fue incluida en una corte de jóvenes como una dama en miniatura. No se ha recuperado de las consecuencias psicológicas de las arduas preparaciones de belleza de aquel momento. Y la artista Mónica Palacios claramente recuerda preferir sus pantalones bota campana color púrpura, su peinado igual al de Jane Fonda en *Klute* y su uniforme de baloncesto sobre aquel vestido de dama que le irritaba la piel, que su mejor amiga quería que ella luciera.

Aunque algunos se quejaron de tener que asistir a otro evento de quinceañeras, otros reflexionaron más bien sobre lo que habría podido ser si el destino les hubiese señalado otra dirección. En la sección final, "Los Soñadores," la fiesta de quince años vive para estos autores en su extravagante imaginación y agridulces recuerdos. Para sanar la angustia adolescente de la escritora Felicia Luna Lemus, sólo mesas cubiertas de terciopelo negro, ponche color rojo sangre y una entrada grandiosa al son de la "Marcha fúnebre" de Chopin en un vestido de luto de seda negro, estilo Reina Victoria, serían los adornos apropiados para su fiesta gótica de quinceañera. Para la escritora Berta Platas, imágenes de escandalosos minuetos y vestidos de baile Givenchy de amplias faldas de la Habana de los años cincuenta danzaban en su mente. Esto es, hasta que sus padres dejaron caer la bomba de que no tenían dinero suficiente para la fiesta.

El último relato de esta colección se aparta del tema de la alegre locura de una joven vida que comienza y habla de la tragedia de una vida joven segada antes de tiempo. Cuando el autor Erasmo Guerra viaja de regreso al polvoriento sur de Texas, una fotografía familiar tomada para la humilde celebración de la fiesta de quince de su hermana suscita una cascada de recuerdos dolorosos que rodean el misterio de la muerte de su hermana. En las palabras de Guerra: "...permanecerá por siempre como una princesa adolescente, muerta antes de realizar su promesa como mujer en el mundo." Su conmovedora historia pone este tierno hito de la vida de la mujer latina en una perspectiva aleccionadora.

Quizás, como yo, también ustedes encuentren difícil recordar qué sentían cuando cumplieron quince años. Todos estos relatos ayudarán a recordarlo, a apartar aquellas pegajosas telarañas y a revelar el drama oculto de la reina vestida de tafetán. Les recordará aquel tiempo pasado, fantásticamente ridículo, pero sentimentalmente significativo. Así que, adelante, soplen las velas y pidan un deseo.

Quinceañeras

Los Románticos

El Quinceañero

por Alberto Rosas

*P*ocos meses atrás, mi prima Ilene me preguntó si quería ser uno de los padrinos de su fiesta de quinceañera. Esto significaba que me estaba poniendo viejo. Menos de una década antes, las chicas me pedían ser su chambelán o su chambelán de honor. A los veinticinco años, aún me consideraba un buen candidato para chambelán de honor. Ilene no estaba de acuerdo. Aun cuando sabía que mi respuesta sería negativa, no deseaba herir sus sentimientos, así que le dije que le respondería más tarde. Asistir a una fiesta de quinceañera de nuevo iba contra mi regla no escrita. Lo había dado por terminado después de la fiesta de Yvette en 1997.

Cuando Ilene salió de mi apartamento, estudié mi reflejo supuestamente envejecido. Cabello: negro, abundante, sano y sin canas. Arrugas: ninguna, con excepción de algunas líneas en la frente. Aún joven. Todavía un buen candidato a chambelán.

Mi reflejo me miró a los ojos mientras me lavaba la cara. El agua fría se sentía fresca contra la piel. Goteaba de mi cara y caía al lavamanos. *Gotas de champaña goteaban del cabello de Yvette mientras bailábamos. Pequeños trozos de flan se habían pegado a su cara y cuello. La melodía del vals resonaba por los parlantes mientras nuestros cuerpos se deslizaban por la pista de baile.*

No podía deshacerme de los recuerdos. Imágenes de aquella fiesta pasaban por mi mente como una película. Veía su cara, qué dulce lucía en su vestido largo blanco. Aquellos inocentes ojos verdes me miraban desde un rostro pálido como el de un fantasma. Apareció la cara de su madre: seductores ojos verdes que contrastaban bellamente con una piel naturalmente bronceada. Recordé el flan. Había sido importado de Tijuana, dijo el padrino, y era el mejor flan que había probado en mi vida.

Yvette estaba en el jardín gritando órdenes al grupo de damas y chambelanes. La mayor parte del grupo había llegado tarde, y ninguno de ellos conocía los pasos del vals.

"Todos tienen que hacerlo bien," ordenó Yvette.

"Quizás si bailáramos hip-hop," dijo una de las damas.

"Esto es gay," dijo uno de los chambelanes.

Nos volvimos a mirar al coordinador gay del vals, Esteban, quien agitó una mano en el aire y dijo: "Como sea." También miramos a la madre lesbiana de Yvette, Ingrid, quien se limitó a mover la cabeza y no dijo nada.

Yvette me tomó de la mano. Esteban oprimió un botón en la caja del micrófono y "Tiempo de vals" de Chayanne comenzó a sonar. El vals de Chayanne era una mezcla de canción pop romántica y el bajo repetitivo de tres tiempos del vals. Parecía ser una canción popular entre las quinceañeras; era la tercera vez que la bailaba.

Las parejas bailaban alrededor del apretado jardín, minimizando sus movimientos para acomodarse al pequeño espacio. Yvette contemplaba sus pies mientras bailaba.

"Mírame," le dije.

Era mi octava o novena vez como chambelán, mi cuarta como chambelán de honor. A los diecisiete años, ya era un aficionado del vals.

En mi primera fiesta de quince años, cuando tenía once años, no podía decidir si tenía dos pies izquierdos o dos pies derechos. Las baladas de los mariachis y las polcas en bandas eran excesivamente complicadas para mi coordinación. Además, odiaba aquellas cosas de mariachis y bandas. Fue sólo unos pocos años más tarde, cuando conocí la salsa y el merengue, que descubrí mis habilidades ocultas de baile.

"Eres un buen bailarín," dijo Yvette.

"Soy el John Travolta latino."

Aun cuando Yvette había sido dama en varias fiestas de quince, el estrés agregado de ser *la* propia quinceañera la convirtió en una virgen en la pista de baile. Además, el vals no era lo suyo; sólo era algo que *tenía* que hacer. El vals estaba conectado con los quince, y era imposible tener el uno sin el otro. Sería como fríjoles sin arroz, una barbacoa de carne asada sin cerveza o una piñata sin caramelos. Sería como tener una hija y no darle una fiesta de quince años. Era una tradición.

Tanto los chambelanes como las damas arrastraban los pies al bailar, con los hombros encorvados hacia delante. Los chicos bailaban de izquierda a derecha a un ritmo de un-dos, en lugar de un-dos-tres.

"Chicos, por favor," dijo Esteban, "no arrastren los pies como si llevaran sandalias o algo así."

"Odio esta porquería de vals," dijo alguien.

Durante el receso, corrimos al refrigerador por refrescos. Las siete damas permanecieron en una esquina del jardín. Seis de los chambelanes se quedaron en la acera, mientras que Chuy entró a mirar televisión. Mis pantalones y mi camisa de polo contrastaban con sus camisetas y vaqueros holgados. Sintiéndome fuera de lugar, permanecí en el jardín y me senté al lado de Esteban y de Ingrid García, la madre de Yvette.

Yvette estaba al lado de un chico fornido, aproximadamente de mi edad. Tenía unos pocos bigotes gruesos que delineaban una barba delgada. Envidié su grueso vello facial comparado con mi incipiente pelusa de durazno. Lo había conocido un año atrás, por la misma época en la que conocí a Yvette, cuando ella y yo fuimos dama y chambelán en los quince años de Alma. Yvette y yo nos hicimos amigos desde entonces, y siempre la consideré como una hermana menor. Fue en la fiesta de quince de Alma donde conocí a Carlos, el novio de Yvette. Llegó a la fiesta con pantalones sueltos y un pañuelo de colores colgando del bolsillo de atrás. Alma le dijo que se fuera, Alma e Yvette comenzaron a discutir y dejaron de hablarse desde entonces. Así, cuando Yvette me pidió que fuese su chambelán de honor, le pregunté: "¿Y qué hay de tu novio?"

"No sabe bailar."

"Quizás pueda enseñarle algunos pasos."

Yo no conocía a ninguno de los amigos de Yvette. Los siete chambelanes parecín ser pandilleros o arribistas. La película *Mi Familia* había sido estrenada cerca de un año antes, y los chambelanes aspiraban a ser *vatos locos* como el personaje de Jimmy Smits. Sus camisas de manga corta y camisetas sin mangas revelaban las últimas tendencias en los tatuajes hechos en casa, que consistían en esbozos esqueléticos de imágenes parciales y errores de ortografía, como el del chambelán cuyo tatuaje decía "Yes Sí" en lugar de "Jesse." Las damas llevaban un exceso de maquillaje y hablaban sin parar de Enrique Iglesias, quien había aparecido recientemente en la escena musical, y hasta llevaban camisetas de Enrique e imitaban su acento español.

Entonces me senté solo en una banca con dos homosexuales—Esteban y la señora García—escuchándolos hablar de zapatos, dietas y telenovelas.

"Sabes, te pareces a Antonio Banderas," me dijo la señora García.

No era la primera vez que escuchaba esta comparación. La película *Desperado* había sido estrenada dos años antes, y cada cierto tiempo alguien hacía este comentario. Antonio y yo teníamos el mismo color de piel, los mismos ojos y yo también llevaba el cabello largo, aunque no lo suficiente como para hacerme una cola de caballo. Mis amigos negros comenzaron a llamarme "Tony Flags."

Me limité a sonreír y a asentir. Rara vez hablaba con ella o con Esteban, pues me sentía incómodo con el estilo de vida que habían elegido. Después de todo, me habían educado con la homofobia machista de la cultura mexicana.

Los labios carnosos de la señora García se curvaron en una sonrisa desafiante.

El apartamento de Yvette era un apartamento modesto de dos habitaciones en un edificio de dos plantas ubicado en un vecindario de clase media en Oakland, California. Estaba ubicado sobre el garaje y compartía un pequeño jardín con los otros vecinos. Cada vez que iba ahí, se escuchaba una melodía de banda o de salsa que invadía el aire caliente del verano. Había fotografías de la familia sobre las repisas y obras de arte azteca en las paredes. En algunas de las fotos más viejas aparecía un hombre de piel clara con un grueso bigote en forma de manubrio. Aparecía en muchas de las fotografías con Yvette cuando ella era una bebita, llevándola sobre los hombros, posando en su Mustang azul. Era un hombre apuesto que nunca sonreía en las fotografías. En las fotos de Yvette ya cerca de los años de preescolar y de kindergarten el hombre ya no aparecía.

Ingrid García tenía dieciocho años y estaba embarazada de Yvette cuando se había casado con aquel hombre, y él la había traído de México. Trabajaba en transporte marítimo y viajaba constantemente. La vida fue difícil para Ingrid al comienzo, especialmente debido a los viajes de su marido y a sus infidelidades. Cuando la policía golpeó a su puerta un día, Ingrid se dio cuenta que lo que había estado enviando y recibiendo su marido era cocaína. Yvette tenía cinco años cuando su padre fue sentenciado a una institución correccional federal. Cuando Ingrid le envió por correo los papeles para el divorcio, decidió también que nunca estaría con otro hombre. Él había sido el primero.

Después de frecuentar durante poco tiempo los clubes nocturnos y los bares de San Francisco, Ingrid se reinventó a sí misma. La chica mexicana tímida y de voz suave floreció y se convirtió en una lesbiana que bebía fuerte y salía mucho. Su marido estuvo en prisión durante once años, y durante este tiempo nunca se acostó con otro hombre. Hasta que llegué yo.

"*¿Puedes enseñarme* a bailar el vals?" me preguntó Chuy. A los trece años, Chuy era el más joven de los chambelanes. Parecía un esqueleto ambulante en sus pantalones anchos y camiseta, con el cinturón colgando hasta los tobillos. Aunque parecía un joven cholo, no actuaba como uno de ellos. Probablemente sólo fingía ser un duro para sobrevivir en aquellas calles malvadas.

"Le piso los pies a Juanita todo el tiempo," dijo Chuy, con un chasquido en la voz, "Es mi primera fiesta de quince. Quiero hacerlo bien."

Chuy me recordó a mí mismo en mi primera fiesta de quinceañeras. No sabía bailar y temía bailar el vals en un salón lleno de gente. Pero tuve la suerte de que la quinceañera y la mayor parte de las damas eran primas mías, así que se encargaron de mí y me enseñaron a bailar el vals y a beber tequila. Desafortunadamente para Chuy, no tenía primos entre los asistentes a la fiesta. Yo era lo único que tenía.

Su tía vivía a pocas cuadras de Yvette. Acordamos encontrarnos en casa de su tía durante la semana para practicar. El plan era mirar a Chuy bailando solo, fingiendo que sostenía a la pequeña Juanita en sus brazos. Esto resultó inútil. Se encorvaba y pisaba sus pies imaginarios. No tuve más opción que bailar con él.

"Finge que soy Juanita," dije.

"Esto es una porquería gay."

"Vamos, hombre, es la única manera de aprender. Los bailarines de tango en Argentina practican entre sí, para estar preparados cuando conocen chicas en un baile. Lo vi en la televisión."

Arrastró lentamente los pies sobre la habitación alfombrada y me tomó de la mano con reticencia. "No se lo cuentes a nadie," dijo. "Arruinará mi reputación."

"La mía también."

Chuy bailó conmigo en la sala de su tía. En ocasiones, yo lo llevaba cuando perdía el paso. "Eres más alto que Juanita," dijo.

Mi novia, Catalina, estaba en el sofá. Tenía dieciséis años, era voluptuosa, y no había tenido una fiesta de quinceañera. Su padre, quien había estado bebiendo Coronas solo toda la tarde, estaba sentado en una silla en el extremo opuesto del salón, mirando *Sábado Gigante,* bebiendo ron y café de un tazón, y mirándome durante las propagandas.

"Mierda," dijo Catalina mientras estudiaba la invitación. "Hay una lista de compras de padrinos." Agitó la invitación delante de mí. "¡Debe haber veinte padrinos!" Me entregó la tarjeta. "Todo el mundo puede hacer una fiesta de quince años si otra gente la paga. La quinceañera y sus padres no pagan nada. Por esto no hice una fiesta de quince. No quería pedirle dinero a nadie."

Aun cuando no había propagandas, su padre nos miró.

"Nadie pierde dinero, cuando lo piensas," dije. "El padrino de anillo, por ejemplo. Gasta trescientos dólares en un anillo. Él y su familia consumen cerca de ciento cincuenta dólares en comida. Beben cerca de cien dólares de cerveza. Tienen música gratuita. Quizás roben algunos de los cubiertos de plata. Salen ganando."

"¡Y qué hay del padrino de vestido?" preguntó su padre. "El vestido puede costar mil, dos mil dólares."

"Supongamos que el vestido cuesta mil quinientos dólares," dije. "El padrino y su familia consumen cerca de ciento cincuenta dólares en comida. Están irritados de haber gastado tanto dinero, así que beben cerca de trescientos dólares en cerveza. Llevan comida y cervezas adicionales a su auto—otros doscientos dólares. Quizás el padrino tiene alguna actividad divertida en el baño. Eso debe costar algo. Perdí la cuenta, pero creo que el padrino hizo una inversión bastante buena."

Catalina sacudió la cabeza. Su padre se puso de pie y atravesó el salón hacia la alacena, tomó su abrigo y dijo que regresaría pronto. Probablemente, toda esta conversación sobre la comida le había abierto el apetito. O quizás salía a buscar alguna buena inversión para sí mismo.

Catalina y yo nos miramos. Escuchamos sus pasos que desaparecían mientras se alejaba de la casa. Sonaron las llaves. Oímos la puerta del auto que se abría y se cerraba. El motor tosió mientras se encendía. Un auto se alejó. Segundos más tarde, nuestra ropa estaba en el suelo del salón y yo estaba sobre ella. Los cojines del sofá chillaron. En la televisión, Don Francisco llevaba uno de sus graciosos sombreros y El Chacal tocaba la trompeta ante los aplausos del público.

La señora Ingrid García fue la segunda mujer con quien hice el amor. Llegué al apartamento de Yvette como lo hacía todos los martes y los jueves para practicar. La puerta del jardín estaba abierta. La puerta de atrás del apartamento estaba sin candado. Ingrid se encontraba en la cocina con una tanga color verde limón y una camiseta amarilla de Bart Simpson. Sostenía una bebida verdosa en la mano. Mi cuerpo se puso rígido y comencé a transpirar de inmediato.

"¿Nadie te avisó?" preguntó. "Cancelaron la práctica. Esteban no pudo venir." Sintió mi incomodidad y sonrió. "Estoy segura que has visto a una lesbiana desnuda antes." Avanzó hacia mí. Puso el vaso en mi mano. "Me vestiré."

"No, está bien," dije. "No, quiero decir... me voy."

"No seas ridículo," dijo. Se dirigió a su habitación y yo me senté en el sofá.

"Eres bastante bueno para el vals," dijo desde la habitación.

"He asistido a muchas fiestas de quince."

"¿Cuántos años tienes?"

Tenía diecisiete años y cuatro meses, pero respondí: "Dieciocho."

"Debes quedarte y beber un trago conmigo." Se encontraba recostada en el marco de la puerta, en un par de vaqueros apretados. Me recordó una versión más alta de Catalina. Le devolví el vaso.

"Pruébalo," dijo. "Es un mojito, una bebida cubana."

"No, gracias."

"Bébelo," dijo. "¿Cómo puedes saber si algo no te agrada si no lo pruebas?"

Tomé un sorbo. "Sabe a dentífrico."

"Es por las hojas de menta y el azúcar." Se dirigió a la cocina y preparó otro. "Lo probé por primera vez en Puerto Vallarta. Solía ir ahí de niña. Es un lugar bellísimo." Hizo un gesto. "Termínalo. Estoy preparando más."

Salimos al jardín, nos sentamos en la banca y bebimos más. Fumamos dos de sus cigarros cubanos. Su encendedor tenía la imagen de una mujer desnuda. Hablamos acerca de la fiesta de quince que se aproximaba. Le estaba costando una fortuna a pesar de los padrinos. Quería regalarle un auto a Yvette en lugar de la fiesta, pero Yvette se había negado.

"La fiesta de quince es muy importante," dijo. "La gente la compara con una boda, pero una mujer puede casarse más de una vez. ¡Los quince años se cumplen una sola vez!"

Después de nuestro tercer mojito y la mitad de los cigarros, Ingrid me preguntó de nuevo: "¿No te han dicho que te pareces a Antonio Banderas?" En aquel momento advertí que probablemente estaba ebria.

Asentí y bebí un trago.

"Yvette dice que es virgen. ¿Es verdad?" Me miró a los ojos.

"¡Yo nunca la he tocado!"

"No seas ridículo. Sé que no lo harías. Por eso eres su chambelán. Yo quería alguien en quien pudiera confiar." Luego preguntó: "Con su noviecito, ¿hace el amor?"

"No sabría decirlo."

Inhaló su cigarro y miró hacia otro lado, sin fijar sus ojos en nada, como si su mente regresara y se imaginara en aquellas playas de Puerto Vallarta, con un mojito en una mano y un cigarro en la otra.

"Una fiesta de quince es un rito de paso de la infancia a la edad adulta. Es una tradición, la celebración de una joven que florece y se convierte en un ser sexual." Terminó su bebida verde de un golpe. Los cubos de hielo golpearon contra el vaso. "Durante el vals, baila con el chambelán principal. Luego baila con los otros chambelanes. Todos los chambelanes y las damas bailan unos con otros. Es la vida, todos se acuestan con todos. Una fiesta de quince es la manera como una chica anuncia al mundo que está preparada para hacer el amor."

Me excusé para ir al baño.

Mientras me masturbaba, imaginaba a Ingrid en su tanga verde, cómo lucía debajo de su camiseta de Bart Simpson. Su tanga verde desapareció. Me llevó a su cama con ella. Me besó. Yo la besé. Me arrancó la ropa. Su piel bronceada, sus muslos y piernas firmes, su cuerpo desnudo. Estaba dentro de ella. Gemía. Exhalaba.

Hubo un golpe en la puerta. "¿Estás bien?"

¿Había una ranura en la pared? ¿Había escuchado mientras me masturbaba? ¿Había un hueco oculto en la puerta? ¿Podía verme con mis pantalones en los tobillos y mi mano congelada alrededor del pene?

"Oh... ¿Qué?" dije.

Hubo un silencio detrás de la puerta. "Abre la puerta."

"¿Por qué?"

"Abre ya mismo la puerta."

"Pero yo..."

"Sé lo que estás haciendo. Puedo escucharte. Abre la puerta."

Me subí los pantalones y me abroché rápidamente el cinturón. Mi mano temblaba cuando abrí la puerta. Estaba recostada en el marco de la puerta con los brazos cruzados sobre el pecho. Me miró. Incliné la cabeza avergonzado. Cuando levanté la mirada, estaba mirando la cremallera de mi pantalón. Me di vuelta e intenté cubrirme. Su cuerpo se oprimió contra el mío desde atrás. Sus cálidos brazos me envolvieron, acariciando mi pecho y mi estómago, sus suaves manos deslizándose hacia abajo. "Han pasado casi diez años desde que sostuve uno de estos."

* * *

Estaba delante de uno de los espejos de cuerpo entero de mi madre en un esmoquin negro, con una libra de *gel* en el cabello. Mi madre entró a la habitación y me observó, con una orgullosa mirada. "Luces muy apuesto," dijo. Advirtió que mi corbata negra estaba mal anudada y rápidamente la retiró. Me preguntó a qué hora comenzaba la misa y la recepción, y respondí con vacilación. Mi novia estaría ahí. Mi amante de treinta y dos años estaría ahí. Lo último que necesitaba era a mis padres con su cámara de fotografía.

"Quise hacerte una fiesta de quinceañero cuando cumpliste quince años," dijo mientras me ayudaba con la corbata. "¿Por qué solo las chicas tienen toda la diversión? Mira la cultura judía. Los chicos tienen su Bar Mitzvah. Los chicos celebran el momento de llegar a la edad adulta, de pasar de ser niños a ser hombres. En una cultura tan machista como la nuestra, no sé por qué no celebramos el convertirse en hombres así como celebramos convertirnos en mujeres." Había terminado el nudo de la corbata. "Mírate, el quinceañero."

Permanecimos afuera de la iglesia. Nuestras familias y los invitados ya habían entrado. Los chambelanes y las damas practicaban la marcha de la iglesia. Chuy practicaba en voz alta: "Izquierda, juntos, derecha, juntos, izquierda, juntos…" Las damas lucían maravillosas en sus vestidos celestes. Los chambelanes llevaban corbatines coordinados con esmoquin negro.

El elegante vestido blanco de Yvette halagaba su figura. Su cuerpo era delgado y atlético. Jugaba softball y pertenecía al equipo de natación. Pero tenía una bellísima cara angelical sobre aquel cuerpo poco femenino. Algunos de los chicos se burlaban y decían que parecía más una chica blanca delgada que una voluptuosa latina.

Su maquillaje era sutil, su cabello estaba elegantemente suje-
tado hacia atrás. Nunca la había visto tan atractiva.

Las damas y los chambelanes permanecíamos en fila, desde la
pareja más baja hasta la más alta, Yvette y yo detrás. La banda de
mariachis tocó una balada lenta y la primera pareja entró por la
nave central de la iglesia. Los invitados se pusieron de pie.

Pensé para mis adentros: *la pobre quinceañera sólo tiene una
fiesta, pero como chambelán de honor, ¡esta es mi quinta fiesta de
quince!* Me sentí como una estrella de cine caminando por la alfombra roja en el estreno de una película. Pero era más como el
actor secundario que *pensaba* que era la estrella, aun cuando no le
importaba a nadie. Sonreía como un idiota. Probablemente ni siquiera aparecería en las fotografías. Quizás sólo aparecería mi
mano derecha. Pero sonreía de todas maneras.

Yvette era la estrella de la película. Mientras destellaban las cámaras, no pudo evitar sonreír y llorar. Las lágrimas se formaban
en la esquina de sus ojos, pero apretó la mandíbula y siguió sonriendo, sin dejar que una sola lágrima cayera en su cara y arruinara
su maquillaje. Pero su alegría se impuso y, cuando la miré de
nuevo, advertí que las lágrimas corrían por sus mejillas. Le apreté
la mano para consolarla y pensé en las palabras de mi madre: los
chicos judíos tienen su Bar-Mitzvah, los chicos latinos no tienen
nada.

Después de escoltar a Yvette hasta la parte delantera de la iglesia, tomé mi puesto en el reclinatorio. Desde donde me encontraba
podía ver a Ingrid, que llevaba un vestido negro completamente
ceñido, que se aferraba a su cuerpo como una segunda piel. Mientras el sacerdote hablaba, recordé a Ingrid. La forma como acariciaba mi cuerpo, las yemas de sus dedos rozándome la piel. La
forma como su cuerpo se oprimía contra el mío en el probador,
con los pantalones del esmoquin en el suelo. La forma como via-

jaba el agua por su cuerpo mientras permanecíamos en su rega-
dera. Cuando miré al sacerdote, la palabra "fornicar" me vino a la
mente.

Catalina estaba unos pocos reclinatorios detrás de mí. Lucía
bellísima en su vestido de verano. Nos llevábamos un año, asistía-
mos a la misma escuela y nos agradaban las mismas cosas. Fue mi
primer amor. Aunque también disfrutaba estar con Ingrid, sabía
que lo que había entre nosotros no duraría. Teníamos diferentes
edades e intereses. No podía durar. El sermón del sacerdote se refería a crecer, tomar decisiones y asumir responsibilidades. Al final
del sermón había decidido terminar con Ingrid.

Salimos de la iglesia, el brazo de Yvette envuelto en el mío. Vi
fugazmente una cara entre la muchedumbre. Primero no pensé en
aquella cara, con su pequeña barba y fuertes ojos marrón. La miré
de nuevo durante algunos segundos antes de que Yvette y yo pasá-
ramos al lado de su banca. Una versión más joven de aquella cara
aparecía en muchas de las fotografías de Yvette. Pero había algo en
el hombre que se encontraba en la banca que no se asemejaba al de
las fotografías. No estaba relacionado con la edad, sino con el
tiempo—en este caso, el tiempo pasado en prisión—y cómo lo había cambiado.

En la limosina camino al salón de recepciones, Chuy y uno de
los chambelanes encendieron un par de porros y, segundos más
tarde, el fuerte olor a hierba de la marihuana llenó el auto. "Como
los aztecas," dijo alguien. No tuve que fumar; había suficiente
humo de segunda mano dentro del auto. "Incluso los aztecas tenían fiestas de quinceañeras," dijo otro. Mis ojos estaban irritados
por el humo denso. Los grandes ojos verdes de Yvette estaban vidriosos mientras tomaba con cuidado el porro con sus brillantes
guantes de seda, cautelosamente para no ensuciar su vestido. Lo
sostuvo tan lejos de su cara como era posible, acercándolo única-

mente para inhalar ocasionalmente. Una larga pitillera habría ido bien con su atuendo.

Todos se hundieron en sus sillas. Yvette se inclinó y me besó, introduciendo su cálida lengua húmeda en mi boca. Miré a mi alrededor a las caras voladas de las damas y los chambelanes. Parecían demasiado drogados como para advertir el beso. O quizás yo estaba demasiado volado para advertir que lo habían notado.

Todo el baile era un mar de celeste y blanco. Los niños trepaban al escenario y agitaban los brazos, tratando de bailar. Intentaban tocar los instrumentos de los mariachis. Las familias se reunían alrededor de las mesas, bebiendo refrescos y cerveza. Los hombres se alineaban frente al bar, mientras el padrino de la cerveza transpiraba plomo. Algunas ancianas ponían los centros de cristal de las mesas dentro de sus enormes bolsos (aun cuando no eran recuerdos). El padrino de la torta cuidaba la obra de arte de cuatro pisos, impidiendo que los niños usaran los dedos como cucharas. Chicos adolescentes coqueteaban con chicas adolescentes. Hombres mayores, ebrios, contemplaban a las chicas adolescentes—durante un tiempo excesivamente largo. Jóvenes y pandilleros arribistas se apiñaban en los compartimentos del baño. Las chicas entraban en manadas a mirarse en el espejo del baño. Las parejas bailaban al ritmo rápido de los mariachis. En la cocina se escuchaba el ajetreo mientras los meseros llevaban platos de carne, fríjoles y arroz a cada uno de los invitados. Más de trescientas personas llenaban el salón, y seguramente llegarían más.

El plato de Yvette permanecía intacto al lado del mío. Cuando la busqué, estaba con su padre al otro lado del salón. Para entonces, la cara de piedra del hombre lucía una sonrisa. Yvette parecía feliz con su padre a su lado. Su padre estaba ahí aquel día importante, y eso significaba bastante para ella. Compartían el plato de su padre, y la mano de él descansaba en su hombro. Dijo algo que la hizo reír.

En aquel momento me sentí mal de que mis padres no estuviesen ahí. Mamá por una vez había entendido la sugerencia. Cuando Yvette se levantó de la mesa de su padre y atravesó el salón, pensé que a mamá le hubiera agradado vernos juntos. Yvette lucía igual a mamá cuando era joven: inocente. Yvette se deslizó por el salón, con el vestido abrazando sus muslos mientras caminaba. Parecía el tipo de chica de la que me sentiría orgulloso al presentarla a mi madre. Se sentó a mi lado, puso su mano en mi hombro y me dijo que me veía maravilloso en mi esmoquin. Era algo que un padre o un hermano diría.

"¿Cuándo fue liberado?" le pregunté a Yvette.

"El año pasado," dijo y bebió un poco de champaña. "Es divertido, ahora quiere arreglarse con mamá."

"Quizás alguien debiera decirle que ella es lesbiana," dije.

"Tal vez piensa que puede cambiarla. No siempre fue lesbiana, ¿sabes?"

Bebí un poco de champaña y busqué a Ingrid con la mirada. No se veía por ninguna parte.

"No va a suceder," dijo Yvette. "Amo a papá. Amo a mamá. Pero no los amo juntos."

Los ojos de Chuy estaban rojos. Estaban vidriosos, como si acabara de despertar y no hubiera advertido todavía que el sueño había terminado. El hedor de marihuana rodeaba su cuerpo. Me llevó a un lado y me pidió que ensayara de nuevo el vals con él. Le aseguré que lo haría muy bien. Pero bajo la influencia de aquellas hierbas naturales había perdido la memoria y no podía recordar el vals. Grandes gotas de sudor le bañaban la cara.

Hallamos un lugar vacío en el estacionamiento cerca de la limosina. Chuy me abrazó. Yo lo aparté.

"¿Qué diablos estás haciendo?" Dije. "No me toques. Hay gente a nuestro alrededor. Gente, hombre, gente."

Chuy bailó con su imaginaria Juanita. Realmente había olvidado el vals. Le recordé algunos pasos básicos y al ratito lo recordó todo. Como de costumbre, la parte de arriba de su cuerpo permanecía congelada, mientras que sus rodillas y sus piernas se movían rápidamente, con la cara mirando al frente mientras se esforzaba por no mirar sus pies. Sonrió aliviado, juntamos nuestros puños y nos apresuramos a regresar al salón.

Cuando me acercaba al salón, la ventana de la limosina se abrió con un sonido mecánico. Ingrid se encontraba dentro de ella con una botella de champaña, sonriendo.

Mientras Ingrid y yo nos apresurábamos a ponernos la ropa de nuevo, miré hacia atrás y vi las dos botellas de champaña vacías rodando por el suelo. Esto además de media docena de cervezas que había bebido en el bar—a expensas del padrino de la cerveza.

Habría sido más sencillo si hubiera estado sobria. Habría sido más sencillo si no hubiera estado enojada por la presencia de su ex marido. Mis palabras habrían sonado mejor si no acabáramos de haber hecho el amor. Pero, mientras intentaba arreglar mi corbata como lo había hecho mi madre aquella mañana, dije: "Ingrid, no creo que debamos vernos de nuevo."

Ella dejó de vestirse. "Acabas de follarme. ¿Te sentías así antes o justo después?"

"Antes y después," dije.

"¿Y durante?"

"Trataba de disfrutar el momento."

Intenté explicarme, pero sin importar cómo me las arreglaba para terminar la aventura, Ingrid no estaba tomándolo bien. Intenté hacerle ver el contexto más amplio. Le expliqué que me sentía culpable por traicionar a mi novia, diciéndole que no querría que Catalina hiciera lo mismo. Le aseguré que no lamentaba ningún momento de nuestra relación, y que siempre la recordaría y atesoraría. Ella asintió ligeramente. Sentí que había comprendido.

Luego cometí el error de decirle que Yvette me había besado. Peor aun, le confesé que en realidad tenía diecisiete años. Se puso pálida y vomitó sobre los elegantes cojines de cuero y la alfombra gris clara. Salí de la limosina y me apresuré a llegar al salón.

Catalina y yo nos dirigimos a una esquina vacía del salón. Cuando nadie estaba lo suficientemente cerca como para escucharnos, le conté mi versión de la verdad, explicando que Ingrid estaba ebria, que había vomitado, que me había pedido que me acostara con ella y yo me había negado. "Creo que las cosas pueden ponerse un poco locas," dije con toda naturalidad. "Quizás deberías ir a casa y aguardar ahí. Iré en cuanto termine el vals." Catalina me miró a los ojos. Miró mi esmoquin, examinando de cerca mi corbata. "Nos iremos juntos," respondió.

El padrino del flan iba de mesa en mesa pasando el postre. Era un hombre de baja estatura, pesado, que llevaba un sombrero de fieltro, no por estar a la moda, sino para cubrir su calva prematura. Explicó orgulloso que los ingredientes del flan habían sido importados de México. "Es perfecto," dijo. "Espero que lo disfruten." Cuando llegó a la mesa principal, nos entregó a Yvette y a mí dos tajadas enormes. "Sólo para ustedes," dijo. Antes de excusarse para dirigirse a otra mesa, comentó sobre mi parecido con un famoso actor.

Minutos después de servir el flan, los invitados se sirvieron champaña. El momento del brindis se acercaba. Esteban explicó a las damas y a los chambelanes que, después del brindis, nos reuniríamos afuera del salón para el vals. Esteban se dirigió entonces a la parte de atrás del salón para hablar con Ingrid.

Yvette dijo, "Mamá está un poco ebria."

"¿Sí?"

El padrino de honor habló primero. Se encontraba cerca de la caseta del DJ y habló por el micrófono. Conocía a Yvette desde que era niña, dijo. Dijo que la había visto crecer. Le deseó suerte en la universidad y en la vida.

El padre de Yvette tomó el micrófono. Tenía una voz ronca de fumador y sonaba como un viejo pandillero. Su voz tenía un tono extraño. Dijo que no había sido el mejor ejemplo para su hija. Dijo que ella había crecido sin él. Dijo que, a pesar de todas sus dificultades, ella había permanecido en el camino correcto y se había convertido en un ser humano inteligente y respetuoso. Sin importar cuántas velas haya en su torta, quince o veinticinco, ella siempre sería su niña, y siempre la amaría. Los invitados aplaudieron.

Ingrid levantó su corto vestido, haciéndolo aun más corto; probablemente pensó que era excesivamente largo y que no podría caminar bien con él. Tropezó cuando dio un paso, pero pronto se equilibró, poniendo la mano en el hombro de uno de los invitados. Saludó a los otros seis invitados de esa mesa. Esteban se acercó y la ayudó a llegar hasta la mesa del DJ. Le entregó el micrófono y ella lo besó en la mejilla. El beso se escuchó por el micrófono, y hubo un fuerte chasquido en los parlantes.

Ingrid pronunció con dificultad sus primeras palabras ante el micrófono, pero sonó como si dijera: "Este muy especial día parra mi hija." Miró a Yvette. "Ya creciste. Eres una mujer. Mientras pasas de la infancia a la edad adulta, debes estar preparada. El mejor consejo: ten cuidado. Los hombres son unos perros. Los hombres son unos mentirosos. Mira a ese mentiroso que está ahí." Señaló al padre de Yvette.

Los invitados se agitaban en sus sillas y susurraban entre sí.

"Me mintió," dijo Ingrid. "Nos abandonó. Yo tenía dos empleos, fui a la escuela para aprender inglés y me ocupé de ti, nena. Tu padre es un pinche mentiroso."

Esteban se acercó apresuradamente a la mesa del DJ. Intentó tomar el micrófono de la mano de Ingrid. Ella lo apartó con un empujón.

"Y este niño," dijo, mirándome. Yo esperé que nadie advirtiera que me estaba mirando a mí. Me sumí en la silla. Ella levantó su dedo y me señaló directamente. "Este hombrecito... es un mentiroso, también. Todos son unos mentirosos. Me dijo que tenía dieciocho años."

Los invitados contuvieron el aliento. Yvette me miró.

"Tienes razón," susurré. "Tu madre está un poco ebria."

Ingrid contempló fijamente a su hija. "Me dijo que no había nada entre ustedes. Así que me acosté con él."

Los invitados más jóvenes rompieron a reír. Chuy gritó: "¡Esto parece un programa de televisión!" Los adultos comenzaron a hablar libremente entre ellos y el suave murmullo pronto se convirtió en un estruendo.

"Pensé que tenía dieciocho años," prosiguió Ingrid. "No sabía que te gustaba, Yvette. No sabía que lo habías besado. Te amo y nunca trataría de robarte a tu hombre. Me mintió. Los hombres son unos perros."

Esteban y el DJ consiguieron quitarle el micrófono. Ingrid les gritaba. Esteban hizo un gesto a la banda de mariachis, y comenzaron a tocar. A pesar del hermoso rasgueo de las guitarras y las trompetas tranquilizadoras, nadie podía evitar mirar la escena que presenciaban.

Mi novia se acercó desde el otro lado del salón. Me preparé. Me daría una bofetada o me lanzaría su bebida encima, pensé. Se quedó mirándome, con sus enormes ojos marrón, como si yo fuese lo peor de lo peor. La vergüenza y la culpabilidad hicieron que me ruborizara. No se detuvo delante de mi mesa, como si yo no valiese la pena. Se dirigió hacia Ingrid.

Catalina la asió por el cabello y la abofeteó fuertemente en la cara. Ingrid, demasiado ebria como para sentir el golpe, no se movió. Le devolvió el golpe con igual fuerza. Ambas mujeres se halaban el cabello y el vestido y gritaban maldiciones.

"Perra."

"Cabrona."

"¿Cómo pudiste hacerlo?"

"Dijo que tenía dieciocho años."

"Es mi novio, maldita puta."

"Desgraciada."

"Pensé que eras lesbiana."

"¡Ay, mi cabello!"

Esteban y el DJ intentaban separarlas. Yvette corrió hacia catalina con una mirada de espanto en la cara, aterrada de que alguien le hiciera daño a su querida madre. Sostuvo su vestido por encima de las rodillas mientras se acercaba a ellas.

Catalina e Ingrid continuaban halándose el cabello.

"Suelta mi pelo."

"Suéltalo tú."

"No tú."

"Tú primero."

Yvette intentó apartar a su madre de Catalina. Consiguió sacar los dedos de Catalina del cabello de su madre. La pelea terminó. Ingrid comenzó a agradecerle a Yvette su ayuda.

Pero antes de que terminara, Yvette abofeteó a su madre, haciendo que la muchedumbre se estremeciera. Luego Catalina golpeó a Yvette en la cara. Un joven con una cámara de video se aproximó a las tres mujeres. Su madre gritó que dejara de filmar y se apartara, pero su padre repetía: "Videos caseros divertidos, videos caseros divertidos."

Cada una de las mujeres golpeaba a las otras dos. El padrino de la cerveza comenzó a recibir apuestas de los otros padrinos. Una mujer me tomó una foto para captar mi expresión. Yo le lancé una copa de champaña vacía. El joven de la cámara de video me enfocó. Podía ver que estaba grabando mi cara. Sonreí nerviosamente. No sabía qué más hacer.

El DJ y Esteban retrocedieron, temerosos de verse atrapados en medio de este triángulo de violencia. Esteban fue golpeado accidentalmente y gritó: "¿Cuál de estas perras me golpeó?" Levantó los brazos y se disponía a abalanzarse sobre ellas, pero cuando el DJ lo apartó, lanzó un gritito afeminado. Los invitados pedían a gritos que intervinieran los guardias de seguridad. Los cuatro guardias discutían entre sí qué debían hacer. Los invitados gritaban que hicieran algo, y uno de ellos rugió: "No debemos contener a las mujeres. Pueden demandarnos." Permanecieron inmóviles, observando. Al parecer, no había mujeres en el personal de seguridad.

Las tres mujeres se estrellaron contra una mesa cercana. Bandejas de flan volaron y la blanca natilla cremosa se esparció sobre sus vestidos, piel y cabello. Un río de champaña las siguió para lavarlas.

El novio de Yvette, Carlos, se me acercó con una mirada asesina en los ojos. Se agachó y se ocultó entre la gente mientras rodeaba el salón. Cuando se aproximó a mi mesa, corrió hacia mí. Chuy saltó de inmediato de su silla y lo tiró al suelo.

El DJ, Esteban y, finalmente, los guardias de seguridad, se abalanzaron sobre las mujeres e intentaron separarlas. Catalina había enredado sus dedos en el cabello de Ingrid y se negaba a soltarla. Yvette mordió el brazo de su madre. Los guardias consiguieron finalmente separar a las mujeres y escoltarlas a lados opuestos del salón, mientras otro de los guardias ayudaba a Carlos a zafarse de Chuy. Pero Chuy le dio un puñetazo a Carlos mientras el guardia lo ayudaba a incorporarse.

No lo sabía en aquel momento, pero el padre de Yvette se abría camino hacia el lugar donde me encontraba. Rodeó a la muchedumbre, manteniendo la espalda contra la pared mientras pasaba al lado de las mesas y los invitados. Se me acercó desde atrás, sosteniendo un centro de mesa de cristal en la mano. El DJ tomó el micrófono y alertó al guardia de seguridad. Justo antes de que el florero pudiera hacer contacto con mi cabeza, los guardias de seguridad sujetaron al padre de Yvette y lo tendieron en el suelo. Pedazos de cristal roto aterrizaron en mis pies.

Finalmente, fue más sencillo separar a los dos hombres de lo que había sido detener a las tres mujeres.

Quería salir corriendo de ahí, subirme a la limosina y decirle al conductor que me sacara de aquel maldito lugar. Miré a mi alrededor, esperando hallar la cara de mi padre o de mi madre. Los invitados tomaban fotografías de mí. Yo solía pensar que era la estrella de la fiesta de quince. Antes me fascinaba la atención que me prestaban. Pero ahora quería evitarla. Quería que me dejaran en paz. Quería que dejaran de tomar sus fotos estúpidas. ¿No tenían ninguna decencia? ¿Ningún respeto? Pero entonces advertí que yo no les importaba. No era su pariente. No era su amigo. Era sólo el chambelán sin nombre que había arruinado la fiesta de quince de Yvette. Me tomaban fotografías, deseando que mi incomodidad quedara grabada para siempre en la película.

Mi corazón latía fuertemente. Tomé el mantel, utilizándolo para secar nerviosamente la transpiración de mis manos. Debía hacer algo para no salir corriendo del salón. Necesitaba hacer algo diferente a sentarme ahí como un idiota. Con una mano temblorosa sostenía el tenedor, con la otra conseguí sostener el plato y corté el flan para probarlo. El padrino del flan tenía razón; estaba bastante bueno.

Cuando se asentaron el polvo y el flan, se decidió que se bailaría el vals como se había planeado. Los guardias de seguridad y algunos amigos, junto con el novio y el padre de Yvette, escoltaron a

Ingrid fuera del salón. Catalina no necesitó un escolta de seguridad; se fue sola.

Las damas y los chambelanes se reunieron fuera del salón y se formaron para el vals. Yvette salió, luciendo terrible. No sabía si era sudor, escupitajos o champaña lo que brillaba en su piel. Su peinado de cien dólares parecía ahora una de aquellas fotografías de "antes" de un producto para el cabello. Su maquillaje se había esparcido sobre los labios y las mejillas. Su vestido estaba empapado en champaña y parecía que lo hubiesen sacado de la lavadora antes de secarlo. Alguien había pisado el borde del vestido y lo había rasgado. Una de las tiras había sido arrancada.

Contempló su vestido, rompió a llorar y corrió al baño. Esteban y las damas la siguieron. Unos pocos minutos más tarde, regresó una de las damas y nos pidió que nos cambiáramos a nuestra ropa de calle. Todos la habíamos llevado para cambiarnos cuando comenzara la música del DJ.

Cuando Yvette regresó con unos apretados vaqueros y una blusa, Esteban intercambió algunas palabras con el DJ y, en efecto, unos minutos después comenzó a sonar el vals de Chayanne. El DJ le mezcló un bajo muy fuerte, dándole al vals un tono de tecno urbano. Las parejas entraron y Chuy se volvió para mirarme. Nos agradecimos el uno al otro con una sonrisa y una pequeña inclinación. Él y Juanita entraron al salón.

Yvette me tomó del brazo. Pequeños fragmentos de flan todavía se encontraban pegados a su cara y cuello. Tomé un pedazo que estaba en la cara y lo puse en mi boca.

"Bastante bueno," dije.

Ella tomó un pedazo de su cabello y lo probó. "Sí, tienes razón."

Sonreímos por un momento. Pero, lentamente, frunció el ceño. Le di un beso amistoso en la frente.

"Estarás fantástica," dije. "Eres muy bella."

Me apretó el brazo para agradecerme.

"Siento... todo esto," dije. "Arruiné tu fiesta de quince. Es mi culpa. Nunca quise que esto sucediera."

"No fue tu culpa," dijo Yvette.

"En buena parte, sí."

"Siempre quedan los dulces dieciséis."

Esteban dijo: "Está bien, es su turno. ¡Mucha mierda!"

Yvette y yo entramos al salón. Las damas y chambelanes habían formado un círculo completo en la pista de baile. Cuando Yvette y yo entramos al círculo, hablamos en susurros.

"Sabes que fue sólo un beso, ¿verdad?" susurró Yvette.

"Me diste tu lengua," susurré yo.

"Fue la marihuana. Además, Banderas no me parece tan atractivo."

"Las mujeres mayores creen que sí lo es."

Nos detuvimos en la mitad del círculo. Cada uno de los chambelanes se volvió hacia su pareja y comenzamos a bailar el vals. Gotas de champaña caían del cabello de Yvette mientras se escuchaba el *Tiempo de Vals* de Chayanne con su hipnótica melodía.

Yvette se olvidó de los invitados, del flan y de cómo nos veíamos con nuestra ropa de calle. Todo era el vals. Pensé sobre lo que había dicho Ingrid acerca del vals, que el vals era el camino de la vida, que el vals era la forma como la quinceañera le anuncia al mundo que está preparada para hacer el amor. Estuve de acuerdo con la primera parte.

Algunas de las parejas bailaban mejor que otras. Algunas no eran buenas parejas de baile, otras sí. Algunos tropezaron en los primeros pasos. Nuestro vals no era perfecto, pero la vida tampoco lo es. A través del vals, la quinceañera le anuncia algo al mundo. Aquella noche, ambos lo hicimos. Anunciamos que habíamos cometido errores, pero que, a pesar de aquellos errores, nos levantaríamos, asumiríamos nuestras responsabilidades y haríamos lo que nos habíamos propuesto hacer. El vals fue la forma en que Yvette perdonó a su madre, a mí, y dijo que la fiesta debía continuar.

Chuy nos sonrió, al igual que las otras damas y chambelanes. Bailamos con elegancia; nuestros pies se movían al ritmo del vals. Las cámaras se encendieron de nuevo e Yvette sonrió otra vez, feliz.

Mi prima Ilene abrió la puerta y me hizo pasar. "Cambié de idea," dije. "Será un honor ser uno de los padrinos de tu fiesta de quinceañera." Me abrazó y me agradeció. Su padre trajo café. Nos sentamos ante la mesa de la cocina. Rodrigo dijo que sabía por qué me mostraba reticente. Había escuchado lo que había sucedido en la fiesta de Yvette años antes.

"¿Viste las fotografías?" pregunté.

"Creo que Yvette las confiscó antes de que alguien pudiera verlas."

Reímos.

Mi tío Rodrigo dijo que la fiesta de Ilene sería costosa. Le había ofrecido comprarle un auto en lugar de la fiesta, pero ella había preferido la fiesta. Siempre podrá tener un auto, dijo Rodrigo. Tendrá muchos autos en la vida. Pero sólo una fiesta de quinceañera.

Pensé cómo la fiesta de quince de Yvette había sido la llegada a la adultez para ella y para mí. Fue mi fiesta de quinceañero. Admito que sólo tenía diecisiete años, pero dicen que los chicos maduran después que las chicas. Me había sentido tan avergonzado e incómodo por aquella fiesta de quinceañera, que nunca pensé que la recordaría y pudiera reír.

Me pregunté acerca de Ingrid. Cuando yo era joven, pensé que me había aprovechado de ella. Sin embargo, en retrospectiva, quizás había sido ella quien se había aprovechado de mí. Yo había querido crecer rápidamente, ser un hombre demasiado pronto. Si la vida es un vals, debemos entonces disfrutar cada giro, saborear cada paso y no perdernos un solo compás.

Terminé mi café y me levanté para marcharme. "Entonces, ¿qué padrino quieres ser?" preguntó mi prima Ilene.

"El padrino del flan."

Ensayos de Amor

Por Angie
Cruz

Su nombre era Junior Martínez. Tenía diecisiete años, lucía exactamente como Robbie Rosa de Menudo, y tenía el estómago plano como una tabla de lavar. La primera vez que lo vi estaba en casa de Yoyo, mi mejor amiga en el octavo grado. Era nuestro último verano juntas, antes de la secundaria. Ella seguiría sus estudios en una escuela católica, y yo asistiría a la escuela secundaria de música, artes visuales y actuación de La Guardia, en Nueva York, donde los chicos se teñían el cabello de azul, llevaban patinetas y fumaban delante de la entrada.

Este hecho no impresionó a mi madre. Si no fuese porque aquella escuela de arte era gratuita, a mí también me hubiesen obligado a asistir a una escuela católica. En este caso, estar arruinados tenía sus beneficios.

El día en que asistí a la audición en La Guardia, mi madre me llevaba de la mano. Se sorprendió cuando vio a tres chicos merodeando delante de la escuela, con botas de combate en un calor de 90 grados y con delineador negro en los ojos. Me aterré de que mi madre me avergonzara delante de ellos incluso antes de saber si sería admitida en la escuela. Sobra decir que caminó de arriba abajo fuera del salón de clases mientras yo completaba los exámenes de arte. Luego me dio un sermón sobre la importancia de que conservara mi propia personalidad, y que sólo porque alguien saltaba de un puente, no significaba que yo también debía hacerlo. Dijo que *los blanquitos* podían actuar a su manera, pero que nosotros éramos gente decente y no había razón alguna para que yo me tiñera el cabello de colores extraños como lo hacían ellos.

Yoyo y yo no estábamos entusiasmadas de ir a la escuela secundaria. Sabíamos que las cosas nunca serían como habían sido hasta entonces entre nosotras. Sería difícil vernos todos los días. Inevitablemente tendríamos nuevos amigos. Así que nos prometimos que el verano de 1986 sería el mejor verano de todos. Disfrutamos de todos los privilegios que tienen quienes ingresan a la secundaria, y rogamos a nuestras orgullosas madres que nos compraran vestidos nuevos y zapatos de tacón. Finalmente podíamos usar maquillaje sin ocultarnos de ellas. También se nos expidieron nuestros primeros permisos de trabajo oficiales.

Aquel verano, Yoyo y yo trabajamos como consejeras en el Programa de Verano para Jóvenes de la ciudad y, durante los fines de semana, yo trabajaba en Dunkin' Donuts en Penn Station. Era una forma de ayudar a mi madre a pagar los gastos. Después del trabajo, solíamos ir a casa de Yoyo a ojear la revista *Seventeen*, para ver los vestidos y peinados que aparecían en ella.

Fue entonces cuando su prima Cynthia irrumpió en la habitación, enojada porque no había suficientes chicas para su fiesta de quinceañera. Necesitaba siete chicos y siete chicas. Ya había reclutado a toda su familia, incluyendo a aquel apuesto primo suyo, Junior, quien acababa de llegar en un bote. Pero le faltaba una chica. "¿Qué voy a hacer?" gimió, y se lanzó sobre la cama, encima de las páginas que habíamos dispuesto con gran cuidado que hablaban de la forma perfecta de las cejas, la mejor cintura para tu cuerpo y qué hacer cuando no estás preparada para llegar a segunda base.

"Angie puede hacerlo," dijo Yoyo. Sus grandes ojos marrones se abrieron mientras me halaba del brazo para que aceptara.

"¿Verdad?" Cynthia aplaudió encantada y salió corriendo.

Yoyo y yo saltábamos de felicidad, pensando que no había mejor manera de pasar nuestro último verano juntas que participando en una fiesta de quinceañera. Ninguna de nosotras había asistido a una de estas fiestas antes. Esta sería la primera.

Cynthia regresó a la habitación. Le bajó el volumen a la música.

"Oye, Angie, necesitaré ciento cincuenta dólares el mes próximo para el vestido, los zapatos y la sombrilla. Puedes conseguirlos, ¿verdad?"

"Pues... tendré que preguntarle a mi madre. Quiero decir..."

"Y estaremos ensayando en la calle 137 todos los sábados. Así que no hagas planes. Todos tienen que estar presentes. La coreógrafa insiste en eso."

"¿Coreógrafa?"

Mi corazón latía con fuerza y sentí un nudo en la garganta. Mi madre nunca lo permitiría.

"Entonces vendrás, ¿verdad?"

Asentí con la cabeza. Quería decir no. Yo trabajaba los sábados. Mi madre me había comprado el vestido que quería para mi graduación, y había prometido pagárselo lentamente. Ese era el trato. Era un vestido blanco de Jessica McClintock de la sección de señoritas de Macy's. Me probé treinta vestidos hasta que encontré aquel que ocultaba perfectamente la grasa acumulada. Mientras no sonriera (llevaba aparatos), lucía bastante bien. También estaba ahorrando para todos los materiales que necesitaría en la escuela de arte. Después de todo, había sobresalido en los exámenes de admisión.

Hubiera debido aguardar para consultar con mi madre. Pero ya era demasiado tarde. Yoyo bailaba alrededor de la habitación y yo bailaba con ella como si fuese algo decidido. Pimpinela se escuchaba a todo volumen. Sostuvimos cepillos para el cabello como si fuesen micrófonos y cantamos con el dúo de hermanos argentinos.

Nos prometimos que siempre nos fascinaría Pimpinela, y que siempre seríamos mejores amigas.

Luego hice lo que toda hija debe hacer para salirse con la suya con su madre. Me convertí en la hija que siempre había deseado.

"Debo marcharme." Corrí a casa antes de que llegara mi madre. Mi hermano ni siquiera levantó la mirada del televisor para saludarme. Comencé a preparar la cena. Saqué la carne del refrigerador, puse a hervir el agua para el arroz. Barrí el piso, y llevé a mi hermano a su habitación mientras ponía la mesa. Saqué la cinta de Lionel Richie, porque Lionel sabía cómo llegarle a mi madre. Siempre la ponía de buen humor. Rocié la casa con un aromatizador. Luego me senté con una enciclopedia en el regazo. Se sorprendería de verme leyendo durante el verano sobre los comedores de hormigas, pero no había nada más que leer, excepto *Wifey*, de Judy Blume, libro que yo sólo leía en secreto.

Mi madre trabajaba durante el día, siete días a la semana, y asistía a la universidad la mayor parte de las noches. A menudo estaba fatigada. Así que siempre se alegraba cuando veía la comida en la mesa.

"No, cualquier cosa que sea, la respuesta es no." Eso fue lo que dijo cuando nos sentamos a cenar.

"Pero no te he pedido nada."

"Lo harás, y la respuesta es no."

"Esta bien, que tal si te digo que es la última cosa que te pediré en la vida, y que prometo hacer todo lo que quieras, si me dejas participar en esta fiesta de quinceañera este verano. Ni siquiera interferirá con la escuela porque recién comienzo en septiembre y la fiesta es a fines de agosto."

"¿Cuánto cuesta?"

"Creo que es gratuita. El padre de esta niña es el dueño de una bodega, y ella pagará todo."

"¿Sí? ¿De cuál bodega?"

"Una bodega en la calle 137."

"¿Es boricua?"

Nosotros somos dominicanos.

"Dominicano. Tal vez cubano." Boricua habría sido la respuesta incorrecta, y cubano la mejor respuesta, pero excesivamente lejos de la verdad. En realidad, la familia de Cynthia era dominicana, pero vivió en Puerto Rico antes de que se mudaran a los Estados Unidos.

"¿No eres demasiado joven para eso? Sólo tienes..."

Luego sucedió algo extraño. Me miró, y luego miró mis senos, que eran enormes. Habían crecido como dos pequeñas toronjas de un día para otro. "Tienes catorce años. Cielos, tienes catorce años."

Me contempló fijamente y me preocupé de que otro grano comenzara a salir a la superficie mientras hablábamos. Granos del tamaño de tomates gigantes surgían en partes aleatorias de mi cara. Era verano, y la lucha entre mis rizos y la humedad había comenzado. Mi flequillo, seco y quebradizo debido a un exceso de productos para el cabello, se encogía como un pequeño matorral sobre mis cejas. Mis dientes sobresalían, empujando mi labio superior. Mi mandíbula estaba tensa del dolor por mis aparatos que cada dos semanas los tenía que ajustar mi dentista. Pasaba por una fase fea, y el hecho de que mirara durante tanto tiempo me hizo temer que había algo aun peor en la forma en que lucía.

"Esta bien. Si ellos lo pagan, está bien. Pero únicamente si no interfiere con tu trabajo. Necesito tu ayuda para la casa."

A los ensayos no asistían chaperonas. Se realizaban en el gimnasio de una escuela donde trabajaba uno de los tíos de Cynthia. Yo nunca había estado en el gimnasio de una escuela. Era enorme y parecía peligroso. Había espacios oscuros detrás de las tribunas y olía a sudor. Pronto comprendí que la familia de Cynthia tenía conexiones. La bodega de su padre era como el corazón de la calle, y tenía libre acceso a todo lo que se encontraba cerca de ella. Cualquiera creería que ella tendría más amigos.

Todos estábamos intimidados por la coreógrafa, Jewel, quien tenía diecinueve años y sostenía que había aparecido en el video de "Thriller" (era uno de los cadáveres sin brazos que se retorcían). Dijo también que había ido de gira con Lisa Lisa y Cult Jam en una ocasión. Jewel usaba un guante de encaje negro. Afirmaba que era el mismo que Lisa Lisa había llevado en la cubierta de su álbum. Hacía balancear un cronómetro, acomodaba sus calentadoras con frecuencia y llevaba un bastón de madera con el que golpeaba el piso para marcar el ritmo. Nos alineó a todos en una fila. Junior estaba detrás de mí. Esto me distrajo y no lograba prestarle atención a lo que decía Jewel.

Una vez lo había visto de lejos en casa de Yoyo. Pero cuando sentí su aliento en mi cuello, mi corazón se disparó y mis manos se humedecieron. "La espalda derecha, los hombros hacia atrás, la barbilla levantada y sonrían," decía Jewel, mientras caminaba de arriba abajo haciendo que metiéramos el trasero, ajustando el orden de la fila. Yo me negué a sonreír. Me había acostumbrado a cubrirme la boca cuando tenía que hacerlo. No me agradaba mirar una boca llena de aparatos y no esperaba que nadie mirara la mía.

Delante de mí estaba el novio de Yoyo, Elvis. Yoyo había sido su novia desde que tenía trece años. Yo aún no había salido con ningún chico. Mi madre me tenía muy vigilada. No como la madre de Yoyo. Su madre prefería saber en qué andaban sus hijas. Elvis se presentó a la madre de Yoyo y le pidió permiso para verla. Muy a la antigua, muy correcto. Su madre incluso le permitió a Elvis entrar a la habitación de Yoyo y cerrar la puerta. Pero, incluso con toda esta libertad, Yoyo no le permitía a Elvis llegar a tercera base. La regla era solo más arriba de la cintura.

A diferencia de Elvis, a quien le agradaba hacer comentarios tontos y burlarse de Jewel, Junior era callado, intolerablemente callado. No sabía si estaba aburrido, si era tímido o si era arrogante.

"En realidad no habla inglés," susurró Yoyo como si pudiera leer mi mente.

"Hola," le dije a Junior. Me volví y lo saludé con la mano. Fue algo estúpido, pero no pude controlarlo. Cuando estoy nerviosa, las palabras vuelan de mi boca.

"Hola," respondió Junior. Me volví, con la mano sobre la boca, y reí. Aparecieron hoyuelos en sus mejillas, y bajó la mano para frotarse el estómago; luego se estiró en uno de esos largos bostezos de los chicos cuando desean enseñar sus abdominales.

Fue entonces cuando advertí que todas las mentiras que había dicho a mi madre valían la pena. Todas las horas extras que tendría que trabajar en Dunkin' Donuts para conseguir los ciento cincuenta dólares valían la pena. Renunciar a los Suzy Qs, Ding Dongs, Oreos y Frosties para poder lucir delgada y bonita el día de la quinceañera para que Junior Martínez me sonriera, todo valía la pena.

En cierta forma, la fiesta de quince de Cynthia era lo más cercano a una fiesta de quinceañera que podría tener. Habría cámaras, una orquesta y estaríamos actuando frente a un público. Toda aquella decadencia, cuando todos luchábamos por unos pocos centavos. Era algo importante para todos. Mi madre nunca podría pagar una fiesta como la de Cynthia; yo no soñaría en pedírsela. Años después, me enteré de que la familia de Cynthia tampoco podía pagarla. Su padre hizo un préstamo contra su bodega sólo para complacer a su hija.

Cynthia era la princesa de su padre. Y quizás eso hacía que creyera que era el rey del vecindario. Era dueño de una bodega. La gente dependía de él. Les fiaba la comida. Y, a diferencia de muchos de nosotros, Cynthia tenía un padre que había permanecido con su familia. Ninguno teníamos idea de cuáles eran los pensamientos y deseos de Cynthia porque era muy reservada. Los pocos intercambios que tuve con ella se daban cuando me pedía dinero o nos decía qué debíamos hacer y no hacer en su fiesta. "Mis quince," era como se refería a ella. "Mi fiesta." Y nosotros éramos su soporte; hacíamos todo lo posible para que *ella* luciera mejor. Además, Yoyo y yo éramos niñas para Cynthia. En unas pocas semanas sería una jovencita. Y sí, lucía diferente de nosotras. Incluso con aquellos pocos meses que nos llevaba, parecía más experimentada, más madura.

Cynthia era bonita a la manera de una Barbie. Tenía una melena larga y negra, a la que se refería orgullosamente como: "pelo bueno." No como mi pelo, que era "pelo malo" o "pelo vivo." Se partía su gruesa y brillante melena hacia un lado, y una enorme ola enmarcaba su cara. Rebotaba y se movía a su alrededor de la forma más perfecta. Y su piel era pálida, con un vello blanco fino a los lados de las mejillas, como si nunca hubiera visto el sol en su vida. Tenía unas largas pestañas negras que alargaba constantemente con rimel, de manera que siempre tenía los ojos brillantes.

Jewel, la coreógrafa, tomaba muy en serio su trabajo. Nos ordenó que hiciéramos una dieta: nada de azúcar, pan o arroz. Luego un uniforme: debíamos vestirnos de negro para los ensayos, para que pareciéramos un equipo. Yo ocultaba el uniforme de Dunkin' Donuts en lo más profundo de mi bolso. Los ensayos de los sábados duraban todo el día, y le dije al gerente que tenía asuntos familiares que atender todos los sábados hasta el día de la fiesta. Me arriesgué a que mi madre decidiera verificar dónde estaba. Era el tipo de persona que lo haría. Siempre suponía que yo estaba mintiendo o haciendo algo a sus espaldas. Esto era lo que le hacía los Estados Unidos a las chicas buenas como su hija. Y estaba en lo cierto, le estaba mintiendo.

Cuando la veía en la noche y ella me saludaba como si fuera la buena hija que llega a casa después de un largo día de trabajo, me sentía terrible de traicionarla. Pero, en aquel momento, pensaba que ella nunca lo entendería. Además, no estaba haciendo nada malo. Sólo aprendiendo unos pasos de baile, girando como Madonna, caminando por la luna como Michael Jackson.

El plan de la coreógrafa era que Cynthia entrara al salón al son de una versión condensada de "Walk This Way," de Run-D.M.C., que súbitamente se transformaría en "In Your Eyes," de Peter Gabriel. En aquel momento, nosotros, los chicos de la corte, entraríamos bailando una especie de vals y luego un baile de pasos cortos, con aplausos sincronizados y zapateo. Después vendría un poco de música tecno, y luego algo formal para nuestro número folclórico de merengue. Era un merengue a la antigua, en el cual los chicos se inclinaban y las chicas hacíamos una reverencia. Todo esto llevaría al final a "Careless Whisper" de Wham.

En ese momento, todos nos uníamos. Con nuestros cuerpos apiñados, formábamos un enorme capullo humano. Cynthia estaría oculta en medio del círculo, acurrucada; nosotros nos abríamos y ella se incorporaba lentamente como una flor que se abría y buscaría a su padre, quien luego la llevaría alrededor del salón, para que mirara a todos los chicos que aguardaban a bailar con ella, mientras observaba cómo su hija lo abandonaba y se convertía en una mujer.

"Será asombroso," nos aseguró Jewel, y nos pidió que confiáramos en ella. "He hecho esto durante mucho tiempo."

En aquel entonces, los diecinueve años de vida de Jewel parecían un largo tiempo. Agitaba su cola de caballo falsa hacia la izquierda y hacia la derecha mientras hacía gestos con las manos como un maestro. Siempre señalaba nuestras mejillas y nos levantaba la barbilla con el dedo, recordándonos que, al bailar, debíamos siempre sonreír y levantar la barbilla; debíamos sentirnos orgullosos de nosotros mismos.

La coreógrafa sólo practicaba con el grupo en las mañanas porque decía que tenía mejores cosas que hacer que pasar la tarde con nosotros. Le pagaban por horas, y una vez que terminaba las horas, se marchaba. Para almorzar, el padre de Cynthia nos preparaba emparedados de la bodega, y podíamos elegir el refresco que quisiéramos.

Yoyo y yo tomábamos Coca-Cola; comíamos emparedados de jamón y queso y M&Ms para el postre. A diferencia de Cynthia, no pensábamos en la dieta de Jewel. Cynthia tenía treinta libras de sobrepeso y se había impuesto la misión de perderlas para el día del evento.

"Imposible," dijo Yoyo. "No come nada en todo el día y luego se come como un galón de helado en la noche porque está muerta de hambre. Ha perdido la cabeza. ¿Sabes que ha mandado coser diamantes a su vestido?"

"¿Diamantes verdaderos?"

"No lo sé. Pasa todo el tiempo mirándose en el espejo, temiendo granos y cosas así."

Aun cuando Yoyo se sentía en libertad de criticar a Cynthia, yo nunca me atreví a decir nada malo sobre ella porque su familia era más unida que la sangre y, si Yoyo tuviese que elegir entre Cynthia y yo, la elegiría a ella. Había algo patético en ese hecho, pero era una realidad que conocía bien por mi propia familia.

Mientras transcurrían los días del verano, Yoyo comenzó a distanciarse, preparándonos a ambas para el hecho de que ya no iríamos caminando juntas a la escuela. Ni siquiera tomaríamos el mismo tren. Ella asistiría a una escuela en el Bronx, y yo me dirigiría al centro de Manhattan. Después de seis años de ser inseparables, yo enfrentaría el mundo sola.

Así, cuando Junior finalmente me habló durante el siguiente

ensayo, estaba preparada. Yoyo se besaba con Elvis, mientras yo
aguardaba bajo la señal de SALIDA como una idiota mientras ella
terminaba.

"¿Necesitas un aventón?" preguntó Junior.

"¿A casa?"

"Sí." Intenté no lucir entusiasmada frente a Yoyo porque entonces sabría que estaba interesada en su primo y formaría un escándalo. No podía guardar un secreto. Y yo no quería que él
supiera cuánto me gustaba. Él tenía diecisiete años, pero no parecía duro o inmaduro como los otros chicos de diecisiete años que
se burlaban de mí frente a sus amigos y luego, cuando estaban solos, intentaban besarme en los callejones. Acababa de llegar de la
República Dominicana y se disponía a terminar sus exámenes para
asistir a un instituto de formación profesional.

"Vete con él, loca," dijo Yoyo, levantando la vista del beso que
le estaba dando a Elvis.

"¿No quieres venir con nosotros?" le pregunté.

"Elvis y yo permaneceremos aquí un tiempo. Vete," insistió
Yoyo, y luego preguntó: "¿No te parece bello?"

"¿Cómo lo supiste?"

Yoyo me tomó la mano como si fuese un alma más sabia. Mi
corazón latía con tanta fuerza que me dolía el pecho. Me ruboricé
como una remolacha.

"Todos saben que ustedes dos están locos el uno por el otro."

Miré a mi alrededor; todos los chicos estaban ocupados en sus
propias cosas. ¿Habían estado hablando sobre nosotros? ¿Cómo
había podido ser tan obvia?

Tomé mi morral y seguí a Junior. Me llevó a su auto. Era un
Toyota Corolla abollado que necesitaba una pintura urgente-
mente.

"Disculpa el auto. He estado trabajando en él, pero toma
tiempo."

"No, está bien."

Aquel era el peor temor de mi madre: que yo estuviera en un auto con un chico adolescente alocado que probablemente no tenía una licencia de conducir. Y las hormonas de su hija también estaban alocadas. Sentía calor en las caderas y sostenía los labios fuertemente apretados para lucir tan bonita como fuera posible.

Me abrió la puerta y luego subió al auto. Se inclinó para tomar algo cerca de mis pies. Estaba buscando sus gafas de sol y las encontró enseguida, no sin antes rozar mis piernas con su mano.

"¿Adónde vamos?" preguntó Junior.

Le dije que me dejara en un pequeño parque cerca del Hospital Presbiteriano de Columbia. Era a pocas cuadras de nuestro apartamento, en una calle por la que no pasaba mi madre. Cuando llegamos, permanecí un momento fuera del auto, mientras él me miraba. Nos miramos durante un tiempo, aguardando a que algo sucediera, algo se dijera. Yo sostenía mi morral delante de mi pecho, como una barrera.

"Puedo pasar a buscarte mañana en tu trabajo. Yoyo me dijo que trabajabas en Penn Station."

"Termino a las tres."

"Eres bonita," dijo, y de nuevo surgieron los hoyuelos y yo intenté recobrar la compostura.

Junior me vino a buscar al trabajo al día siguiente, como lo había prometido, y había comprado helados para los dos. Los comimos mientras se dirigía al ensayo volando, como un conductor maníaco, y hablamos acerca de la República Dominicana. Compartimos cómo nos agradaba vivir ahí, y estuvimos de acuerdo en que, si no fuese por nuestras familias, que insistían en vivir en Nueva York, seríamos lo mismo de felices, si no más, en nuestro país.

"Sabes escuchar," me dijo cuando me dejó, y me preguntó

cuándo trabajaría de nuevo para poder venirme a buscar. Vi a Junior cuatro veces aquella semana. Nunca intentó propasarse. Nunca hizo nada diferente a llevarme helados o bebidas *frío frío* cuando me dejaba cerca de casa.

Luego llegó el sábado y estábamos en el ensayo. Pero no fue lo mismo como antes de que habláramos, antes de estar en su auto. Yoyo sabía que yo había estado viendo a Junior. Le dije que sólo estaba siendo amable; ella dijo que se trataba de algo más. Junior le había estado preguntado a Yoyo acerca de mí.

"¿Cómo qué?" pregunté.

"Ya sabes, preguntas. Cómo es tu familia, y si te agrada estudiar. Y si eres una buena persona."

"¿Qué le dijiste?"

"Que eras lo mejor, por eso eras mi amiga."

Cynthia llegó tarde al ensayo. Tenía dolor de estómago. Literalmente. Yoyo dijo que Cynthia había tomado unas píldoras para perder el apetito, y que habían tenido efectos secundarios. Le dijo a Yoyo que ensayáramos sin ella. La coreógrafa decidió marcharse.

Nos dejó las cintas y nos dijo que debíamos escuchar las canciones y conocernos mejor. Siempre se baila mejor cuando la gente se siente a gusto. Se fue con su despedida habitual: "No olviden sonreír." Sus palabras estaban dirigidas directamente a mí porque yo nunca sonreía. A menos que alguien me hiciera reír, o cuando miraba a Junior, desde luego.

"Oye, linda," dijo, cuando me encontró sola en la tribuna, escuchando mi Walkman. Estaba aguardando a Yoyo.

"Hola." No me resultaba fácil ir más allá de: *Hola.*

"¿Quieres que te lleve a casa hoy."

"No tienes que llevarme a casa siempre."

"Quiero hacerlo," dijo. Tomó mi mano entre las suyas y me miró con sus ojos enternecedores. Yo fruncí los labios y lo señalé con ellos cuando comenzó a sonar: "That's What Friends Are For" de Dionne Warwick, y Yoyo exclamó: "¡Esa es nuestra canción!"

Me haló a la pista de baile y fingió estar bailando lentamente conmigo, hasta que Elvis nos separó y le dijo a Yoyo: "Deja de parecer una lesbiana." No creo que Junior comprendiera nada de lo que sucedía.

Bailamos nuestras rutinas para la fiesta de la quinceañera como de costumbre, pero todas las canciones adquirían un nuevo significado para Junior y para mí. Cuando bailamos lentamente "Careless Whisper," su cuerpo y el mío eran uno.

Aquella tarde llovió y quedamos atrapados bajo el alero del edificio. Su auto estaba estacionado a unas pocas calles de distancia. Tomó mi mano mientras aguardábamos y nuestros cuerpos se acercaban imperceptiblemente el uno al otro, hasta que se volvió y me besó—un beso que me hizo levitar a varios centímetros del suelo. Pensé que estaba flotando hasta que advertí que me había levantado en sus brazos. Nos besábamos con tal fuerza, con su lengua en lo profundo de mi garganta. Era mi primer beso adulto. La lluvia golpeaba la acera, a nuestro lado; su cuerpo me protegía de la lluvia, su espalda estaba empapada.

Regresé a casa en éxtasis, completamente mojada por la lluvia, sonriendo de oreja a oreja. Mi madre estaba en casa.

"¿Qué tal estuvo el trabajo?"

"Bien."

"Ahora no tienes ese olor a pastel que solías tener cuando llegabas a casa. Es extraño, ¿verdad?"

"Sí, debe ser la transpiración. Es como tomar un baño. Además, quedé atrapada en la lluvia."

"Fui a tu trabajo. Hablé con el gerente. No has trabajado los sábados durante las últimas tres semanas. Dijo que tenías compromisos familiares."

"Mira, mami..."

"No me digas mira, mami; ¿no sabes los sacrificios que hago por ustedes? Todos los días salgo para tratar de traer comida a la mesa y tú sales a hacer Dios sabe qué."

"Mami, te lo iba a decir. Pero no quería que te preocuparas. Quiero decir, tuve que ensayar para la fiesta de la quinceañera los sábados, pero como necesitamos el dinero, no quise..."

"¿La quinceañera? ¿Le mentiste a tu madre por la quinceañera?"

"Lo siento mucho, mamá. Te prometo..."

"No lo sientes nada. No irás a la fiesta de la quinceañera. Llama a esa niña y dile que no asistirás. Y, de ahora en adelante, vendré a buscarte al trabajo. Obviamente, no puedo confiar en ti cuando estás sola. Pensé que podía confiar en ti, pero..."

"Lo siento, mamá, por favor..."

Tomó el teléfono y lo sostuvo delante de mí: "Llámala. Ahora."

Llamé a Yoyo. Ni siquiera tenía el número de teléfono de Cynthia. Le dije que no podía asistir a la fiesta. Pensé en aquel momento que mi vida había terminado. Nunca vería a Junior de nuevo.

Aquella noche, la madre de Cynthia llamó a mi madre y dijo que sería injusto con Cynthia que yo no participara porque la coreografía requería siete chicas y era demasiado tarde para encontrar un reemplazo para mí. Dijo que mi madre podía asistir a los ensayos si esto la hacía sentir más cómoda, y que por favor reconsiderara su decisión. Luego mencionó que ya habían ordenado la tela para los vestidos, y que perdería el depósito de cincuenta dólares que yo le había entregado.

"¿El depósito para los vestidos?"

Mi madre apretó su mano en un puño y la oprimió contra su cadera mientras hablaba por teléfono. Intentaba guardar la calma.

Pero mi traición de gastar dinero a sus espaldas era mucho peor que dejar el trabajo. Se suponía que éramos una familia unida. Se suponía que nos ayudaríamos entre nosotros antes de gastar dinero para otras cosas.

Mi madre colgó el teléfono. Permaneció en silencio durante largo rato; luego, con la voz más serena que le he escuchado, dijo: "Me has traicionado. Nunca pensé que podrías ser ese tipo de hija. Puedes asistir a la fiesta, pues es evidente que harás lo que quieras. Espero que puedas vivir con el hecho de que me rompiste el corazón y que ya no confío en ti."

Pedí a Yoyo que le dijera a Junior que no me buscara en el trabajo. Tendría que aguardar hasta el próximo ensayo para verme. Hice todo lo posible para que mi madre me mirara como lo hacía antes. No hablaba por teléfono, mantenía limpio el apartamento, preparaba la cena, ayudaba a mi hermano con los deberes para el curso de verano. Intenté todo para complacerla, pero nuestra relación había cambiado.

Cynthia llegó al ensayo siguiente con las muestras para los vestidos. Amarillo mantequilla. El tipo de amarillo que es poco favorecedor para todas las formas y pieles de las chicas. El tipo de amarillo que sólo las rubias anoréxicas de Hollywood pueden llevar.

"¿No les encanta?" dijo, y luego nos mostró el color de su vestido. Un rico color durazno, que acentuaba su cabello oscuro y el rosa de sus mejillas. Los chicos llevarían un esmoquin blanco, con corbatines y chalecos amarillos.

"¿Amarillo?" Mi desaprobación reflejó la opinión de todos.

Ya habían comprado la tela. Habían elegido el diseño. Era un vestido de chifón ligero, con arandelas en el cuello y en el dobladillo, con una banda de tafetán en la cintura. Llevaríamos flores en el cabello, probablemente una cinta. Teñirían los zapatos y las sombrillas para que fuesen del mismo color del vestido y, desde luego, tendríamos que pagar eso también.

"Te verás bonita en amarillo," dijo Junior para consolarme.

"Gracias."

Cuando miré a Junior a los ojos, no lamenté nada de lo sucedido. Eso era peligroso. Me hizo preguntarme qué sería capaz de hacer si lo seguía mirando a los ojos. Mi madre venía a buscarme después del ensayo, así que Junior y yo pasábamos la hora del almuerzo besándonos detrás de las tribunas. Era el único tiempo que teníamos para nosotros. Nos besábamos sin parar durante treinta minutos. No almorzábamos. ¿Quién necesitaba comida? Estábamos enamorados.

Bailábamos, hacíamos todo lo que estaba en nuestro poder para acariciar algo nuevo en el cuerpo del otro; en ocasiones era el dedo meñique, otras era acercarme lo suficientemente como para rozar su ingle. Mi madre tenía razón de estar preocupada.

Después de seis semanas de ensayos, nuestro grupo de catorce personas se convirtió en una familia. Nos burlábamos libremente de Cynthia a sus espaldas, imitando sus exigencias sobre lo que debíamos hacer y no hacer en su fiesta. Para la sexta semana, todos nos habíamos emparejado con alguien del grupo o con alguien del vecindario.

Todos con excepción de Cynthia, quien no tenía tiempo para el amor aquel verano. Estaba perdiendo peso. No las treinta libras que esperaba, pero sí perdía algunas y, entre más delgada, más neurótica estaba. Pero a nadie le importaba, especialmente a Junior y a mí, que apenas intercambiábamos una palabra. Sólo nos besábamos y nos mirábamos a los ojos. Aquello bastaba para comunicarnos la importancia que habíamos adquirido el uno para el otro.

El gran día se aproximaba con rapidez, así que nos reunimos con más frecuencia para ayudar a decorar el gimnasio con cintas de papel color durazno y amarillo. Incluso mi madre se entusiasmaba más cuando asistía conmigo a las pruebas para el traje. "Quizás podamos quitarte esos aparatos antes de la fiesta. Será mejor para las fotografías."

Era prematuro y mi odontólogo se oponía, pero después de dos años y medio de usar aparatos, yo ya no daba para más. Se fueron los aparatos y me sentía bonita, pero desnuda. Como si, súbitamente, al exponer mis dientes, expusiera también mis sentimientos.

Cuando llegué al apartamento de Cynthia el gran día, con mi vestido amarillo, mi cara lo decía todo.

"¿Qué sucede?" preguntó Yoyo en cuanto me vio.

"Es horrible," dije, mirando aquella abundancia de amarillo sobre mi cuerpo.

"Tus dientes." Yoyo se acercó a tocarlos.

"¡Sorpresa!"

"Luces tan bella," dijo Yoyo, y me arrastró hacia un enorme espejo.

Se hizo a mi lado, y luego otra de las chicas se unió a nosotras. Juntas no lucíamos tan mal como cuando estábamos solas. Y quizás esa era la intención.

"Bastante bien, ¿eh?" dijo Yoyo, y giró para mostrar cómo giraba su vestido en el aire.

Todas giramos mientras Cynthia revoloteaba como una mariposa, nerviosa porque las flores del gimnasio no eran exactamente del color que quería, porque Jewel no había llegado y necesitaba que llegara a tiempo para darle instrucciones al DJ. Cynthia actuaba como una demente y acusaba a todo el mundo de arruinar el día más importante de su vida.

"¿Cómo que Jewel tuvo que llevar a su madre al médico? ¿Es que no sabe que la necesito?"

La cara de Cynthia estaba húmeda por el calor de agosto. Nos turnábamos para secarle la frente con pañuelos de papel, traerle agua, calmarla. Decíamos cosas como: "Estamos aquí para ti Cynthia." Y, aun cuando Cynthia no nos agradaba tanto—nunca fue especialmente agradable conmigo—súbitamente parecía tan vulnerable y necesitada, que todas acordamos tácitamente desempeñar nuestro papel de damas de honor. Nos agitábamos a su alrededor, ajustando las flores de su cabello y ahuecando su falda mientras aguardábamos la limosina blanca que nos llevaría al monasterio donde tomarían las fotografías. Nos aseguramos que su maquillaje no se malograra cuando se tocara la cara. No nos agradeció, pero era su día, ya estábamos vestidas y habíamos pasado de los ensayos a la verdadera actuación.

"Angie." Junior dijo mi nombre con su acento dominicano. Mi cabello alisado se estaba rizando en las puntas y tenía una flor de tela detrás de la oreja. Me volví y sonreí. Lucía extraño en su esmoquin blanco con cola. Sus pantalones eran excesivamente cortos y la chaqueta demasiado apretada. Pero cuando lo miré a los ojos, era mi Junior.

Cuando vio mis dientes blancos como perlas, sus ojos se agrandaron. Asintió con aprobación.

Cuando llegamos al gimnasio y vi la bola de la discoteca, el gimnasio convertido en un club fantástico, atestado de mesas redondas con manteles blancos y adornos de flores, cuando vi que todos estaban ansiosos por ver de qué se trataba todo aquello, me puse nerviosa. Debíamos presentarles un espectáculo. Junior me tomaba la mano con más fuerza que nunca.

"Este es su momento. Recuerden sonreír. Han estado practicando para este día. Ahora, demuestren mis esfuerzos." La coreógrafa parecía haber tomado su discurso de las películas de deportes. Pero, en aquel momento, sus palabras fueron exactamente lo que necesitábamos escuchar. Nos abrazó a todos, uno por uno. Creo que incluso sus ojos se llenaron de lágrimas cuando sonreí. Finalmente, había conseguido sacarme una sonrisa.

El DJ anunció nuestra llegada, cada pareja por turnos. Junior me apretó la mano y me atrajo hacia él. "Mi madre está allá afuera," le advertí, pero era difícil ocultar todo lo que había sucedido entre nosotros. Éramos un equipo, la faja de su esmoquin era del color de mi vestido. Yo le pertenecía. Y había una parte de mí que deseaba que mi madre supiera que estaba enamorada de Junior. Cuando el DJ dijo nuestros nombres, salimos juntos y él me hizo girar hasta que encontramos nuestras posiciones. No podía ver nada más que la pista de baile. Las cámaras iluminaron nuestras caras, el humo se esparcía alrededor de nuestros pies. La música se escuchaba a todo volumen y todos estaban de pie, esperando que apareciera Cynthia para que pudiera comenzar el espectáculo.

Cynthia entró escoltada por su padre, quien la soltó. Todos aplaudieron cuando vieron su vestido; parecía salida de un cuento de hadas. Pequeños diamantes falsos estaban cosidos a la tela a lo largo del dobladillo. Cuando se movía, la tela brillaba. El corpiño era ajustado, haciendo que su cintura luciera dos veces más delgada. Luego su falda se extendía, revelando la crinolina que tenía debajo. Tenía el cabello apartado de la cara, y una cascada de rizos caía sobre su espalda. Como en *Lo que el Viento se Llevó*.

La bola de discoteca pintaba nuestras caras, la música y las luces estaban sincronizadas con nuestros movimientos y, por primera vez, Junior y yo pudimos mostrar nuestro amor en público. Ya no teníamos que ocultarnos en las tribunas. Zapateamos, aplaudimos, bailamos el vals y giramos sin cometer un solo error. La multitud se puso de pie y aplaudió y, cuando llegó el "Beso" del príncipe, todos bombardearon la pista de baile.

En cuanto terminó nuestro compromiso con Cynthia, Junior me hizo salir al pasillo. Estábamos sudando. Me dijo que estaba enamorado de mí. Que quería pedir permiso a mi madre para verme. Yo sabía que mi madre no lo permitiría y no quería arruinar la noche.

"Sólo bésame," dije. Ya no tenía una boca de metal. Ya no me lastimaría los labios.

Entramos otra vez, directamente a la pista de baile, como si nunca hubiésemos salido. Cuando terminó la canción, me separé de Junior y me dirigí hacia mi madre, quien estaba radiante de orgullo. No había advertido que había salido con Junior.

"Luces tan bella. Lo hiciste muy bien." Hablaba como si hubiera olvidado lo traicionada que se había sentido después de que le mentí.

Cuando Junior y yo nos separamos aquella noche me hizo prometer que nunca lo olvidaría.

"¿Por qué habría de hacerlo?" pregunté.

"Comienzas en una nueva escuela. Una nueva vida."

"No te preocupes. Nada cambiará entre nosotros," prometí.

Unas pocas semanas después, comencé la secundaria. Yoyo y yo nos llamábamos para comparar nuestras experiencias diferentes. Pero cada vez nuestras conversaciones eran más cortas. Junior me seguía preguntando si podía venir a buscarme a la escuela, pero le dije que tendría problemas con mi madre y que sería mejor esperar el fin de semana para vernos.

Cuando llegaba el fin de semana y venía a buscarme al trabajo, no era igual. No había tribunas que nos ocultaran para besarnos, ni bailes para practicar. Fuera de la fiesta de la quinceañera, tenía muy poco de qué hablarle. Cuando me preguntaba sobre la escuela, no sabía qué compartir con él. El nuevo mundo que experimentaba era tan diferente. Habían transcurrido sólo unas pocas semanas desde la fiesta, pero yo sentía que eran años. Me parecía que todo había sido un sueño, que no guardaba ninguna conexión con la secundaria de La Guardia.

Una vez que pude controlar el acné y me deshice de los aparatos, comencé a coquetear. Los chicos me miraban y yo les guiñaba el ojo. Había un chico, Nelson, que me había elegido desde el primer día. Estaba en el último año y se vestía como una versión morena de George Michael; llevaba vaqueros sobre los tobillos y cuellos de tortuga anchos. También se especializaba en arte, al igual que yo, y una de sus pinturas estaba en exhibición en el recibidor de la escuela.

"Quizás no deberíamos vernos más," le dije a Junior. De la misma manera como el "hola" se me había salido de la boca el primer día de los ensayos. Rompí con Junior. No me llevó a casa aquel día. Se alejó, dejándome sola en Penn Station. Me marché a casa, nerviosa, sin estar segura del lugar al que me dirigía ni de lo que había hecho. Romper con Junior era más que romper con un chico, era romper con una parte de mi vida que ahora me resultaba ajena y tan diferente a mi nuevo mundo en La Guardia. No podía imaginar personas como Junior y Nelson en la misma habitación, menos aun en mi corazón.

Unas pocas noches después estaba en casa mirando una telenovela con mi madre cuando sonó el teléfono. Mi madre respondió; era la madre de Cynthia. Dijo que no sabía qué clase de madre era ella, pero que ciertamente sabía qué clase de hija era yo. Le dijo que había engañado a su hijo, Junior, y lo había llevado a creer que era una chica decente. Después de prometerle mi amor, lo había dejado por otro chico. Había encontrado a Junior ebrio en el piso del baño porque yo lo había dejado. Dijo que después de darme el privilegio de participar en la quinceañera donde la familia Martínez me había abierto su corazón, yo había demostrado ser una desagradecida.

Mi madre escuchaba mientras yo la miraba. Me defendió diciendo que yo tenía razón de rechazar a Junior y sus malas intenciones. Yo era demasiado joven para un chico como él o para cualquier relación en general. Que Junior debía aprender a ser un hombre y sobreponerse.

Fue la primera vez que escuché a mi madre defenderme así. Durante semanas aguardé a que hablara de ello, pero nunca lo hizo.

Menos de un año después, estaba a punto de cumplir quince años. Había sobrevivido mi primer año de secundaria. Mi madre estaba feliz porque mi cabello aún era negro y no llevaba tatuajes ni aretes.

"¿Qué quieres para tu cumpleaños?"

Sabía que no podíamos pagar una fiesta, pero recordé que tampoco quería una. Yoyo se había distanciado aun más después de que rompí con Junior. Y mis nuevos amigos en La Guardia eran demasiado recientes. Así que le pregunté a mi madre si podíamos celebrar en el nuevo Hard Rock Café. Invité a mis dos primos, a mi madre y a mi hermano. Cenar ahí fue una experiencia maravillosa para todos. Pedimos hamburguesas, papas fritas y torta de chocolate. Mi madre trajo quince velas en su bolso. Fue perfecto.

Quince Años y la Mafia

POR Constanza
Jaramillo-Cathcart

Me agrada pasear por Brooklyn porque, en un instante, me transporto fuera de mi vida estadounidense actual a mi educación en el Tercer Mundo. Podría argumentarse que puede encontrarse un poco del Tercer Mundo en las botánicas, aquellas tiendas que tienen de todo un poco, desde Barbies y productos de limpieza hasta ropa interior china. Pero en realidad no se pueden comparar con Ocasiones, la pequeña tienda en la calle Kane, con vestidos de tul y mini esmóquines en la vitrina. Los trajes están colgados ahí, aguardando a que un niño latino pase al siguiente estadio de la vida: un bautismo, una primera comunión, o los quince años de una chica.

Todas las mañanas durante este verano he pasado frente a la tienda y he mirado la vitrina con el rabillo del ojo, pero hoy un brillo blanco me hizo detener. Dejo el caminador de mi bebé delante de la vitrina y levanto la vista. Es un vestido de quinceañera. La delicada falda de tul cuelga dentro de una bolsa de plástico transparente, como un merengue envuelto. La contemplo fijamente y mi mente se pierde en la nube de la tela por unos momentos, hasta que advierto que algo me irrita. Entrecierro los ojos y veo el reflejo de un técnico de la compañía de teléfonos subido a un poste detrás de mí. Parece que estuviera trepando a la falda, intentando conectar los cables dentro de ella. Y no puedo evitar pensar: Ángel no ha llamado. Han pasado veinte años desde que asistimos a la fiesta de quince años de Magdalena. Y nunca llamó.

Veinte años atrás, yo vivía en Bogotá, Colombia. Tenía catorce años y ya había pasado diez como alumna del Liceo Francés Louis Pasteur. El personal de esta institución estaba compuesto por nuestros mal remunerados profesores locales o por jóvenes franceses que habían aceptado un empleo en Colombia con tal de ir a lugares exóticos y evitar ser reclutados para el ejército. Y, puesto que a los profesores colombianos les pagaban mucho menos que a los franceses, no se esforzaban mucho. Tomemos, por ejemplo, a nuestros profesores colombianos de gimnasia. Vestidos con sus sudaderas de nylon perfectamente planchadas, fumaban cigarrillos sin filtro que colgaban de sus labios mientras gritaban: "¡Una vuelta más!" Esto entre toses.

La escuela francesa era un viejo edificio de ladrillo construido al lado de los cerros orientales, la cadena montañosa de los Andes que se levanta sobre Bogotá. La escuela no tenía prados; se enorgullecía más bien de varios patios de cemento. La mayor parte de las aulas tenía techos altos y grandes ventanas que daban sobre los patios grises, contra el cobalto de los Andes. Para deleite nuestro, grandes polillas color marrón y un ratón perturbaban las clases ocasionalmente. Cuando yo tenía catorce años, una de esas polillas por poco me mata del susto. Comenzaba la primera clase del día y acababa de sentarme, sin advertir que una mariposa negra, con alas tan grandes como las manos de nuestro profesor, se había resguardado bajo mi pupitre. Se adhirió silenciosamente a los hilos de lana de mi falda. Cuando salté alrededor del aula llena de pánico, agitando la falda y gritando, el joven francés exclamó: "¡*Asseyez-vous, Mademoiselle*!" Veronique, mi nueva amiga en aquel momento, me lanzó una mirada de reojo que decía, "¿Cuándo vas a aprender?," que me pareció peor que los gritos del profesor.

Veronique y yo éramos inseparables. Estábamos en el mismo grado y vivíamos en el mismo edificio. Yo vivía en el piso dieciséis con mis padres y mi hermana menor, y ella en el piso catorce con su madre y su padrastro. Según mis otros amigos, Veronique era una *madurada biche*, una fruta verde que se malogra. Era precisamente el tipo de influencia que yo necesitaba en aquel tiempo. Toma años de reflexión apreciar plenamente los beneficios de tener una amiga dominante y precoz en ese momento de la vida.

Bochorno. Esta es la manera como puedo sintetizar tener catorce años. No quiero decir con eso que a los catorce años me sintiera terriblemente abochornada todo el tiempo. Era peor. El bochorno aguardaba ahí, acechaba, listo para golpear en el momento menos esperado. O el bochorno de avergonzarse por todo, que era constante, como una náusea permanente pero que casi se olvida, como la que se siente al comienzo del embarazo.

Las cosas que me mortificaban no le importaban a Veronique, así que, por dominante que fuese, no podía evitar sentir alivio a su lado. Parecía que, sencillamente, no podía deshacerme de las cosas que me hacían sentir incómoda: mi nariz, de la que no podía apartar los ojos; mis aparatos, que no podía arrancar de mi boca, mi cabello grueso y liso, al que no servía de nada rizar, y además de eso, no sabía qué decir cuando más lo necesitaba.

A Veronique, por su parte, no le importaba tener aparatos. Su cabello era rizado y podía peinarlo a la perfección con un solo toque de laca, y siempre tenía algo irónico que decirle a los chicos. Era hábil en aquel arte misterioso de decir cosas malvadas que divertían al sexo opuesto. Por alguna razón, nunca lo tomaban de manera personal.

Sin embargo, tenía un punto débil, un terrible talón de Aquiles. Su apellido francés se asemejaba a la palabra "pene" en español. Yo nunca lo mencionaba, pero ocasionalmente lo pensaba cuando me enojaba con ella. Al menos la polilla voló y pude sentarme, pero ella, *ella* estaba condenada a aquel apellido fálico hasta el día en que contrajera matrimonio.

En una institución en la que todos los estudiantes eran considerados iguales, nuestra amistad era todo menos esto. Los jóvenes profesores europeos nunca distinguían entre los hijos de los otros profesores y los del personal de mantenimiento, las nietas de los ex presidentes, los cinco hijos de los embajadores de Haití, los hijos de los líderes sindicales del transporte o el resto de nosotros. Todos éramos pequeños colombianos absorbiendo el idioma, la cultura y la historia francesa. Nunca se sorprendían cuando respondíamos sus preguntas con nuestro impecable acento francés. Tampoco advertían qué decíamos sobre ellos en español. Y se quejaban interminablemente de *ce pays*, sin importar cuál fuese el problema; que no hubiera tiza, que lloviera, que la ventana no cerrara bien, siempre estaba "este país" al que culpar.

Me agradaba esa escuela. Me agradaba cantar la Marsellesa y el himno de Colombia los lunes en la mañana. Me agradaba el uniforme de falda gris y chaqueta azul. Me agradaba discutir en francés y escribir minúsculas palabras francesas en cuadernos de notas que parecían partituras musicales. No me había dado cuenta aún de que nuestra gris Bogotá era un lugar melancólico. Esta isla francesa en medio de los fríos Andes era mi hogar, y yo disfrutaba sentarme en las tribunas de cemento durante los recreos y mirar el cielo amenazador. La verdad es que, como estudiantes del liceo francés, no teníamos idea acerca del país en el que vivíamos. Conocíamos a Montesquieu, Baudelaire y Racine, pero no sabíamos nada acerca de Bolívar, Núñez y Silva, y menos aún de lo que aparecía en los noticieros.

A mediados de la década de los años ochenta, las épocas duras aún no habían comenzado. Aunque los capos de la droga habían matado al Ministro de Justicia, Rodrigo Lara Bonilla, fue sólo en 1989 cuando todos advertimos lo mal que marchaban las cosas. Aquel año, Luis Carlos Galán, el aclamado candidato presidencial, fue asesinado en el podio y, por aquel entonces, Pablo Escobar decidió comenzar su campaña de bombas contra la ciudad.

Pero no recuerdo al año de 1986 como una época miedosa. Podría decirse que gran parte del país aún estaba seducido por la riqueza de la cocaína. Personas fabulosamente extravagantes comenzaban a mezclarse en la sociedad. Comenzábamos a ver autos Mercedes de último modelo en vecindarios respetables. Tiendas con bienes de lujo nunca antes vistos comenzaron a aparecer. Y escuchábamos los relatos: un hombre había entrado a una discoteca, había ordenado que la cerraran, y había comprado champaña Veuve Clicquot para todos los presentes. Otro había replicado un club campestre entero en sus jardines porque no se le había permitido el ingreso a uno de ellos. Un edificio con piscina en cada piso era construido en Medellín. Y en una fiesta de quinceañera en aquella misma ciudad, cada una de las chicas que asistió salió con un auto nuevo.

Veronique en ocasiones agregaba algo de su invención a estas historias. "Mi padre tiene un amigo que es mafioso, y ¡no creerían cómo es su casa de campo!" Nunca supe realmente si lo había inventado, pero admiraba su osadía.

Cuando descubrí que la vida no se limitaba a la escuela, gracias a Veronique, mis calificaciones comenzaron a bajar. Pero mis habilidades para la calle comenzaron a mejorar. Ya no me importaban tanto aquellas ecuaciones de álgebra en francés. Me deshice de mis profesores en casa y, en lugar de esto, pedí a mis padres manicuras semanales. Aprobaron las manicuras, pero no me permitieron la operación de la nariz que exigí también. Y, aun cuando mi madre y yo empezamos a tener frecuentes competencias de gritos, no recuerdo que me hiciera excesivas preguntas o que me impusiera demasiadas restricciones.

Por ejemplo, mis padres nunca supieron que Ángel y yo habíamos asistido juntos a la fiesta de quince años de mi compañera Magdalena. Yo me había tornado irreconocible para ellos en un tiempo muy corto, pero no parecían afectados. En cuanto a mis calificaciones que iban de mal en peor, mi padre le dijo a mi madre: "Quizás sólo necesita la experiencia de repetir un año." Y cuando mi madre y yo discutíamos, yo alistaba de inmediato a mi padre en mis conspiraciones para enloquecerla. Además, fue él quien compró mi conjunto para la fiesta de quinceañera de Magdalena.

Dado que la fiesta se realizaría unas pocas semanas después, mi padre me llevó de compras. Yo deseaba realmente salir de casa porque mamá y yo habíamos discutido de nuevo, esta vez porque yo dejaba platos de comida y otras formas generales de desorden en la casa "para que ella aseara todo." Cuando se atrevió a decir aquello sobre un viejo plato de cartón de ensalada de fruta que había en mi habitación, me enojé muchísimo y le exigí a mi padre que me llevara de compras, pues "no tenía nada para ponerme."

Me decidí por una blusa blanca excesivamente grande, con estampados de frutas en negro, un broche enorme en forma de corazón y una falda azul ajustada en acrílico. La salida de compras terminó en el salón de belleza, donde me hicieron un corte en capas que finalmente podía cepillar y peinar. Mi padre me ayudó pacientemente a conseguir mi nueva apariencia, sin pensar en lo que esto podía causar en mi madre. Cuando llegamos a casa, ella sólo me miró sin decir una palabra. Ahí estaba su hijita, quien unos pocos meses atrás obtenía buenas calificaciones, lucía inocente y, mitad en broma y mitad con afecto, le respondía: "Sí, señora" o "No, señora," como se les enseña a los niños buenos en Colombia.

En aquella época, recuerdo haber disfrutado en secreto la telenovela mexicana *Quinceañera*, pero sin decírselo a Veronique. Cada episodio comenzaba siempre con una toma de la cara de la heroína adolescente. Ay, cómo quería tener sus bellos rasgos, aun cuando una parte de mí se reía de la trama estúpida de la novela. Ella lloraba mientras sonaba la música y, cuando miraba hacia abajo con sus largas pestañas, la luz se reflejaba en su lápiz de labios color perla. La canción decía algo como: *Ahora la mujer que duerme dentro de mí se despierta y, poco a poco, la niña muere.*

Yo quería que la niña que había en mí muriera lo más rápidamente posible, y siempre le agradeceré a mi amiga Veronique el haberme presentado a Ángel. Él decididamente me ayudó a acercarme a lo que yo quería, pero todavía me pregunto por qué nunca me llamó otra vez.

De regreso a mi apartamento en Brooklyn, mientras mi hijito duerme una siesta, lo primero que hago es buscarlo en Google. Abro la brillante pantalla blanca y escribo su glorioso nombre, seguido de su apellido poco común. Es una lista de conexiones interesante. Los primeros resultados son de la lista de los hombres más buscados por el Ministerio del Interior de los Estados Unidos, seguidos por la lista del gobierno colombiano de los negocios más grandes de lavado de activos en el país. Me pregunto, ¿estaría el padre de Ángel, el famoso mafioso de quien llevaba su nombre, siendo extraditado en aquella época? ¿Sería esta la razón por la cual no me llamó? ¿Quizás advirtió que lo pisaba demasiadas veces durante aquellos complicados giros de merengue? ¿Encontró otra chica para besar, tal vez una chica sin aparatos? O, quizás, sencillamente, no quiso molestarse.

Nunca lo sabré, supongo, pero no puedo pensar en él y no recordar la propaganda de la colonia Brut del momento: "Brut: para el hombre que no tiene que molestarse."

No era exactamente así. Realmente, en la propaganda se escuchaba una sensual voz femenina: "Brut: para el hombre que no tiene que esforzarse." La frase era pronunciada por una mujer que saboreaba cada palabra, mientras que una mano femenina se deslizaba lentamente debajo de la camisa de un hombre. Su pecho estaba cubierto de vello, y la mano navegaba por entre él y una gruesa cadena de oro. Ángel siempre usaba Brut y, sobra decirlo, nunca tuvo que esforzarse mucho conmigo.

A diferencia de él, yo tuve que hacer grandes esfuerzos a los catorce años, aunque algunos comenzaron a ser recompensados: Veronique y yo empezamos a pasear por la ciudad en un Fiat negro con alerones rojos, conducido por un chico robusto llamado Bula. Su padre compartía el mismo porte y era un político conocido, citado con frecuencia en las noticias. El copiloto del Fiat era más apuesto y se llamaba Pipe, por Felipe. Veronique y Pipe tenían algo, así que esto garantizó nuestros paseos diarios durante algún tiempo.

Fue la aventura de Veronique con Pipe lo que por fortuna nos salvó de ser consideradas *gasolineras*. Éstas eran chicas que salían con los chicos únicamente porque querían pasear en sus autos. Bula y Pipe siempre nos manifestaron su desaprobación de las gasolineras. Sin embargo, aunque era malo que nos tildaran de gasolineras, era aun peor ser considerada una *zorra*. Y estos chicos expresaban también una fuerte desaprobación de las zorras.

Por lo que pude comprender en aquel momento, una zorra era una chica fácil. Se le besaba con facilidad y se le engañaba con facilidad. O sea, la chica besaba a un chico antes de haber asegurado una "relación" con él. Para permitir que un chico te besara, era necesario estar en el lado receptor de una declaración de amor y convertirte oficialmente en su novia; esto significaba que recibirías llamadas telefónicas, visitas y que saldrían juntos. *Novia*, incidentalmente, se usa ahí para indicar tanto a la prometida como a una chica con quien sales. Yo siempre me pregunté cómo era posible ver chicos y salir a pasear sin que te llamaran *zorra-gasolinera*. Parecía que Veronique sí comprendía todas estas sutilezas.

Lucir bien también era un asunto de grados. Tratabas de lucir bonita y sensual, pero no como una zorra. Durante las semanas en las que salimos con Bula y Pipe, yo me contentaba con los paseos en auto, mi nueva apariencia, y dejaba las complicaciones del amor a mi amiga. Hasta que conocí a Ángel.

Veronique y yo lo conocimos por primera vez en la piscina del edificio. Estábamos nadando cuando vimos a Ángel y a su pandilla. Ella dijo una de sus "cosas," algo un poco cautivante, buscando la oportunidad para salir y quizás pasear en auto, pero sin que pensaran que éramos zorras-gasolineras.

Me presentó a Ángel y todos fuimos a mi apartamento. Fuimos a mi habitación, donde se encontraba la cama de mi hermana al lado de la mía. Ángel se sentó a mi lado. No dije nada, y él tampoco. Sólo escuchamos la conversación interminable de Veronique y las bromas que hacían sus amigos.

Durante aquellos minutos, algo sucedió. Sentí una liviandad, un deleite que nunca había sentido. En ocasiones nos miramos como si compartiéramos un secreto, como si hubiéramos dejado de prestar atención a los otros y sólo fingiéramos oírlos para poder continuar sentados el uno al lado del otro. Por primera vez sentí que la sutileza de Veronique era mía, y que la suya había desaparecido.

Después de permanecer en mi apartamento durante un rato, decidimos salir de nuevo. Los amigos de Ángel eran ruidosos, y mis padres estaban a punto de llegar. Había un campo de tenis al lado de la piscina, rodeado de eucaliptos, cuyas raíces se asomaban por el cemento.

"Sentémonos ahí," dijo Veronique.

"Y, entonces, ¿de dónde viene tu apellido?" preguntó un chico menudo y delicado a Veronique.

"Mi padre es francés," respondió cortante, y pude advertir unas leves risitas entre los chicos.

"Los franceses no saben practicar ningún deporte," dijo otro, un poco más alto que los demás, revelando una débil sombra sobre su labio superior mientras sonreía.

"Es cierto," dije. "Nosotras asistimos al liceo francés y sólo tenemos patios de cemento para los deportes."

"Somos malos para el fútbol, pero buenos para el baloncesto," dijo Veronique, exasperada por mi excesiva humildad.

"El padre de Ángel es dueño de dos equipos de fútbol, uno en Bogotá y otro en Cali," informó el chico del bigote incipiente.

Miré a Ángel, quien se ruborizó y bajó la mirada con una sonrisa, mientras se acariciaba la barbilla con la mano. *Brut, hombre, sin esforzarse*—las palabras me atravesaron por la mente. Tenía una sombra de barba tan fantástica con sólo dieciséis años. Su piel era clara, sus ojos verdes y su cabello muy negro.

Luego, recuperándome de mi estupor, le dije a Veronique: "¿Equipos de fútbol? No sabía que uno podía ser dueño de ellos."

Me lanzó otra mirada de reojo y Ángel, al advertir la tensión, dijo: "Deberían venir y pasar un rato con nosotros en el club de fútbol. Es divertido."

Esto nos sonó bien a ambas, especialmente porque los paseos con Pipe y Bula comenzaban a ponerse tensos. Habíamos hecho una fogata algunos días antes en el campo de tenis, y Veronique y Pipe, quienes habían bebido demasiado vino de manzana barato, se pelearon, mientras que mi conversación con Bula había llegado a su mínima expresión.

Cuando llegó el momento de marcharse, caminamos con Ángel hasta su auto, un campero Cherokee conducido por dos hombres grandes e intimidantes, de trajes ajustados, que habían venido a buscarlo. Me tomó de la mano un trecho del camino. "Vas a ir con Ángel el sábado," fueron las únicas palabras de Veronique, mientras permanecíamos en el recibidor, mirando cómo partían. Así no más, había conseguido nuestras parejas para la fiesta de quinceañera.

"¿Podemos llevar parejas? No creí que pudiéramos hacerlo," dije.

"¡Qué importa!" respondió cortante, casi gritando.

A mí no me importaba; estaba completamente agradecida.

La quinceañera se llamaba Magdalena, como el río más importante de Colombia, que atraviesa el país de sur a norte y ha sido desde la Conquista, la principal arteria para el comercio y el transporte hacia el océano Atlántico.

A diferencia del río, excesivamente poco profundo en algunos lugares y gobernado por peligrosas corrientes en otros, Magdalena era una chica con la que se podía contar. Ni Veronique ni yo habíamos hablado realmente con ella antes, pero había invitado a todos sus compañeros de clase a la fiesta. Era tímida y sin pretensiones pero, según los rumores, su padre estaba tirando la casa por la ventana para la fiesta. Pertenecía a un grupo al que llamábamos "las peras," chicas tímidas y estudiosas de grandes caderas.

Durante la semana anterior a la fiesta, pasamos las tardes en el club de fútbol de Ángel en las afueras de Bogotá. Nuestros paseos en auto eran ahora mucho más interesantes. Ángel no conducía, aun cuando ya tenía dieciséis años. Sus enormes y serios conductores siempre lo hacían por él.

En el club, tomábamos el sol en los campos de fútbol y Ángel nos invitaba a emparedados de queso caliente. Siempre parecía que fuese de noche en el restaurante del club, con sus persianas perennemente cerradas.

"¿Sabes que este club tiene también una pista de aterrizaje?" me preguntó inesperadamente Veronique. "Sí, seguro," dije, y me lanzó una mirada irritada por enésima vez. Me preguntaba si los aviones aterrizaban ahí de noche porque nunca los había visto de día.

Advertimos que Ángel era igual de temido y respetado en el club. Los meseros, vestidos con esmóquines manchados de grasa, con sus brillantes caras pálidas por la falta de sueño, volaban a nuestra mesa cuando llegábamos. Supongo que no era poca cosa tener un padre a quien pertenecieran dos equipos de fútbol. Ángel, sin embargo, se comportaba de manera sencilla en el club, agradeciendo siempre profusamente al personal e intentando mantener bajo control a su ruidosa banda de amigos.

Durante aquellas tardes, Ángel y yo nos sentábamos juntos, y siempre me tomaba de la mano cuando caminábamos hacia su auto para despedirnos. Y, junto con mis profesores y mis padres, Veronique había advertido también mi distracción desde que conocí a Ángel. "Definitivamente estás en las nubes. ¿Sabes siquiera qué te pondrás para la fiesta?"

Regresamos a mi apartamento y le mostré el atuendo. Pareció aprobarlo. No habló mucho del suyo, ni del hecho de que asistiría a la fiesta con los amigos de Ángel, la ruidosa pandilla de gnomos de delgados bigotes. Comencé a sospechar que estaba desesperada por darle celos a Pipe.

Cuando finalmente llegó el sábado no podía creer mi buena suerte. Me cepillé el cabello hasta que finalmente me obedeció, y me apliqué el maquillaje como la quinceañera de la telenovela: un fuerte delineador y lápiz labial color perla. Me abotoné la blusa hasta el cuello y aseguré el último botón con el brillante broche en forma de corazón. Vi cómo caían las piñas, los granos de café y las bananas de mis hombreras en gran abundancia. Me recordó al escudo de Colombia, con sus dos cornucopias doradas a cada lado, la una vertiendo monedas de oro, la otra, frutas tropicales.

El atuendo de Veronique era similar: anchos hombros y piernas muy delgadas. Su falda era sencilla, de satín lila; llevaba un gran lazo que cubría su cadera izquierda como una enorme polilla dormida. Al igual que la mía, su blusa estaba abotonada hasta el cuello, sostenida por un alfiler con forma de delfín. Su falda era también una "falda chicle," hecha de una tela que se adhería al cuerpo. Ambas llevábamos zapatos de tacón bajo y medias gruesas color perla que combinaban con el lápiz labial.

Habíamos acordado que nos vinieran a buscar a casa de Veronique y, cuando finalmente llamaron a la puerta, el portero anunció: "Un señor Ángel busca a la señorita Constanza y a la señorita Veronique."

"A Pipe le va a dar un ataque," exclamó Veronique eufórica al entrar al ascensor, oprimiendo el número uno con repetida violencia.

Ángel nos esperaba en el recibidor. Besó casualmente a Veronique y luego se me acercó y me dio un beso un poco más largo en la mejilla, un poco más cerca de la boca eso: se llama un beso *andeniado* en Colombia. Lucía maravilloso en su traje blanco, con el cabello negro azabache peinado hacia atrás. Llevaba un alfiler de diamante con la forma de la Torre Eiffel en la solapa. Qué considerado, pensé, pues la fiesta de Magdalena se celebraría en la Alianza Francesa.

Nos tomamos de la mano hasta que subimos a la Cherokee roja de Ángel. Cuando sus guardaespaldas nos abrieron la puerta, nos golpeó de inmediato el aroma de Brut. Los guardaespaldas, recién afeitados (incluso los cabellos adicionales en sus gruesos cuellos), se sentaron en la parte de adelante. Ángel, Veronique y yo nos acomodamos en el asiento de atrás, y los amigos de Ángel en el baúl. Ya estaban ebrios y más ruidosos que nunca. Veronique se unió al barullo de inmediato y yo no dije nada. Al advertir mi nerviosismo, Ángel me susurró al oído:

"Yo tampoco los aguanto." Yo ya estaba ebria con su aroma cuando uno de los guardaespaldas de Ángel nos ofreció una botella de aguardiente. Ángel tomó la botella para que yo no tuviera que hacerlo y, con una sonrisa, me rogó que bebiera un poco.

"No es tan malo, te lo prometo. Sólo bebe un poco de soda después."

Lo probé. Mi corazón latió con fuerza mientras el fuerte sabor del anís me quemaba la garganta. Mientras volábamos al lado de las colinas, Ángel puso descuidadamente su mano sobre mi rodilla. Cuando me volví a mirar a Veronique, se burló del traje de Ángel en francés. "Todo de blanco. ¡En Bogotá! ¡La gente va a desmayarse!"

Sabía que pensaba como otra *cachaca*, una persona de Bogotá; pensaba que Ángel lucía como un *costeño*, alguien de las ciudades más cálidas de la costa, o como un *calentano*, una persona de las provincias tropicales, que no había tenido en cuenta que nos encontrábamos a 2,600 metros sobre el nivel del mar.

Me limité a reír con Veronique, principalmente en un esfuerzo por hacerla callar. No me importaba nada lo que dijeran de él. En cuanto a mí, podía lucir cualquier cosa, incluso en nuestra fría y católica ciudad de costumbres modestas, donde todos preferían siempre los diferentes tonos del gris.

Cuando llegamos a la fiesta, evité saludar a mis otras compañeras de la escuela. El padre de Magdalena nos saludó cortésmente y nos indicó que teníamos que hacer una "calle de honor" para ella. Así que todos permanecimos ahí, inmóviles, como grullas en las riberas de un río al amanecer. Magdalena se mostró tan sencilla como siempre, incluso cuando entró deslizándose en su vestido vaporoso, con pesadas joyas de oro y mucho maquillaje en tonos pastel. Su cabello estaba recogido en un moño, excepto por algunos rizos que adornaban su cara y una cresta de flequillo sobre la frente, poco característica de ella. Su maquillaje hacía que sus labios parecieran más llenos, sus pestañas más largas, y sus mejillas regordetas más delgadas. Según los rumores, había comprado su vestido en *Princesitas 2000*, la mejor tienda de Bogotá para vestidos de quinceañera.

El padre de Magdalena venía detrás de ella en la procesión. Llevaba un esmoquin y zapatos de charol, al igual que los tres hermanitos de Magdalena, que lo seguían. Su madre caminaba orgullosamente, llevando de la mano al menor de sus hijos, que apenas estaba aprendiendo a caminar. Cuando Magdalena pasó delante de nosotros, Ángel me apretó la mano de nuevo y sonrió, sin mirarme. Me pregunté si ya me había convertido en su novia.

Las amigas que había tenido en la escuela antes de Veronique, chicas buenas provenientes de familias católicas adineradas, apenas me dirigieron la palabra aquella noche. Y cuando lo hicieron fue para saludarme apresuradamente o para preguntar: "¿Quién es ese chico que has traído a la fiesta?" Incluso en sus trajes inspirados en Madonna, realzados por la música de los años ochenta que rugía en el trasfondo, seguían siendo chicas aristocráticas de

Bogotá. "Dios, incluso el bebé lleva un esmoquin," escuché que susurraban entre sí.

El resto de la noche puedo resumirlo como un único e interminable beso. En la pista de baile, Ángel y yo bailamos la mayoría de los merengues, salsas y canciones pop norteamericanas, deteniéndonos únicamente para ensayar algunos pasos y giros. Casi podía leer en los labios de mis amigas la palabra zorra, pero estaba demasiado absorta en el abrazo de Ángel para que de veras me importara. Si me había convertido en la reina de las zorras-gasolineras, al menos lo disfrutaría.

Nuestra única interrupción vino de una serie de pequeñas explosiones que casi ponen fin a la fiesta. Vi a Veronique persiguiendo a los amigos de Ángel como una chaperona, y a Pipe riendo. Los gnomos estaban haciendo estallar los globos con sus cigarillos.

"Lo siento tanto," dijo Ángel. "En ocasiones pueden ser realmente desagradables. ¿Quieres que hable con los conductores? Quizás ellos pueden amenazar con llevarlos a su casa."

Me acercó de nuevo a su pecho. "¡Tu corazón está desbocado!"

Me sonrojé. Comenzó a sonar un merengue, y Ángel decidió hacer unos complicados giros conmigo para que me olvidara del fiasco de los globos.

Después de la torta y las fotografías, llegó la sorpresa más grande. Habían contratado una miniteca, completa con luces de neón. El efecto de las luces de neón hizo que todo desapareciera, excepto lo que era blanco. Y la fiesta se convirtió en un carnaval demoníaco de dientes, ojos y metales. Ángel y yo continuamos abrazándonos, sin advertir el cambio de luces, que hizo que desapareciera toda la familia de Magdalena, con excepción del pequeño pecho lleno de volantes de sus hermanitos, que saltaban por toda la pista de baile.

Ninguna parte de Ángel había desaparecido. Su traje blanco

brillaba y me envolvía en una luz halógena azul. Mi blusa blanca se fundió con su camisa, y sólo las piñas, los cocos y los granos de café, dibujados en líneas negras, desaparecían en el brillo. Cuando regresaron las luces, Veronique vino a reunirse con nosotros. Estaba visiblemente irritada. Los guardaespaldas de Ángel se estaban impacientando y amenazaban con venir a buscarnos a la fiesta. Según ellos, era hora de marcharnos.

"Vamos," dijo Ángel. "No quiero que mi padre se enoje por mantenerlos acá demasiado tiempo."

Todos nos subimos a la Cherokee roja de nuevo. Veronique, Ángel y yo tomamos nuestro lugar en el asiento de atrás, y sus amigos en el baúl. Los guardaespaldas tomaron el camino más largo a casa a través de las colinas que bordeaban los Andes. Mientras las llantas chirreaban al frente de mi edificio y antes de que pudiera decir "muchas gracias" o "buenas noches" a sus ebrios pistoleros, Ángel me preguntó si quería ser su novia, y le dije que sí.

Subimos juntos en el ascensor, ganando altura, mientras que el aroma de su colonia Brut se intensificaba. Mientras nos besábamos, levanté la vista para mirar los pequeños números color púrpura sobre la puerta del ascensor, que se iluminaban y apagaban, temiendo ver como se iluminaba la luz del piso dieciséis. Cuando llegamos, salí del ascensor y me volví hacia él.

"Está bien, nos vemos," dije.

"Gracias, fue muy divertido. Te llamo esta semana."

"Está bien. O..."

La puerta del ascensor se cerró antes de que pudiera decirle que lo había visto en la esquina de la carrera 7 con la calle 94, aguardando el bus de la escuela. Pensaba sugerirle que saludara con la mano la próxima vez que pasara por ahí. En lugar de hacerlo, permanecí ahí, escuchando el sonido del ascensor que lo conducía hacia abajo.

Al caminar hacia la puerta, me sentí un poco ebria, pero aún estaba completamente despierta. Introduje la llave con cuidado y entré en puntillas al apartamento. "Mamá, estoy en casa. ¡Me voy a la cama!" llamé, antes de encerrarme en el baño.

Tuve que desenredarme el cabello durante largo rato. Se había solidificado en un nudo doloroso, lleno de laca. Tomé un baño caliente y entré de puntillas a la habitación, donde dormía plácidamente mi hermanita de siete años. Me puse una camisa de dormir bordada de algodón, que me aguardaba debajo de la almohada. Había sido planchada a la perfección. Recuerdo haber sentido una inexplicable tristeza mientras me preparaba para ir a la cama. De alguna manera, sabía que la vida regresaría a la normalidad en las semanas siguientes.

Y así fue. Transcurrieron los meses sin una palabra de Ángel. Un día, cuando iba en el bus de la escuela en otra de aquellas frías mañanas andinas, estudiando álgebra en francés (una habilidad que jamás habría de utilizar de nuevo en la vida), sentí una punzada en el pecho cuando vi pasar una de aquellas camionetas Cherokee. ¿Viajaban en ella Ángel y sus pandilleros? Nunca lo sabré.

Mientras escucho los primeros llantos desde la habitación de mi bebé, borro rápidamente la historia de mi búsqueda en Google y apago la computadora. Antes de acudir a sacarlo de su cuna, decido prepararle una ensalada de frutas. Mezclo un poco de banana, piña y naranja, pensando que las frutas tienen mucho mejor sabor en mi país de origen.

Eso es algo que siempre echaré de menos.

Reinas por un Día

El Año de Soñar:
El Relato de Dos Quinceañeras

POR Fabiola
Santiago

*"Es mi niña bonita, con su carita de rosa,
es mi niña bonita, cada día más preciosa."*

—De la canción tradicional de quinceañera,
cantada por el español Tomás de San Julián
al ritmo de guitarras flamencas

uando me pierdo en el laberinto de mi imperfecta vida, regreso a los días en que era una soñadora, una estratega, una sobreviviente y, por fortuna para mí, una escritora. Para conectarme de nuevo con la más auténtica parte de mí—mi alma adolescente—me basta con volver de nuevo a las páginas del diario que comencé a escribir tres décadas atrás, a los catorce años, cuando me aproximaba a aquel cumpleaños especial que me llevaría al territorio de la *mujer*.

En fragmentos de secretos revelados a través de poesía mala— en las medidas obsesivas de mis senos, mi cintura, mis caderas, en la forma meticulosa como anoté cómo había gastado mi primer sueldo—se desenvuelve una vida. Mis palabras, ensartadas torpemente en ocasiones como los dobladillos hechos en casa de mis minifaldas, están llenas de indicios sobre quién era yo en vísperas de convertirme en una mujer.

El año: 1974. El presidente Nixon, caído en desgracia, enfrentaba su destitución. Patty Hearst había sido secuestrada. Los Dolphins de Miami, el equipo más famoso de fútbol americano, se disponía a ganar un segundo título nacional. El bailarín ruso Mikhail Baryshnikov desertó y se unió al American Ballet Theater. Roberta Flack arrasó con los premios Grammy con su canción "Killing Me Softly." Duke Ellington murió.

Para mí, fue el año de soñar y, por aquella época, como lo ha sido siempre durante mi vida, el sueño puede resumirse en una búsqueda: libertad.

A los catorce años, mi vida estaba fuertemente encerrada en una camisa de fuerza impuesta por mis padres—y por Cuba. Quería llevar minifaldas y bikinis como mis amigas estadounidenses y mis amigas cubano-americanas más progresistas. Anhelaba ir a bailar luciendo los tacones de moda de seis pulgadas de alto al más reciente "open house" del fin de semana, donde bandas llamadas Coke y Clouds experimentaban con el nuevo ritmo de Miami, una mezcla de tambores y guitarras eléctricas. Pero estaba sofocada por un exceso de prohibiciones en lo que se refería a mi pasión por la moda (un traje de baño de una pieza en los años setenta sobresalía como un abrigo de esquimal en el verano), y por un exceso de tabúes en lo que se refería a los chicos (siempre estaba acompañada, hasta cuando me fui a la universidad). Estaba sofocada por un exceso de sufrimiento por la patria perdida, por un exceso de fines de semana visitando a los amigos exiliados de Cuba, donde la nostalgia era la única forma de entretenimiento y la esperanza sin fin de regresar a la isla su único antídoto.

Únicamente la promesa de algún aire para respirar que conllevaba el cumplir quince años me daba alguna razón para celebrar.

El giro mágico del calendario el día de mi cumpleaños—el día de San Patricio para todos los demás en mi nuevo país—marcaría mi transición culturalmente oficial *de niña a mujer* lo cual, en términos prácticos, significaba que podría usar maquillaje y esmalte de uñas en abundancia, en lugar de hacerlo a escondidas. Una vez pasada la marca de la quinceañera, podía acariciar la idea de asistir a bailes, de aceptar una cita, aunque fuera acompañada. Todo esto era evidentemente una negociación, pues lo que realmente anhelaba era trepar a la parte de atrás de la motocicleta de mi vecino hippie y ser tan libre como él.

En ninguno de mis sueños había una gran fiesta con catorce parejas bailando vals, como tampoco un vestido y una tiara de princesa.

Los míos eran sueños a la altura de los refugiados. Éramos demasiado pobres para la fiesta tradicional de debutante. Aquella parte no me importaba mucho. Marcar las tradiciones era el sueño de mi madre. Los míos ya tenían un guión. Pensaba que la fiesta y el vestido eran algo chabacano, y que la inversión emocional y financiera en un único cumpleaños era abrumadora. Y no quería aferrarme a las tradiciones del Viejo Mundo que nos recordaban nuestro hogar en la isla. Ser cubano conllevaba heridas siempre frescas, como un telegrama que anunciaba un fallecimiento. Conllevaba todo aquel trabajo adicional en la fábrica sólo para poner un techo extranjero sobre nuestras cabezas y alimentos en la mesa.

Ser cubano se había convertido en algo tan triste.

Ser una americana despreocupada ofrecía más posibilidades.

En vísperas de mis quince años, estaba tramando mi escape de la pobreza, de las tradiciones que significaban limitaciones, del abrazo sofocante de padres sobreprotectores, a quienes consideraba tristes y anticuados, y a quienes veo ahora, con la claridad de quien ha vivido y es madre, como heroicos. Mi año de soñar fue para ellos otro año de sufrimiento en el exilio, y el abismo entre nosotros nunca fue tan grande como en esa época.

Sólo un pequeño vacío en mi corazón traicionaba mi arrogancia adolescente. Pero nadie podía verlo. Sólo se revela en las páginas de mi diario, en una entrada fechada el 3 de marzo de 1974, escrita en español catorce días antes de mi cumpleaños de Cenicienta, y en las lágrimas agridulces que lloré aquel día memorable.

Mi hija del medio, Marissa, cumplió quince años en 1999. El presidente Clinton, caído en desgracia, enfrentaba un juicio de destitución. Los agoreros predecían la llegada de Armagedón para el nuevo milenio. Los Dolphins de Miami ya no realizaban milagros, pero los Marlins de Florida habían ganado la Serie Mundial dos años antes y se habían convertido en el equipo favorito. El presidente ruso Boris Yeltsin sobrevivió su juicio de destitución. Celine Dion arrasó con los premios Grammy con su canción "My Heart Will Go On." John F. Kennedy Junior murió.

"Mamá, ¿qué vamos a hacer para mis quince años?" preguntó un día Marissa, sin previo aviso.

"¿Tus qué?"

"Mis quinces—sabes, el vestido, la fiesta, las fotografías."

"Quince," la corregí. "De lo contrario, es una traducción literal del inglés y es incorrecta."

"Como sea."

Más que corregir su gramática, estaba ganando tiempo, como suelo hacerlo cuando mis tres hijas ejercen su asombrosa capacidad de sorprenderme, aun cuando guardamos pocos secretos entre nosotras y, ahora que todas somos mayores, nos comportamos más como compañeras que como las tradicionales madre e hijas.

Me tomó varios días digerir el pedido de Marissa de celebrar su cumpleaños con todos los aditamentos de una quinceañera tradicional. Temía los gastos pero, más que eso, aún pensaba que este rito era chabacano, ridículo, un desperdicio. No había cambiado mucho desde mi época de quinceañera. Mi guión se había convertido en parte integral de quien era—una mujer cubanoamericana, divorciada y luchando por equilibrar una carrera de alto vuelo como periodista mientras educaba a tres hijas para que se convirtieran en mujeres independientes y bien educadas. Sostener las tradiciones del Viejo Mundo no era una de mis prioridades. Nunca sospeché que lo fuese para la siguiente generación.

¿Qué le habría sucedido a Marissa, la más sencilla e introvertida de mis hijas—la nadadora, la jugadora de béisbol, la saxofonista, la pianista, la matemática—para que quisiera lucir un vestido de tafetán y salir de una concha rosada en público?

¿Sería la trampa del vestido de cuento de hadas? No podía ser.

Mientras que a sus hermanas les fascinaba salir de compras para estar a la moda, yo tenía que arrastrar a Marissa a las gangas de regreso a la escuela y, al final, siempre era yo quien terminaba eligiendo una nueva versión de aquello que ella siempre llevaba: faldas plisadas de Ralph Lauren y Tommy Hilfiger, vaqueros y camisetas, sólo en azul, negro, gris y verde oliva.

¿Sería la anticipación del baile de debutante con un chico? No tenía sentido.

Tenía un novio. Sus hermanas tenían novios. Yo les permití a mis hijas tenerlos en cuanto lo desearon, y los novios eran como sus amigos en mi casa; sencillamente, eran parte de la familia. Marissa salía a bailar con su novio cuando lo deseaba. De hecho, formaban parte de las bandas de desfile y de jazz de la escuela.

El misterio de su motivación se prolongó hasta cuando volví al tema nuevamente cuando comencé a escribir mis recuerdos de quinceañera, siete años después. Sin embargo, en aquel momento hicimos la fiesta, el vestido y las fotografías profesionales, a pesar de mis reservas y de su incapacidad de verbalizar por qué deseaba tanto una fiesta tradicional de quinceañera.

No hubo forma de persuadirla de que abandonara ninguno de los aspectos de la fiesta.

"Es lo que quiero," decidió sencillamente.

Mi madre fue dichosa. Después de haberme prácticamente forzado a ponerme un vestido de quinceañera para las fotografías de estudio y de llevarme a los Jardines Japoneses de Miami Beach meses después de que cumplí quince años, y luego de haber recibido un sonoro no de parte de su primera nieta a la tradición de la quinceañera dos décadas más tarde, finalmente tenía a Marissa, una quinceañera con un corazón de niña como el suyo.

Mi primera hija, Tanya, heredó mi alma de hippie. Para sus quince años, viajamos con toda la familia a Nueva York para imbuirnos de cultura, y su obsequio más preciado fue ver *Les Miserables* desde unos puestos maravillosos. Para gran desencanto de mi madre, en las únicas fotos de quinceañera de Tanya, esta luce una falda de franela en Times Square. En otra está patinando en Central Park—mi tipo de fiesta de quince y también el de Tanya.

Con Marissa, no tuve más opción que callar mis opiniones,

conseguir el dinero para el vestido, las fotos y la fiesta y unirme a la verdadera celebración de una fiesta de quinceañera.

Fue un espectáculo.

Así que nos encontramos en el Estudio Acosta en Hialeah, la ciudad más cubana aparte de La Habana, y Marissa se probaba con gran deleite más vestidos de tafetán blanco de lo que he visto en toda mi vida. Tantas chicas como ella hacían lo mismo, anhelando el regreso a la tradición y abrazando sus raíces. Poco después leí todo acerca de esta tendencia en los diarios.

"Tal vez algo más sencillo," dije a la costurera que pasaba de un probador a otro y nos ayudaba a elegir un vestido.

Marissa, mi niña que se portaba como un chico, no podía elegir algo de estas pilas de encaje.

"No, me gusta este," dijo finalmente Marissa, contemplándose en el espejo de cuerpo entero.

Yo quedé atónita.

Eligió aquel que tenía más volantes—miles de volantes en las mangas y por toda la parte de abajo en forma de sombrilla. El vestido venía con guantes de encaje, una capa blanca bordada con plumas blancas, y una tiara igualmente espectacular. Lo único que pude hacer fue darle mi collar de perlas y comprarle zapatillas blancas de satén para completar su atuendo.

Y, así, mi hija del medio habría de enseñarme el lado más dulce de ser una quinceañera.

Mi último recuerdo de Cuba es la vista desde el avión de hélice cuando despegaba del aeropuerto de Varadero, el famoso pueblo costero. Nos dirigíamos a Miami sin saber que sería un exilio perpetuo. Mientras el avión sobrevolaba el exuberante paisaje, de un verde profundo—un mosaico de palmas reales, plátanos y ceibas, embellecido por la línea aguamarina de la costa de playas blancas interminables—las lágrimas rodaron por mis mejillas a pesar de mis mejores esfuerzos por contenerlas. Mis padres, de cuarenta y tantos años, mi hermano Jorge, de ocho años, y yo, de diez, dejábamos atrás todo y a todos los que queríamos, cambiándolo todo por un Vuelo de Libertad en un claro día de octubre de 1969. Doscientos cincuenta mil cubanos más hicieron lo mismo entre 1965 y 1971.

A pesar de lo terrible que era la vida en Cuba, era mi paraíso.

No quería dejar a mi amada abuela, quien estaba siempre a mi lado. O a mis primos, que eran como hermanos para mí, mi círculo de mejores amigos, y el chico al que amaba (los soñadores siempre están enamorados). Pero, al igual que sucedió con muchos cubanos que no aceptaron el giro comunista de la Revolución Cubana, la década de 1960 fue para mi familia una época de inestabilidad, temor y dificultades.

Aun cuando yo era una niña, nadie tuvo que decirme que el peligro aguardaba en cada paso en falso, en cada palabra inoportuna. Lo sentía en el vocabulario militar adoptado en la escuela, en el comportamiento constantemente enervado de los adultos. Detrás de las puertas cerradas, en casa, escuché historias susurradas sobre personas que habían sido ejecutadas porque eran consideradas "traidoras a la patria," historias sobre personas que habían sido enviadas a prisión por manifestar su desaprobación del gobierno. Mis padres nos advirtieron a mi hermano y a mí que debíamos tener cuidado con lo que decíamos, incluso entre personas que habían sido antes buenos amigos, incluso dentro de la familia. Vecinos y parientes se habían convertido en perros guardianes, reportándose los unos a los otros para "salvar" la Revolución, tan duramente alcanzada, del ataque del enemigo imperialista del Norte.

Nunca era claro sobre qué podíamos hablar y sobre qué no. Cualquier indiscreción, por pequeña que fuese, imaginaria o real— recibir juguetes adicionales además de los permitidos en nuestra tarjeta de racionamiento, comer carne en la cena, planear nuestra huída de Cuba—podía causarles problemas a nuestros padres.

"¡No hablen de eso!" nos reñía mamá en la mitad de una frase.

En otras ocasiones, repetía el refrán predilecto de todos los tiempos de los padres cubanos: "Los niños hablan cuando las gallinas mean."

La incertidumbre y el temor se convirtieron en parte de nuestras rutinas cotidianas.

Desde mi cama, sin poder conciliar el sueño, podía ver a través del delgado tul de mi mosquitero a mi madre, sentada en una mecedora llorando, mientras aguardaba que mi padre llegara a casa. No lo sabía entonces, pero tenía buenas razones para esperar lo peor. Mi padre había estado ayudando secretamente a insurgentes contrarrevolucionarios en las Montañas del Escambray, transportando gente a refugios seguros y enviándoles alimentos y provisiones para sobrevivir.

Un día, mi padre dejó de llegar a casa del trabajo. Había sido enviado por el gobierno a "la agricultura," trabajos forzados en los campos agrícolas. Habíamos declarado nuestra intención de abandonar el país, y este era el precio que debíamos pagar por nuestra libertad. El pequeño pero próspero negocio de mi padre como distribuidor de harina en la ciudad costera de Matanzas, en el norte del país, había sido confiscado por el gobierno en 1965. Los oficiales vestidos de verde oliva que lo confiscaron, le pidieron que permaneciera en él como empleado del estado. Pero mi padre, orgullosamente, se negó a hacerlo. Sin duda, fue uno de los momentos más difíciles de su vida, un momento que aún recuerda, una y otra vez, y sus ojos de ochenta y tres años aún se llenan de lágrimas, como si esto hubiese ocurrido ayer.

Después de negarse a trabajar para el Estado y solicitar una visa para reunirse con uno de sus hermanos en los Estados Unidos, mi padre fue exiliado a "la agricultura." No importó que tuviera que someterse a una operación para retirar piedras de un riñón, ni tampoco que la incisión en su costado derecho aún estuviese abierta. Después de ser dado de alta en el hospital, fue enviado directamente de regreso a los campos, donde trabajaba desde el amanecer hasta la noche, recolectando hojas de tabaco y cortando caña de azúcar hasta que finalmente se nos permitió partir.

Mi madre había perdido también el empleo que adoraba. Era una respetada profesora de escuela primaria que, en sus ratos de ocio, enseñaba a jóvenes y adultos analfabetos a leer y a escribir a máquina. Mami renunció cuando se les exigió a los profesores incluir el dogma comunista en sus planes de estudio. Despojada de su carrera, el empleo de tiempo completo de mi madre consistía en garantizar nuestra supervivencia en una sociedad en la cual, con cada amanecer, con un nuevo decreto oficial tras otro, la vida de la gente empeoraba.

Permanecía en largas filas para obtener el pan y el arroz racionados, e intentaba conseguir provisiones adicionales de parientes que vivían en el campo o comprando alimentos en el mercado negro. Recurrió a todos los posibles amigos en las bodegas y en las carnicerías para mantenernos bien alimentados y para enviar provisiones a mi padre a "la jaba."

Ante todo, Mami supervisaba nuestras lecciones para asegurarse de que a Jorge y a mí no nos lavara el cerebro la retórica militante de la escuela. Este papel taimado no era fácil de asumir para mi madre, una mujer obediente y respetuosa de las tradiciones quien, al ser la menor de ocho hermanos, había pasado de vivir bajo las estrictas reglas de una matriarca sobreprotectora a vivir con un marido sobreprotector y dominante. Pero una vez que mi padre se marchó y que nuestro hogar fue identificado como un hogar de "gusanos," como se llamaba a la gente que abandonaba el país, le correspondió a ella protegernos contra las florecientes políticas de opresión y de adoctrinamiento. Resulta difícil para mí imaginar ahora cómo mi madre, pequeña, educada, católica, consiguió enfrentarse al profesor que arrastró a mi hermanito por una oreja para castigarlo por su "conducta contrarrevolucionaria." Pero lo hizo.

A pesar de las dificultades, los recuerdos de mi infancia en Cuba en realidad son más imaginativos que dolorosos. Aun cuando sabía por lo que atravesaban mis padres, no sentía el dolor y el temor con la intensidad abrumadora de un adulto. En la niñez, la emoción del juego y del descubrimiento es una de las emociones más poderosas.

Sin embargo, para mis padres, el exilio fue como si les cortaran una pierna.

En el exilio, mi madre lloró todos los días durante meses. Cuando no estaba llorando, cosía en una fábrica durante el día, en casa en la noche y los fines de semana, pues le pagaban por pieza— cinco a diez centavos, por ponerle una manga a un vestido o un cuello a una blusa. Era una cocinera maravillosa, pero una costurera terrible. Odiaba coser. En Cuba, compraba su ropa en El Encanto o encargaba la nuestra a la mejor costurera del vecindario, Ofelia, quien vivía en la casa vecina. En el exilio, no tenía más opción que aceptar los únicos empleos disponibles en fábricas de ropa. Mi padre, quien trabajaba en una fábrica de vidrios, le recordaba a menudo que todo esto era transitorio. El régimen totalitario seguramente sería derrocado y regresaríamos a casa, lo prometía; fue él quien llevó la antorcha de la esperanza en nuestra familia, hasta el día de hoy.

Después de casi tres años de exilio y sin tener a la vista aquel regreso milagroso, mis padres invirtieron hasta el último centavo de sus ahorros en una casa nueva, en un suburbio alejado de Miami. Yo traduje los documentos para la hipoteca y las transacciones definitivas. Sólo cuando adquirí mi propia casa y me vi obligada a contratar a un abogado, advertí la enorme responsabilidad de lo que se me había pedido hacer en aquel entonces.

Nuestro pequeño pedazo de Estados Unidos era un lote arenoso, que no contenía nada más que la casa de tres habitaciones y un baño recién construido. Jorge y mi padre ataron una bandera cubana al poste y la izaron en el patio de atrás.

"Primer territorio libre de América," llamaba Jorge a nuestra casa, parodiando todavía los lemas a los que nos habían sometido en la escuela en Cuba. Mi madre y yo reímos, aplaudimos y capturamos el momento en una fotografía.

Nuestra casa nueva era una gran mejora comparada con vivir en un estrecho apartamento o en la vieja casa que alquilabamos al lado del aeropuerto, donde sentíamos como si los aviones se dispusieran a aterrizar en el tejado.

Nuestra vecina nueva era una lectora ávida y me pasaba todas sus revistas, *Buenhogar y Vanidades*, y yo engullía una novelita de Corín Tellado tras otra. En otra casa de la misma calle vivía un chico que se parecía a Kris Kristofferson, con ojos color caramelo, un perpetuo bronceado, una sonrisa inocente, y cabello hasta los hombros que se agitaba con el viento cuando pasaba en su motocicleta. Yo estaba llena de deseo (los soñadores siempre están llenos de deseo).

En la escuela era "Fabby," una clave de aquello en lo que me había convertido, una adolescente que intentaba desesperadamente ser tan estadounidense como fuese posible. Mis profesores estadounidenses me habían apodado así—y lo pronunciaban *Faye-bee*—después de que se cansaron de buscar mi nombre todos los días en listas llenas de Johnsons y Smiths, y salpicadas de apellidos más sencillos como Pérez y García. Me convertí en la fundadora del diario de la escuela, el *Hialeah Junior High Highlights*; fue el comienzo de una carrera para toda la vida. Escribía una columna de chismes, una columna en la que se dedicaban canciones y una columna de consejos "Querida Fabby" (se pedía a los estudiantes que deslizaran sus cartas en mi casillero). Mi profesora de inglés, la señora Rosenberg, me animaba a continuar escribiendo. En la parte de arriba de una de mis composiciones sobre el amor, escribió: "Algún día compraré tus libros."

Fue durante el último año de secundaria que comencé a escribir fragmentos de mi vida en mi diario. Gracias a la forma meticulosa como tomaba notas, y a mi apasionada prosa en asuntos del corazón, recuerdo la etapa entre mis catorce a mis dieciocho años con una claridad que no consigo para otras épocas de mi vida.

Hace mucho tiempo, perdí la diminuta llave del diario. Para husmear en mis viejos secretos, tengo que violentarlo como un ladrón o una madre entrometida. Pero no es difícil. El pequeño candado azul cede fácilmente a mis pinzas y, con un leve giro, escucho cómo se abre. Me lleva a preguntarme cuántas veces habrá leído mi madre este diario durante todos aquellos años, aun cuando dudo que lo haya hecho. Porque, si lo hubiera leído, incluso tres décadas más tarde, no nos hablaríamos.

Así eran mis secretos.

"Sus manos tan cerca de las mías..."

"No pueden comprender que soy una persona y no su propiedad privada."

"Dependen de mí para todo."

"Quiero elegir por mí misma lo que deseo hacer."

Y esta línea profética: "Algún día espero escribir para el mundo entero." Su cubierta de plástico negro está salpicada de esmalte de uñas, un testamento a mi devoción, tanto a pintarme las uñas como a escribir mis sentimientos. En la parte exterior, en espectaculares letras blancas que denuncian mi juventud, el grueso diario proclama "D-I-A-R-I-O" y, por dentro, cada una de estas letras lo personaliza en tinta azul: "F-A-B-B-Y." Años después, con la confianza de la educación y después de conectarme de nuevo con mis raíces a través de una carrera de periodismo y de construir mi propia familia, me aferro a otra versión de mi apodo, escrita en español, Faby, y cuando mi firma se hizo professional, sólo sirvió la versión verdadera.

Pero, primero, hubo una asimilación.

Para sobrevivir a mis padres del Viejo Mundo, entré a la clandestinidad.

Hacía mis propias minifaldas cortando y cosiendo un nuevo dobladillo en los vestidos que heredaba de una amiga de mi madre de la fábrica. Llevaba los mini-vestidos como blusas metidas en una falda corriente para ir a la escuela con mi padre; luego me quitaba la falda más larga en cuanto encontraba un baño. O bien, enrollaba mis propias faldas, que llegaban hasta la rodilla, hasta convertirlas en minis. Una vez que tuve la imagen que deseaba, perseguí mis intereses amorosos con el vecino de la motocicleta. Necesitaba alguna razón para acercarme a él, así que comencé a ayudar a su hermanita con la lectura y la escritura.

Planeé mi ruta de escape de casa: obtener buenas calificaciones, deshacerme de mi acento, conseguir un empleo, ahorrar el dinero para la universidad, irme a la universidad. Ya obtenía las calificaciones, pasando de los programas de inglés como segunda lengua a las clases corrientes donde podía obtener menciones de honor. Y, a medida que se aproximaba el hito de los quince años quería, más que nada, un empleo. Los niños no debían trabajar hasta los dieciséis años, pero mis padres me autorizaron a trabajar medio tiempo después de que cumpliera quince años, la edad mágica de la madurez según el calendario cubano. Al menos *eso* me favorecía. A pesar de mi corta edad, sabía instintivamente que ganar mi propio dinero me permitiría comprar mi independencia—por no mencionar un fantástico par de zapatos.

Escribí acerca de todo esto en mi diario, haciendo una crónica de mis sueños, las ganancias, las pérdidas, el desengaño durante aquellos meses anteriores a mis quince años y después. Es sorprendente leer lo ingenua que era acerca de algunos de los detalles más íntimos de mi vida. En las páginas de mi diario, era libre. E incluí una advertencia para aquellas personas lo suficientemente arriesgadas como para violar mi privacidad. La primera página declara mis intenciones de escribir "las cosas que quería decir y no dije, las cosas que siento o sentí que eran importantes y, de alguna manera, secretas." Pido a la persona que encuentre el diario que "por favor lo incinere sin leerlo, si es posible pedir esto a un ser humano."

Después de todas estas graves consideraciones, viene la parte divertida—mis medidas, 35, 28 1/2, 35 pulgadas. Mi peso: 113 libras. Siete días antes de cumplir quince años, estaba obsesionada con adelgazar mi cintura y perder las libras adicionales que había adquirido con nuestras cenas cubanas de arroz, fríjoles, y bistec, picadillo, ropa vieja, y mis almuerzos estadounidenses de hamburguesa, pizza, perros calientes y tortas de postre. Mentía sobre mi peso o, quizás, en mis sueños, era más alta: 5.1 pies. La verdad es que siempre he medido 5 pies de altura.

Poco después de mis quince años, anoté en mi diario que, gracias a la dieta de la revista *Buenhogar* había rebajado mi peso a 111 libras. También obtuve mi primer trabajo como vendedora en la tienda cubana para bebés Canastilla, y en la tienda de encaje por metros, Casa de Nociones. Mentí y le dije a los propietarios que tenía dieciséis años. Nadie me pidió mis papeles. Mi salario: $1.75 por hora.

Mi primer salario, anoté en mi diario, fue de $42 por veinticuatro horas de trabajo, pero $7.26 correspondía a impuestos. Puse $5 en mi cuenta de ahorros, compré unos zapatos de $20.80, y dejé otros $5 para comprar zapatos para mi hermano con mi próxima paga. Después de todo esto, tenía 65 centavos para los gastos de la semana. También anoté que, de alguna manera, había perdido

$2.29, pues no sabía en qué los había gastado. Entradas posteriores muestran que, durante el verano, trabajé semanas de cuarenta y de cincuenta horas, y que, con cada pago, compré ropa y zapatos para mi familia.

No hay una sola palabra en mi diario sobre mis quince años, como tampoco sobre los sentimientos encontrados que tenía de ser una quinceañera. Mi padre estaba muy enfermo, y algunas cosas son tan dolorosas y temibles que no podemos escribir sobre ellas cuando están sucediendo. Mi padre sufría a menudo grandes dolores físicos. Se le diagnosticó de nuevo piedras en el riñón y enfrentaba otra operación para removerlas. Se decía que podía perder un riñón. Fue una época de temor para todos nosotros, aquella conocida incertidumbre de tiempos pasados que regresaba. Él era el principal sostén de la familia y no contábamos con otros parientes que pudieran ayudarnos. Quizás fue esta realidad la que llevó a que mi padre sobreprotector me permitiera trabajar aquel verano.

Su operación se realizó en febrero, mi cumpleaños era en marzo. No me atrevía a soñar qué quería para mis quince años—una sencilla fiesta con mis amigos de la escuela y el vecino. Mi madre tampoco podía soñar con lo que quería para su hija—el elegante vestido de princesa, las fotografías de estudio, las catorce parejas bailando el vals, Tomás de San Julián cantando suavemente "Es mi niña bonita," mientras mi padre y yo bailábamos.

Dadas nuestras circunstancias, no se mencionó la celebración de mi cumpleaños, excepto por mandar hacer un vestido nuevo y pensé que festejaríamos la ocasión con la habitual torta cubana de merengue, compartida con la familia inmediata, un ritual que marcaba todos nuestros cumpleaños.

O al menos eso creía yo.

No recuerdo qué excusa inventaron mis padres para que saliera

de casa el día de mis quince, pero cuando regresé—"¡Sorpresa!"—
ahí estaban también mis mejores amigos. Ellos y sus padres habían
conspirado con mis padres para organizar una fiesta sorpresa. Había sidra sobre la mesa para el brindis y una torta de cumpleaños
adornada con una muñeca quinceañera. Recuerdo que yo llevaba
unos shorts y todos los demás vestían elegantemente. Llorando de
felicidad, corrí a mi habitación a cambiarlos por el vestido elegante
que mi madre había hecho para mí como obsequio.

Era un vestido largo con tiras tipo spaghetti, acentuado con
plumas azules de moda en la parte superior. Había recibido también un par de zapatos blancos de tacón plataforma. Eran monu-
mentales y me hacían lucir más alta de lo que deseaba. Alguien me
había llevado un ramo de orquídeas. Todas mis mejores amigas
de la escuela—Carmen, Clara, Irene, Mercy, Matilde, Laura e
Ileana—habían aportado para pagar la fiesta y para enviar un arre-
glo de claveles azules como mi vestido; era mi color predilecto y se
convirtió instantáneamente en el tema de la fiesta. Y las chicas habían llevado suficientes chicos como para bailar toda la noche.

Habían llegado dos telegramas de Cuba, uno de mi prima María Elena y otro de la abuela Ramona. "Muchas felicidades en tus
quince años, cariños y besos de tu abuela."

Lo habían recordado.

Yo fui la más feliz de las quinceañeras aquella noche. Aunque
mi interés romántico, el señor Motocicleta, nunca asistió a mi
fiesta, llegue a bailar con su hermano, tan apuesto como él. Mi madre tomó fotografías. Mi hermano de doce años, Jorge, con su
nueva chaqueta roja, coqueteaba con las chicas, apareció en las fotografías cuando mis amigas cantaban "Feliz Cumpleaños," y sopló las velas. Yo bailé con mi padre, quien luce un poco pálido y
envejecido en las fotografías, pero terminó sanandose rápidamente de su operación de los riñones sin perder demasiados días
de trabajo. Ciertamente fue un cumpleaños especial.

Mi madre, sin embargo, no había terminado de marcar el hito.

Meses después de mi cumpleaños, anunció que había ahorrado el dinero para tomarme fotografías de estudio vestida como una quinceañera en un vestido alquilado de tafetán. Yo no quería las fotografías y, menos aun, aquel vestido chabacano. Pero no hubo manera de evitarlo. Sin embargo, encontré mi propia forma de protesta. Me negué a maquillarme para la sesión de fotografías. Llevar maquillaje había perdido rápidamente mi interés. Una vez que me permitieron embellecer mi cara, el ritual perdió su atractivo. Nadie jamás me dijo que lucía maravillosa con maquillaje. Todos notaban lo naturalmente bella que lucía sin él. Hay mujeres que tardan toda una vida en aprender esto, pero al menos esta es una lección que aprendí a los quince años, y me ha servido hasta más allá de los cuarenta.

Y, así, mi madre me arrastró a una sesión de fotografías y, para complacerla, posé para ellas. Elegí un vestido drapeado que dejaba al descubierto los hombros—para entonces había comprendido que mi mayor atractivo eran mis senos tamaño C—y posé como me lo indicaron con un ramo de rosas artificiales rojas y blancas, una sombrilla de encaje y una capa azul rey. Llevé largos guantes blancos, una tiara y el collar de plata con un corazón que me había obsequiado mi madre. Cuando terminó la sesión, la infelicidad se prolongó hasta los Jardines Japoneses para las fotografías al aire libre.

Hoy, sin embargo, mientras acuno en mis brazos el viejo álbum amarillento titulado "Mis quince años," con sus páginas remendadas con tanto amor y creatividad por mi madre durante largos años, sólo puedo sentir su amor. También puedo ver con claridad, en un momento de inadvertida reflexión captado por el fotógrafo, el contorno de mis sueños, la profundidad de mi secreto, revelado en una entrada de mi diario fechada el 3 de marzo. Es un poema titulado "Dedicado a mi patria, Cuba." Un poema con rima infantil, en el que yo, también, me atrevía a pensar en el regreso.

> *"... Cuba, mi patria linda,*
> *oh, por qué de ti partí,*
> *será que, al igual que Martí*
> *quiero verte soberana..."*

A medida que transcurrieron los dos años siguientes, agregué dos versos más al poema, confesando que me sentía como una "cobarde" porque no podía hablar de Cuba sin llorar. ¿Cómo podía olvidar el lugar que "acuna en su pecho" alguien a quien amo tanto? Escribí sobre mi abuela.

> *"Muchos piensan que no te quiero,*
> *otros que ya no te recuerdo,*
> *pero yo te aseguro, Cuba,*
> *que siempre te llevo muy dentro."*

Violentar el candado de mi diario es un ritual con el que me deleito. Cuando guiaba a mis tres hijas por los difíciles años de la adolescencia, para mí resultaba imperativo regresar y escudriñar mis pensamientos y mis secretos del paso de niña a mujer. Leer sobre mi angustia por mi imagen corporal, las dinámicas familiares, las cargas del legado, y aquellos chicos malos, me ayuda a permanecer cerca del corazón de mis hijas.

Sin embargo, mis meditaciones no me ayudaron mucho en lo que se refiere a celebrar los quince años de ensueño de Marissa. A pesar de que intenté cerrar la brecha entre nuestras generaciones, mis sueños y los suyos parecían estar en dos mundos diferentes. Habría sabido exactamente qué hacer si ella hubiera querido ir a

París. Pero en cuanto a organizar una fiesta enorme con todos los adornos tradicionales, no sabía nada.

Esto requería todo una aldea, y el proyecto se convirtió en un asunto familiar, único de nuestra ardiente raza multicultural y, hasta el día de hoy, el más recordado de todos los cumpleaños.

Primero, estaba el problema del alquiler de un salón para la recepción. Marissa y yo visitamos cerca de cinco salones en nuestro vecindario—y terminamos discutiendo sobre los méritos de alquilar un lugar, ella llorando, yo atemorizada. Horrorizada por los costos y la idea del posible riesgo de seguridad que implicaba que se colara la mitad de los chicos de la escuela a la fiesta, decidí cambiar el plan. No alquilaríamos un salón; y no era algo que se pudiera debatir.

Mis padres acudieron en mi ayuda y ofrecieron una solución: su casa. La casita había envejecido con gracia con el transcurso del tiempo. Habían colocado un patio cubierto, bastante nuevo, perfecto para una fiesta. La versión anterior había servido perfectamente para mi fiesta sorpresa de quince años. Sobre aquel piso de concreto, mis amigos y yo habíamos bailado felices bajo las estrellas, como si estuviésemos celebrando en el más elegante de los salones. La generación de refugiados, intenté explicarle a Marissa, no tenía más opción que conformarse con lo que tenía. Como dice la canción, "Si no puedes estar con quien amas, querida, ama a la persona con quien estás." No pareció apreciar la lección pero, al final, aceptó la solución.

Luego nos pusimos a trabajar en el resto de las cosas y los otros miembros de la familia ofrecieron su ayuda. Mi madre y mi cuñada, dotadas para las artes y los trabajos manuales, hicieron decoraciones para las mesas y recuerditos en rosa y blanco. La abuela de Marissa, quien había sido reportera de televisión, aceptó ser el maestro de ceremonias, utilizando un libreto escrito por mi madre.

Ordené una torta de tres pisos, con rosas rosadas y la tradicional muñeca quinceañera. Alquilamos las mesas y asientos para los invitados—y, para Marissa, una elegante silla blanca de mimbre que, una vez decorada con tul y cintas, se convirtió en el trono de la quinceañera.

Algunos sueños requieren torcerlos un poco para que se conviertan en realidad—y la realidad se convierte en una mejor versión del sueño. Así lo fue para mí. Así lo fue para Marissa cuando enfrentó un reto más: el asunto de los aparatos. Marissa aún tenía la boca llena de esos alambres. Consultamos con el ortodoncista la posibilidad de retirarlos transitoriamente, pero resultaba poco práctico y costoso. La solución: Marissa practicó la sonrisa perfecta que los ocultaba. Funcionó e, irónicamente, la suave sonrisa y su fantástico cabello castaño que caía por la espalda—al natural—le dieron a sus fotografías aquel dulce aspecto melancólico de la inocencia.

Cualquier otra cosa habría sido falsa. Cuando miro las fotografías de Marissa, reunidas en un álbum blanco con bordes dorados que dice "Mis quince años," al igual que el mío, veo el alma vulnerable de la más tímida de mis hijas, serena en su belleza y, sin embargo, cómoda en el escenario.

Su gran día llegó una noche de enero, cálida como lo son habitualmente en el sur de la Florida, perfecta para los hombros descubiertos y los vestidos sin espalda. Comenzó con una visita al salón de belleza para peinar su cabello en un moño digno de una princesa. En lugar de salir de una concha color rosa para su debut, salió de la casa de la mano de su padre y de la mía para saludar a sus invitados. Tomó asiento en su lugar de honor, la silla trono llena de tul y cintas. En lugar de las parejas que bailaban el vals, inventamos nuestra propia ceremonia. Quince de sus más cercanos parientes y amigos le llevaron a Marissa una rosa para marcar todos los años que cumplía. Su hermanita, Erica, cantó para ella una bella versión de "God Must Have Spent a Little More Time on You."

Para señalar la transición, Marissa bailó con su padre estadounidense una de sus canciones predilectas, "Lady in Red," y con mi padre, su abuelo cubano, la tradicional "Es mi niña bonita," de Tomás de San Julián.

La pompa y circunstancia terminó con una descarga de emotivos agradecimientos, convirtiendo la noche en la fiesta de salsa y pop music que quería ser. Aunque me sentía satisfecha de que mi hija la pasara bien, el misterio que rodeaba la sorprendente decisión de Marissa de adoptar las tradiciones seguía sin resolver.

Incrustada entre dos hermanas bulliciosas y obstinadas, Marissa siempre había sido percibida como la más discreta. Era la insegura, al menos en apariencia, cuya pasión por la música siempre me ha revelado otro lado de ella. Había inscrito a todas mis hijas en clases de piano desde que tenían cinco años—las tres conformaban un trío encantador en el recital anual—pero las otras dos se retiraron, y Marissa fue la única que continuó con ellas, año tras año. También tocaba el saxofón en la secundaria y en la banda de la escuela.

Pero de música a quinceañera hay un gran trecho, así que rogué a Marissa, quien ahora tiene veintidós años y vive en otra ciudad donde estudia tecnología informática y tiene un empleo de tiempo completo en ventas, que me dijera por qué había querido celebrar sus quince años con tafetán y perlas.

Rió con su habitual risa serena y permaneció en silencio algunos momentos. "Me hizo sentir especial," dijo finalmente.

Es un deseo tan sencillo, pero es de lo que están hechos los sueños de las quinceañeras. Y son los deseos y los sueños los que dan forma a una vida.

En cuanto a mí, continúo escribiendo para los diarios, adoro las sorpresas y echo de menos a Cuba. En ocasiones, pero sólo en ocasiones, aún sueño con subir a la parte de atrás de la motocicleta de Kris Kristofferson. Pero ahora prefiero mi realidad: conducir mi automóvil convertible—con la capota abajo, desde luego—contra el viento.

Todo Comenzó con el Vestido

POR Leila
Cobo-Hanlon

Me sentía joven y bella aquella mañana. Pero, por la tarde, cuando me contemplé en el espejo de cuatro lunas en la tienda y vi mi imagen reflejada por el frente y por atrás, me sentí fea.

La costurera y mi madre me observaban ansiosamente. Pero sabía que la forma como lucía entristecía a mi madre. Su boca estaba levemente abierta, sus cejas levemente arqueadas; aguardaba a que se destapara la olla. Y ocurrió.

"¡Parezco una vaca!" gemí.

El vestido estaba hecho de un chiffón vaporoso verde esmeralda. Yo había elegido la tela y el corte para el vestido, sin mangas, similar a los de Grace Kelly, que se ajustaba en la cintura y luego se ampliaba en olas de verde, cayendo encima de mis tobillos. Desde luego, habría lucido maravilloso en Grace Kelly o en alguna otra diosa alta y delgada como un esparto. Pero en una chica regordeta de catorce años, con una espalda ancha y una cintura que no había terminado de formarse, lucía, digamos, desgarbado.

"Mmm, no querida, no pareces una vaca," dijo mi madre dubitativa, extendiendo el brazo para alisar una arruga imaginaria.

"¡Parezco una ballena!" exclamé, antes de romper a llorar.

Mi madre hizo lo que suele hacer en momentos de crisis. Dio órdenes como el general en jefe de su propio ejército imaginario. Desabrochó el vestido de mi espalda sacudida por mis sollozos, me ordenó que me vistiera, se lo entregó a la desconcertada costurera, le dijo que se lo llevara y se apresuró a subirme al auto.

Condujimos en silencio durante un tiempo, el general, más calmado, impasible en el asiento del conductor. "Leilita" dijo finalmente mi madre. "¿No podemos ir a una tienda y comprar un vestido que ya esté hecho? ¿Un vestido normal?" Sacudí furiosamente la cabeza. "Sólo si es verde," respondí, y me crucé de brazos. Mis ojos se llenaron de lágrimas. En mi pequeño mundo, estaba atravesando una de las más graves calamidades, sin soluciones a la vista. Faltaba menos de un mes para mi fiesta de quinceañera, y aún no tenía el vestido.

Al comienzo, mi madre, el tipo de mujer que lleva trajes de lino en el avión y se baja sin una arruga después de un vuelo de seis horas, pensó que esta idea del vestido verde era poco conveniente, aunque ligeramente divertida. Pero después de recorrer todas las tiendas del pueblo sin encontrar nada que fuese remotamente verde y se asemejara a un vestido apropiado para una fiesta de quince años, mi madre estaba perdiendo rápidamente la paciencia.

"Llamaré a tu tía y le pediré que busque algo en Bogotá," dijo finalmente. "Y luego le pediré a Ruth que busque algo en Miami," agregó, refiriéndose a la dueña de su boutique predilecta, quien habitualmente importaba vestidos de los Estados Unidos. "Pero," me interrumpió cuando comencé a protestar, "yo elijo el vestido o tendrás que usar aquel vestido de ballena. Hablo en serio."

Esta es la cosa. Los vestidos para las fiestas de quince, al menos en aquella época, debían ser blancos, rosa o de algún color pastel y virginal. Estábamos a mediado de la década de los ochenta, en Cali, Colombia, y por aquel entonces, podría apostarlo, la mayoría de nosotras nos graduábamos inmaculadas de la secundaria.

Yo era la menor de mi clase, y cuando se aproximaron mis quince años, a finales del décimo grado, no sólo habían pasado ya las fiestas de quince de todas las demás chicas, sino que mis amigos ahora consideraban estas fiestas terriblemente pasadas de moda. Se había convertido en una tradición ligeramente chabacana, que pertenecía al ámbito de los nuevos ricos traficantes de droga y a su creciente dominio dentro de la otrora digna sociedad caleña.

"¿A quién le importa el vestido?" preguntó mi amiga Elisa al día siguiente en la escuela; el desdén en su voz hizo que el término sonara como un cubo de gusanos. "Quiero decir, ¿a quién le importa una fiesta de quince? ¿Hay personas que aún hacen eso?" Elisa era una buena amiga, con una veta particularmente malvada que, por lo general, dirigía contra otros. Pero aquel día, al parecer, era mi turno.

"Si crees que es tan estúpido, entonces no vengas," respondí enojada.

"*Tengo* que ir," dijo insidiosamente. "Mi madre me obligará a hacerlo. Pero tengo planes para marcharme e ir a Unoclub, y regresar antes de que ella me venga a buscar."

Unoclub, que cerraba a la una de la madrugada, era el único club nocturno al que los padres permitían ir a los chicos de secundaria. A los catorce años, me estaba terminantemente prohibido pisarlo, aun cuando la mayoría de mis amigos sostenían que ya habían hecho este peregrinaje. Se rumoraba que tenía una dueña temible llamada Mirta, que se acercaba a las mesas de aquellas parejas demasiado unidas, volcando la lámpara individual de la mesa y riñéndolas. En la escuela, el lunes en la mañana, mis amigos compartían sesiones posteriores al Unoclub que excluían a personas como yo. Salvo una fiesta ocasional, habitualmente permanecía en casa los sábados en la noche, mirando la televisión. Comprendía el dilema de Elisa. Si yo tuviese que elegir, ¿a dónde iría? ¿El ambiente ligeramente ilícito del Unoclub o el brillo destellante de mi fiesta de quince? Era obvio.

La nuestra era una escuela secundaria privada, de clases pequeñas y muy unidas. Todo el grado estaba compuesto de sesenta personas, de las cuales yo—con mi cabello corto y rizado, y sin ninguna habilidad para los deportes—no era la más bella, ni la más popular. Pero era generosa con las respuestas de los exámenes, los informes de los libros y los almuerzos, y sentía que tenía suficiente respaldo en cada uno de los pequeños subgrupos como para lograr una fiesta exitosa con todos los estudiantes de la clase.

También había adquirido recientemente mi primer novio, un chico que no era de la escuela, que no era un estúpido y que me había propuesto ser su novia durante una fiesta en su casa. "¿Nos cuadramos?" había susurrado mientras bailábamos la canción de los Bee Gees, "How Deep Is Your Love?" Mi corazón estaba en las nubes porque ahora no estaría sola cuando cumpliera quince años, el equivalente de una solterona en Colombia. Mi fiesta de quince sería el lugar donde todos mis amigos verían que yo también tenía un chico a mi lado.

No le había dicho a nadie acerca del él, pues temía que hubiéramos roto para el momento de la fiesta. Luego entré en pánico al pensar en la posibilidad, muy real, de que la fiesta misma se deshiciera; que estos mismos amigos viniesen y se marchasen en medio de la fiesta, para ir a un lugar al que yo no tenía acceso. Regresé a casa con el estómago hecho un nudo. Tuve pesadillas en las que me probaba una infinidad de vestidos verdes la noche de la fiesta y ninguno de ellos me iba bien, mientras el reloj avanzaba continuamente más allá de las ocho, las nueve, las doce, más allá de mi fiesta de quince.

Realmente, no sabría decir por qué estaba tan decidida a tener una fiesta de quince. Pero me había aferrado a la idea de esta fiesta de la misma manera como, años más tarde, me aferré a la idea de una gran boda tradicional. Cualquiera que fuese la razón, me fascinaba la idea del vestido de noche, la pompa y la circunstancia, el vals con mi padre, la fanfarria. Sabía que podía pedir otras cosas, quizás más glamorosas: un fin de semana en Nueva York, un viaje a Europa, un crucero, una operación de la nariz—el accesorio indispensable de moda.

Sin embargo, para mí, la fiesta era lo más glamoroso que podía desear. Era la oportunidad de ser una princesa adulta a los quince años, en una ciudad que ahora temía los excesos.

Cali nunca había sido una ciudad famosa por su ostentación, pero era una ciudad en la que los apellidos y la condición social eran de gran importancia. No se ostentaba la riqueza, pero ciertamente estaba allí para quienes observaran. Cuando empezaron los secuestros por parte de las guerrillas de izquierda a comienzos de la década de los ochenta, el temor sofocó un poco la exhuberancia. Luego, los delincuentes comunes aplastaron un poco más su brillo. Abundaban relatos sobre ladrones que entraban a las casas durante las grandes fiestas y se llevaban los obsequios. Por esta razón, mi fiesta de quince sería registrada para la posteridad en una fotografía en los diarios *después* de realizada, no antes.

Yo prefería la forma como solían ser las cosas. No sólo porque era más seguro sino, sencillamente, porque lo encontraba más cautivador. Al escuchar los relatos de mis padres sobre elegantes veladas y una interminable provisión de romances de fines del siglo, me hubiera encantado ser una debutante de la década de 1940, que llenaba su cuaderno de baile, bebía martinis y usaba largos guantes que hubieran ocultado el hecho de que mordía mis uñas.

Sólo otra chica de mi clase, María Victoria García, había tenido una fiesta de quince. Era popular, tradicional y aburrida; el tipo de chica que usaba el secador de cabello todos los días y aspiraba a casarse rápidamente, con un hombre adinerado, y tener muchos hijos. Recuerdo que llevó un vestido azul pastel en su fiesta. Yo me atrevía a ser diferente, así fuese sólo desafiando el esquema de colores. Llevé el tono más brillante posible de verde. Era mi color predilecto.

Hay fotografías mías de niña vestida de verde para las fiestas sólo de niñas que solíamos hacer, y que se convertían en concursos de belleza. Mis amigas debían venir con vestidos largos y desfilar frente a un jurado (mi hermana y sus amigas.) Coronábamos a la ganadora (nunca fui yo), y nos divertíamos muchísimo, aun cuando las madres de las otras niñas se quejaban durante semanas por tener que hallar vestidos de noche para sus hijas de ocho años. Para mi fiesta de quince, yo deseaba llevar un vestido largo (un vestido largo *verde*, esto es), una vez más.

En retrospectiva, ahora veo lo difícil que era hacer una fiesta tradicional cuando la tradición ya no estaba de moda, cuando llevar un esmoquin y un vestido largo se consideraba un suplicio. Admito que simpatizaba con algunos de los que se oponían a mi fiesta. Después de todo, a la última fiesta de quince a la que había asistido, lo había hecho en contra de mi voluntad. Mi prima Laura, que vivía en Bogotá, había venido a pasar unos días y había saltado ante la rara oportunidad de asistir a una fiesta, aunque significara ir a casa de alguien a quien apenas conocíamos. Para rematar, los padres de la quinceañera la habían obligado a invitarnos.

¿Alguna vez han ido a una fiesta en la que no conocen a nadie? ¿Realmente a nadie? Así fue aquella fiesta. Excepto que no éramos profesionales de veintitantos años que podían entablar una conversación casual, sino chicas de catorce años, terriblemente inseguras. Pasé la mayor parte de la noche al lado del buffet, mordisqueando la comida y viendo cómo los chicos invitaban a otras chicas a bailar. Incluso Laura, que no sabía bailar, consiguió una pareja; debo admitir que fue únicamente para una canción, y que su pareja era feo y lleno de acné, pero ciertamente era mejor que mi patética situación—sentada sola en una silla alta, fingiendo estar terriblemente ocupada inspeccionando el mantel y derritiéndome lentamente de mortificación.

A la mañana siguiente, durante el desayuno, le conté a mi madre y a mi hermana, Roxi, sobre la fiesta. Yo era una maravilla para los chismes desde entonces. "Todos los invitados están ahí—toda esta gente que no conozco—paseándose y bebiendo ponche, ni siquiera verdadero licor—y la quinceañera no aparece por ninguna parte. Luego, súbitamente, ¡el sonido de una orquesta de cuerdas! Era el "Vals vienés" de Strauss, la música de rigor para todas la fiestas de quince. Miro a mi alrededor, buscando a la quinceañera y a su padre, pensando que ya están en la pista de baile. Mas no. La gente comienza a mirar hacia arriba, con grandes exclamaciones de sorpresa, y ahí está, en lo alto de la escalera, con su vestido largo y su cabello largo y perfecto, y sus invitados súbitamente comienzan a aplaudir—¡a aplaudir! Como si fuese una reina ante sus plebeyos o algo—y baja lentamente las escaleras."

"Fue la cosa más chabacana!" intervino Laura, pero rápidamente calló ante mi enojada mirada. Yo todavía estaba molesta por el hecho de haber tenido que someterme a cuatro horas de contemplar el piso por su culpa. Recordé las odiosas palabras de Elisa sobre mi propia fiesta: "*Tengo* que ir, mi madre me obligará a hacerlo." Odiaría que la gente hablara de mi fiesta con el mismo desdén con el que hablaba yo para deshacerme de mi propia experiencia de la noche anterior.

"Mami," dije seriamente. "Mi fiesta tiene que ser fantástica. No quiero que nadie se aburra. Y, por favor, por favor, por favor. No puede ser chabacana." Está bien. La palabra "chabacana" es ajena a la composición genética de mi madre. Sin embargo, las fiestas de quince son, por definición, chabacanas. Piénselo. Es una mini boda, incluida la torta, las flores y los vestidos. Excepto que están todas estas adolescentes virginales que celebran únicamente la infinita conciencia sexual de tener quince años. Olvidemos toda esta idea del paso a la edad adulta, *bla, bla, bla*. Lo prometo, nadie está pensando en eso cuando organiza la fiesta. Los padres desean impresionar, y nosotras queremos obsequios, pasarla bien y sesiones de caricias encubiertas en la pista de baile.

"Abrázame más fuerte," exigió mi hermana mientras repasaba los movimientos esenciales sobre cómo bailar con una pareja del sexo opuesto excesivamente entusiasta (representada por mí). La abracé con mi brazo izquierdo alrededor de su cintura y, cuando apretaba el abrazo, ella levantó rápidamente los brazos, que quedaron entre su pecho y el mío. No podía acercarme más, ni siquiera podía acercar mis caderas a las suyas.

"¿Lo ves?" sonrió triunfantemente. "Ni siquiera tienes que apartarlo. Sólo levantas los codos; nunca sabrá que lo haces a propósito."

Aquella noche, mi padre repasó otros puntos sutiles del baile. Sosteniéndome firme pero respetuosamente por la cintura, ensayamos lentamente los pasos básicos del vals. "Levanta la cabeza, mantén la espalda erguida, y sígueme, sígueme," cantó alegremente, mientras me hacía girar sobre el piso de granito.

Mi padre bailaba con elegancia y estilo, agudamente consciente de que el baile es un deporte de pareja, y que hacer lucir bien a su pareja es fundamental. Podía bailar cualquier cosa—bandas, salsa, mambo, rumba, incluso el cha cha cha, que había descubierto en las discotecas de Nueva York cuando era joven. Nunca me sentía incómoda bailando con mi padre o mirándolo bailar. En las fiestas, era común que se formara un círculo alrededor de él y de mi madre, para mirar sus pasos.

Pero sólo después de inscribirme en clases de baile me había pedido que bailara con él. Y aun cuando practicamos aquel día, podía ver en su expresión lo orgulloso que se sentía, no sólo de aquel momento, sino del hecho de que en realidad lo seguía de una manera que nos hacía lucir bien a ambos.

"Ricardo, ¡es tu turno!" llamó a mi hermano quien, de acuerdo con la tradición, también debía bailar conmigo. "¡No voy a bailar!" gritó Ricardo desde el segundo piso. Tenía dieciséis años, se dedicaba a la guitarra clásica y sólo vestía de negro. Nunca lo había visto bailar en mi vida. Mi padre sacudió la cabeza.

"Sólo esta vez," rogué. "Vamos. ¡Un bailecito!"

"De ninguna manera," respondió Ricardo incrédulo. "Esto es tan estúpido. De cualquier manera, ¿por qué bailamos valses en Cali?"

"¡Porque yo quiero obsequios!" exclamé alegremente.

"Porque estamos celebrando la mayoría de edad de tu hermana," dijo mi padre severamente.

Luego se concentró en mí. "Hagámoslo de nuevo," dijo, evidentemente desconcertado de que Ricardo no se uniera a nosotros, pero decidido a no perder el espíritu del momento. Después de todo, estaba gastando una pequeña fortuna en esta fiesta pero, más que eso, me estaba haciendo feliz. No puedo creer que la perspectiva de tener cien adolescentes en su casa pudiera causarle ningún placer.

La semana anterior a mi fiesta me dediqué a averiguar quienes vendrían acorralando a cada persona y preguntándole: *"Vendrás, ¿verdad? ¿verdad?"* Elisa había dejado de decir que se marcharía temprano y en realidad había—¿osaré decirlo?—un murmullo en torno al evento. A pesar de estos pequeños signos tranquilizadores, tenía los nervios de punta. No había ofrecido una fiesta desde mi último concurso de belleza, y a pesar de que me repetían: "Sí, sí, sí, allí estaré," no podía dejar de pensar que no lo harían. Como el desagradable personaje de un libro que había leído recientemente, me quedaría sola en el salón, rodeada de montones de comida intacta y meseros apáticos, llorando en el vestido verde que, para entonces, habíamos encontrado finalmente.

Llegó de Miami a través de la boutique de Ruth y no era verde esmeralda, sino verde aguamarina. No era de chifón ni de tiras, bastante recatado. Tenía el cuello en *V*, un corte imperio que se convertía en una falda plisada, y mangas que caían encima del codo. Pero el color me favorecía, hacía que mis grandes ojos marrón brillaran y se ruborizaran las mejillas. Y, en el mundo de las fiestas de quince, se destacaba como una brillante esmeralda pequeña. Lo más importante de todo, no lucía como una ballena. Por el contrario, para deleite de mi madre, me veía bastante bonita en verde.

El día de la fiesta me desperté cuando tocaron a la puerta. Flores. Llegaron flores durante todo el día, desbordándose en cada rincón de la casa. Su único propósito era festejarme, hacerme feliz, hacerme saber qué importante era. Si hubiera sabido entonces que no vería tal despliegue de afecto otra vez hasta el día de mi boda, habría apreciado los aromas y texturas de todos aquellos ramos un poco más.

Mi prima Laura de Bogotá llegó también aquella mañana; traía consigo, no podrán adivinarlo, un vestido verde de chifón. Decidí que no permitiría que aquello me arruinara el día (aun cuando quería estrangularla). Quiero decir, ¿cuáles eran las posibilidades? En fin. Trajo también un obsequio de parte de mi tía, una bellísima pulsera de bandas de oro entrelazadas que llevo hasta el día de hoy.

A diferencia de muchas quinceañeras en su día, no tenía una cita en el salón de belleza. Dada la situación de mi cabello—rebelde y rizado—y mi odio por el maquillaje, en realidad no tenía sentido. Me dediqué más bien a observar las actividades que se desarrollaban en mi casa. Los meseros despejaron estratégicamente zonas enteras de la casa para bailar y para colocar las mesas. Para los jóvenes, el área del salón y del jardín. Para los adultos, el salón más pequeño y la terraza.

Esta es la parte difícil, lo ven, si quieres una buena fiesta, esto es, una fiesta con magníficos obsequios, es preciso invitar a tu familia y a los amigos de tus padres. No hay manera elegante de evitarlo; de lo contrario, lo único que recibes es una cantidad de discos o de ositos de peluche. Pero, por otra parte, no quieres una fiesta llena únicamente de viejos pesados. Nada mata el ambiente más rápido que tener a los viejos mirándote bailar. La segregación era *absolutamente* necesaria una vez terminado el vals con mi padre.

En la enorme cocina, mi madre la encargada de la recepción, estaba ocupada preparando la comida libanesa por la que era famosa nuestra casa: kibbeh y uvas rellenas, junto con sfijas y pan pita. Para el postre, había baklava y graibes, las pequeñas galletas de mantequilla que mis compañeros de clase adoraban después de la escuela. Y, aunque la comida era, evidentemente, poco colombiana, las bebidas decididamente estaban en línea con la cultura local. Esto es, se servirían bebidas alcohólicas, incluso a los jóvenes de quince años. Ron con Coca-cola para los chicos, cremosos Alexanders con cerezas para las chicas. No, esto no se consideraba irresponsable en aquel entonces. Aún no se lo considera así. Los chicos de quince años no conducen en Colombia y, dentro del ambiente controlado de una fiesta de quince, donde un mesero sirve personalmente las bebidas, nadie se embriagaba. Al menos en mi mundo.

A las siete de la noche estaba todo preparado, y yo también. ¿Era el día en que había lucido más bella? No estoy segura, pero ciertamente nunca me había sentido tan especial. Mientras bajaba la escalera en mi vestido largo (antes de que llegaran los invitados, desde luego; no quería aquella ridiculez tipo princesa de la otra fiesta de quince), inspeccionaba una casa que había sido adornada únicamente para mi deleite y placer. Era una sensación extraña, quizás de demasiada importancia para una chica de quince años, excepto que las expresiones de mis padres reflejaban completa confianza. Aquella noche no podía hacer nada malo.

Me paseaba nerviosamente, aun cuando era temprano y nadie llegaría antes de una hora. Tomamos las fotografías de la familia; Roxi radiante, Ricardo malhumorado, mis padres sonriendo orgullosamente, mi abuela—la altiva decana—luciendo extraordinariamente complacida consigo misma y con su nieta menor.

Cuando tocaron finalmente a la puerta, era sólo el fotógrafo del diario quien entró, tomó mecánicamente una fotografía de la familia y se marchó apresuradamente, quizás a otra fiesta de quince que debía aparecer en el diario del lunes. Consciente de la importancia de la situación, mi abuela me había obsequiado una joya "buena," un enorme anillo de esmeraldas, la piedra preciosa de Colombia, que iba con mi vestido. Era un anillo de mujer, una esmeralda engastaba sobre un círculo de diamantes diminutos, a la que mi hermana y yo nos referiríamos luego con afecto como "el anillo torta de cumpleaños" porque se asemejaba a los diseños en capas de las preparaciones de nuestras fiestas de quince. Recuerdo sentirlo pesado en mi dedo, mientras lo hacía girar y girar, aguardando que alguien, cualquier persona, llegara.

Para las nueve de la noche, entré en pánico. No puede ser, pensé. Pero así era. Las nueve de la noche y no había un alma. Y luego tocaron de nuevo a la puerta. Pero esta vez era mi novio, que no era un tonto, con un traje oscuro y corbata, y que lucía mejor que nunca. Había traído una larga caja de joyería que contenía un delgado brazalete de oro que me puse en ese mismo momento. Ahora tenía dos brazaletes y un anillo. Había pasado de recatada a nueva rica en cuestión de horas.

Como si se hubiesen puesto de acuerdo, un torrente de personas comenzó a entrar. Dos horas tarde, pero muy a tiempo en Colombia, después de todo. Llegaron todos los que pensé que vendrían, todos los que deseaba que vinieran, incluso aquellas personas que nunca pensé que tuvieran la intención de pisar una fiesta de quince. Pero vinieron.

Es curioso cuán selectivos son los recuerdos. Recientemente, cuando pregunté a mi amiga Mechas qué recordaba de aquella noche, recordaba claramente, no mi fiesta de quince, sino aquellas fiestas infantiles en las que llevábamos vestidos largos durante el día. Cuando insistí en mi fiesta de quince, lo único que recordaba era que había sido una "fiesta bailable." Pero yo sí la recuerdo a *ella* aquella noche. Recuerdo que asistió con su hermana menor, quien había comenzado a caminar después de un terrible accidente de tráfico y había rogado que la dejaran ir a mi fiesta, su primera salida en más de seis meses. Mechas y yo nos hicimos mejores amigas después de aquella noche.

Y luego estaban los chicos, fingiendo sentirse bien en sus trajes, con el cabello peinado hacia atrás, pero que, en realidad, lucían ansiosos y respetuosos, emanando aquella dulce inocencia que se pierde para siempre en los años de adolescencia. Recuerdo a Ika T., tímida y amable, y de quien habitualmente se burlaban, pero vino y bailó toda la noche, y me regaló el último álbum de ELO, una banda de rock que nunca pensé que me fascinaría. Recuerdo los acordes del vals de Strauss, desde luego, y la gente que acudía a mirarnos a la pista de baile; sus caras se fundían en una mientras mi padre me hacía girar una y otra vez, y yo intentaba adivinar quien se acercaría primero para mi próximo baile. Recuerdo haber visto a mi prima mayor, quien pasó la mayor parte de la velada al lado de la puerta, aguardando ansiosamente a un novio que no llegó y contemplando inútilmente la oscuridad afuera. Nunca, me prometí, perdería mi tiempo o mi alegría esperando a algún hombre.

Nunca olvidaré a Elisa—la insidiosa y desdeñosa Elisa. Se enojó cuando sus padres vinieron a buscarla. "Pero quiero quedarme más tiempo," la escuché gemir. "¡No es siquiera la una de la mañana y todos la estamos pasando tan bien!" En cuanto a mí, bailé con los codos abajo toda la noche, no besé a Felipe, y nuestra relación sobrevivió un aburrido fin de semana después de esto.

Al ver ahora las fotografías, veo una chica que apenas comenzaba a comprender lo que podía llegar a ser. Mis rizos aún eran cortos; no sabía que, cinco años más tarde, me fascinarían y los dejaría crecer, permitiéndoles ser desordenados y salvajes, como deseaban serlo en ese entonces. Mi boca está curvada en una leve sonrisa que es casi una sonrisita de suficiencia, aun cuando, en realidad, era un signo de timidez por ser el centro de toda esta atención. Aunque mi madre insistía siempre en que me irguiera, mis hombros aún se encorvaban un poco hacia delante, un vestigio de la reticencia adolescente.

Con mi vestido verde no lucía rebelde y, ciertamente, no lucía sensual. Mi piel era perfecta y, a pesar de todo lo que pensaba en aquella época, no era regordeta; sólo perdía la redondez infantil.

Pero el vestido ha permanecido igual, sin arrugas y prístino. En ocasiones, cuando viajo a Cali, lo contemplo, tan solo ahora en mi alacena vacía, e intento imaginar de nuevo lo que sentí al usarlo aquella noche al comenzar la velada en brazos de mi padre, con su mano firme en mi cintura mientras me llevaba por el vals, y terminarla en los brazos tentativos de Felipe, que nunca se atrevieron a subir por mi espalda y a los que nunca tuve que frenar con mis codos.

Contemplo el vestido ahora y tengo que sonreír. No es elegante, no tiene tiras, gasa ni es sensual. Es sólo un vestido largo verde, como aquel que una niñita llevaría a un baile.

Desarraigada

POR Nanette
Guadiano-Campos

Tía Chelo hizo su entrada triunfal en un vestido enterizo de estampado de leopardo tan estrecho que se podía ver cada recoveco que había dejado cada tortilla que se había comido en sus setenta y un años de vida en este planeta. El día de mi fiesta de quinceañera, entró a la iglesia justo detrás de mí en tacones de charol y con un lápiz labial rojo fuego, oliendo a Jean Naté y goma de mascar de menta, sin prestar atención a los "¡Ay, Dios mío!" de la congregación y a la expresión mortificada de la cara irlandesa católica del padre Smith.

Supe que algo estaba mal cuando vi que todos miraban fijamente algo detrás de mí, y no a mí. Los fuertes aromas de la tía Chelo casi me hacen volver la cabeza, pero la expresión de mi madre, y su obsesión de años con este preciso momento, mantuvieron la sonrisa fija en mis labios y mis ojos en el sitio apropiado: Jesús contemplándonos con compasión desde una cruz tamaño natural.

"Sigue caminando," susurró mi primo (y escolta) Juan, a través de una sonrisa congelada. Sintió mi vacilación, sintió que las uñas de mi mano derecha se clavaban en su brazo izquierdo. En mi visión periférica, vi a mi padre caminando a mi lado, luego detrás de mí, y luego apareciendo de nuevo con mi tía del brazo. La condujo a un reclinatorio donde agitó la mano saludando a la muchedumbre, e hizo una bomba con su goma de mascar antes de guiñarme el ojo con aprobación.

Le había rogado a mi madre que no me hiciera una fiesta de quinceañera. Al igual que tres años antes, cuando le había rogado que no le dijera a nadie que había comenzado a menstruar. Ella prometió no hacerlo, así que su traición fue peor que un golpe físico a mis ovarios palpitantes.

Salía del baño con la evidencia de mi feminidad discretamente envuelta en papel higiénico, cuando los murmullos y el incómodo silencio que los siguió atrajeron mi atención a la culpa mal reprimida de mi madre y a la mirada de *pobrecita* de mi tía. La única reacción de mi abuelita fue: "Asegúrate de envolverlo en papel periódico y botarlo afuera en la basura."

Aprendí entonces que mi madre no era de aquellas personas que mantenían las cosas en silencio, y estaba aun más decidida a decirle al mundo que yo cumplía quince años. Después de todo, yo era la primera nieta de ambos lados de la familia, y parecía que todos súbitamente sentían un fuerte vínculo con sus raíces del otro lado de la frontera. Mi inminente llegada a la edad adulta era como la suave y húmeda brisa de aquellos vientos sureños que les recordaban a México, donde habían comenzado, mucho antes de que yo fuese siquiera un pensamiento.

El año en que cumplí quince años, mi familia se mudó a Uvalde, Texas, al tiempo que Irak invadía a Kuwait. Era 1990, los Estados Unidos amenazaba declarar la guerra contra Irak, y George Michael acababa de lanzar su aguardada canción "Freedom '90." Fue por aquella misma época que asistí a mi primer concierto de New Kids on the Block, y me enamoré de uno de los cantantes, Joey McIntyre, al tiempo que me moría por Jody Ansley, un chico de mi nuevo vecindario.

Sucedían muchas cosas, y lo último que quería era una fiesta de quince. Por favor no me mal interpreten. No es que no quisiera ser el centro de atención durante todo un día. Créanme, cuando se es la mayor de cinco hermanas, no es mucha la atención que recibes. Pero yo tenía catorce años. Esta edad es suficiente para explicar mi vacilación ante el hecho de ser el centro de atención, pero acabarnos de mudar sólo la empeoraba.

Mientras intentaba recuperar alguna apariencia de normalidad, mi madre deseaba revivir su fiesta de quinceañera a través de la mía, incluida su paleta de colores. La madre de mi madre deseaba mostrar a todas sus amigas de la iglesia que a su hija mayor "le iba bastante bien," mientras que la madre de mi padre quería ofrecerme la fiesta que ella nunca tuvo. Tío Daniel, el eterno humorista, se ofreció como maestro de ceremonias. Tía Lupe, con su cómodo cargo reciente en el gobierno, quería ofrecer la torta (conocía a una persona dedicada a la pastelería). Tío Fernando tenía una cámara, así que fue nombrado fotógrafo, y mis abuelitos, pues bien, se peleaban por cuál de ellos pagaría la comida.

Entretanto, yo comenzaba el noveno grado en la vieja escuela secundaria de Uvalde porque no había espacio suficiente para nosotros en la escuela principal. Como resultado de ello, sólo tenía cerca de cien compañeros de clase, la mitad de los cuales deberían estar un grado más adelante.

Comparado con San Antonio, Uvalde era un mundo completamente diferente. Asistía a la escuela con una gran cantidad de vaqueros, y todos mis nuevos amigos eran blancos. Hablaban con el acento sureño, mascaban tabaco y juraban sobre la Biblia cada vez que se presentaba la ocasión. Nunca habían estado en presencia de la Tía Chelo, ni habían visto un crucifijo gigante.

Según el *status quo*, dije a mi madre que deseaba más bien una fiesta de dieciséis años porque esto era lo que mis amigas acostumbraban. Llevaban vestidos blancos sencillos, un poco de maquillaje con base en lugar de brillo labial, como las buenas chicas mexicano-americanas. No sé acerca de las otras familias latinas, pero la mía creía (falsamente), que únicamente las personas con piel mala y las prostitutas llevaban base.

Pedir prestado el delineador azul para los ojos de mi amiga Cristina tampoco era una opción. No era justo. Mis amigas todas recibían un viaje especial a Merle Norman para maquillarse antes de su fiesta de dieciséis. Yo ni siquiera podía usar un poco de polvos para quitar el brillo de la cara. Bailaban en un salón de recepciones sin tener que asistir primero a la iglesia, donde se nos amenazaba con el infierno después del sexo prematrimonial.

Si yo hubiera sabido que mi pedido causaría un distanciamiento en mi relación con mi madre, quien se echó a llorar cuando se lo dije, lo hubiera pensado dos veces antes de pedírselo. Mi padre estaba tan enojado de que hubiese entristecido a mi madre que anunció: era una fiesta de quinceañera o nada.

"¿Qué quieres, una fiesta de dieciséis años? Sabía que no nos debíamos mudar acá, Carlos," le decía mi madre a mi padre. "Está enojada con nosotros, y esta es la manera de vengarse." Hablaba como si yo no estuviese en la misma habitación. "¿Cómo puedes pensar siquiera en hacer una fiesta en un hotel? Una fiesta de quinceañera es una declaración pública de acción de gracias a Dios y a tu *familia* por todo lo que tienes, y un testimonio de aquello en lo que te has convertido. No puedes negar a Dios lo que le debes."

Lo dijo con tal convicción que me sentí como Judas Iscariote, traicionando a mi familia por unas pocas piezas de oro y una sencilla ceremonia. La sugerencia misma de tomar este sagrado rito de paso y degradarlo al convertirlo en una "fiesta" equivalía a cometer un sacrilegio ante sus ojos y ante los del propio Dios. Honestamente, yo no veía cuál era el gran problema. Quince, dieciséis, una fiesta es una fiesta, ¿verdad? No.

Para mi tercera generación de mexicano-americanos, era *sólo* una fiesta. Una fiesta en la que podía llevar zapatos de tacón y bailar con chicos. Pero para mi madre, mis abuelas y mis tías, era un rito sagrado. Era un juramento ante Dios y la Virgen de que yo todavía era pura (y lo era: lo más cerca que había llegado a comprender los cambios que se operaban en mi cuerpo era aquella extraña sensación que sentía entre las piernas cuando escuchaba la canción "Father Figure" de George Michael, o besaba la fotografía de Joey McIntyre). De alguna manera, la fiesta se convirtió en el símbolo de ser mujer. Me había convertido en un homenaje viviente a todo un sexo. No había presiones, ¿verdad?

Parte de aquel sagrado rito de paso era la antigua tradición del vestido. Blanco: un testimonio de mi virginidad para la congregación. Ay, Dios mío. Es difícil incluso ahora recordar deliberadamente esta parte. He intentado olvidarla miles de veces. Pero ahí estaba yo, con mi madre y mi abuela, probándome los vestidos más esponjados, luciendo como un enorme batido de torta.

"Déjame ver," decía la abuelita, poniéndose sus anteojos bifocales al estilo Elvis.

"Vuélvete, hija, déjame ver tu espalda."

"¿Qué piensas?" preguntaba mi madre.

"No, no. Parece un vestido de novia," respondía yo.

"Otro, Nettie, ponte el otro," decía la abuela.

"Todos parecen vestidos de novia, abuela," dije. "¿Por qué tiene que ser blanco?"

"No me hables así," dijo mi abuela, apretando los dientes. "Además, ¿qué diría la gente si no llevas blanco? Tu cola ya es excesivamente femenina."

Viendo que estaba a punto de enojarme, mi madre agregó serenamente: "Lo que tu abuela trata de decir es que el blanco simboliza la pureza, mija. Es una declaración al mundo de que eres virgen."

Encontré que aquello era terriblemente hipócrita. Todos en mi familia sabían que para cuando mi prima Mona había hecho su fiesta de quinceañera, ya había roto su cinturón de castidad varias veces. Y llevó un vestido blanco.

Me probé vestidos durante dos días y lloré dos noches. Acudí a mi padre y le rogué que me ayudara. Jugué con su remordimiento por desarraigarnos a mis cuatro hermanas y a mí, al enviarnos a una nueva escuela secundaria en la mitad de un tumultuoso penúltimo año de secundaria.

"Papi, se burlarán de mí," rogué. "No puedo aparecerme en este vestido inflado. Nadie se viste así. Por favor, papi. Díselo." Ambos la conocíamos, y ambos sabíamos que lo que yo estaba haciendo era un terrible acto de traición, actuar a sus espaldas para obtener lo que quería. Estaba en un terreno peligroso, pero los momentos desesperados exigen medidas desesperadas, y podía sentir que mi padre vacilaba. Decidí seguir el ejemplo de mi madre y derramar unas pocas lágrimas para añadir al efecto.

"Hablaré con ella," dijo bruscamente. Sabía que lo tenía; mi padre no soportaba ver llorar a ninguna de sus hijas.

El problema del vestido estaba solucionado. No sé que le diría a mi madre, pero el fin de semana siguiente fuimos de compras sin mi abuela. Sin embargo, resultó ser más desagradable que las otras ocasiones. Mi madre se mostró tan fría que podía sacudir el hielo de sus hombros. Yo había recurrido a mi padre, había soslayado su autoridad y esto estaba más allá del amotinamiento, más allá del perdón.

El día pasó de malo a peor, y mi alegría inicial por haber ganado el primer asalto fue sustituida rápidamente por la tensión que siente toda hija latina cuando siente que ha decepcionado a su madre. Para conseguir la paz, acepté un vestido de encaje, ceñido y que se abría en las rodillas, lo que mi madre llamaba un "vestido de sirena." No obstante, tenía mangas anchas y un gran lazo en el trasero (tenía que haber algo inflado en alguna parte). El lazo era un intento por ocultar mi creciente trasero. Personalmente, yo pensaba que el lazo exclamaba: "¡Mírame! ¡Soy enorme!"

Yo siempre había tenido un trasero grande, incluso de niña. Llevaba ropa interior de una talla más grande para evitar los gordos. Pero cuando llegué a la pubertad, pareció crecer a toda velocidad. Comencé a sentirme incómoda en mi propio cuerpo—mi trasero era un constante recordatorio del hecho de que no era blanca. Nunca podía llevar los vaqueros que usaban las otras chicas porque nunca subían más arriba de las rodillas. Tenía que contentarme con leotardos, "algo que estire," decía mi abuelita, asintiendo cuando elegí dos pares cuando fuimos de compras para el regreso a la escuela.

Después del fiasco del vestido, comenzamos a planear el evento. Debo confesar que me entusiasmé más cuando ya tuve el vestido. Mi madre me enseñó sus fotos de quinceañera. Las conservaba en un cofre de cedro con su vestido de boda, cartas de amor y una colección de revistas viejas. Mientras miraba sus fotos, me sorprendí por lo joven y bella que era, lo negro que era el cabello de mi abuelo, y por la forma como se conservaba mi abuela.

Pensé, está bien, puede que esto no sea tan terrible.

Estaba equivocada. No podía creer los cambios que se sucitaron en mi familia cuando comenzaron los preparativos. Mis abuelitas venían de San Antonio casi todos los fines de semana para pegar perlas al encaje de mi vestido de sirena. Y, para mi sorpresa, mis tías acudieron para planear la parte de entretenimiento de la fiesta. Esto me preocupó, pues había invitado muchos de mis nuevos amigos y mi reputación estaba en juego.

Levantaba los ojos al cielo y me quejaba de la música, de las perlas, de los colores de los vestidos de las damas (violeta oscuro y fucsia). Mis tías me miraban enojadas y sacudían la cabeza, consolando a mi madre y diciendo cosas como: "Mira la desgraciada. Si sólo nuestra madre nos hubiera dado todo esto." A lo que yo siempre quería responder: "Lo hizo. He visto las fotografías." Pero mi educación acérrimamente respetuosa estaba profundamente arraigada, tanto como mi odio por la música tejana. Así que guardaba silencio.

Mi padre, por su parte, siempre ha odiado la música tejana, las polcas y todo ese tipo de música. Su padre lo había educado en la ópera, la música de sus ancestros paternos, y él escuchaba, con arrobo, las voces de los Tres Tenores todas las noches antes de irse a la cama. Pensé que si alguien podía comprender mi angustia frente al repertorio musical propuesto, sería él. Sentí que llegaba el momento para otro ataque oculto.

"Por favor, no permitas que pongan esa música. ¿Qué pensarán mis amigos?" Este no fue el comentario adecuado para mi padre, quien súbitamente sintió un fuerte vínculo con sus raíces mexicanas. Su obstinada oposición a los temas de presión de grupo siempre llevaba a la pregunta: "Si ellos saltaran de un puente, ¿lo harías tú también?" Esto fue la causa de muchos de mis dolores de cabeza durante mi adolescencia.

"No son tus amigos si no te aceptan como eres."

"Ellos me aceptan como soy. Sólo que odian la música tejana."

Podía ver el temor de mi padre frente al peligro potencial de ceder a todos mis caprichos de adolescente. "Bien, mija, tendrás que soportar la música que el DJ decida poner. Después de todo, no eres tú quien la paga."

Segundo asalto, pierdo.

Me mostré malhumorada durante varias semanas, pero esto sólo parecía animar a mi madre, para quien ganar el segundo asalto había sido como una inyección de vitamina B-6. Comenzó una maratón de música mexicana en casa y en el auto. Sabía que lo hacía para irritarme, especialmente porque ella gravitaba más hacia Barbra Streisand, Barry Manilow y todo lo de Motown.

"¿De dónde sacaste esta música?"

"La trajo tu tía. Dice que es la última moda."

Lo dijo sin una sonrisita, complacida con mi evidente desagrado, y procedió a bailar la cumbia con el aire. Está bien, pensé. Las dos podemos jugar este juego.

Comencé a llevar a mis amigas a casa después de la escuela para acabar con su juego. "Enséñales a bailar la cumbia," me burlaba, y ella me lanzaba dardos con los ojos y cambiaba la cinta a *The Stylistics* o *The Best of Barry Manilow* (lo cual era, incidentalmente, igualmente perturbador). Mis amigas Cristina y Cara, complacidas cuando les dije sus nombres en español, en realidad se mostraban intrigadas por mi madre. Les fascinaba ir a mi casa, con el estudio azul y el salón color rosa. Les fascinaba la alfombra verde felpuda, y el olor de los fríjoles que se cocinaban en la estufa en la tarde. Permanecían en mi casa para comer fideos y fríjoles, y en realidad conseguí que mi madre les enseñara a bailar la cumbia, para que no se sintieran mal en mi fiesta.

No podía creerlo. Todo lo que me había avergonzado, a ellas las embelesaba. Compraron la cinta de Selena y practicaban la cumbia todos los días al son de "Amor prohibido," intentando sin éxito mover las caderas cuando sonaba "Bidi Bidi Bom Bom." Desarrollaron un masivo enamoramiento adolescente por mi padre, quien lucía, y cito, "totalmente como un pandillero."

"Tienes tanta suerte, Nanette," me dijo Cristina una tarde.

"¿Por qué?" pregunté con un sarcasmo propio de mis catorce años.

"Tu madre te abraza. Dios, incluso te arropa en la cama todas las noches."

No supe qué decir. Quiero decir, ya me sentía suficientemente incómoda de que la primera vez que Cristina había pasado la noche en mi casa, mi madre había entrado con su agua santa, susurrando en español, y me había hecho el signo de la cruz en la frente. Quería morir, meterme debajo de la cama y, literalmente, morir de vergüenza. Desde luego, nunca se lo había mencionado a mi madre. Todos los niños mexicanos saben que algunas cosas son demasiado sagradas. Pero no podía creerlo cuando Cristina me dijo que me envidiaba.

"Mi madre ni siquiera cree en Dios," dijo Cristina. "Mi abuela murió de un aneurisma cuando yo tenía seis años. Yo vi cómo sucedió. Sus ojos sólo giraron y se durmió. Fue horrible. Mi madre dijo que no valía la pena creer en un dios que permitía que su hija viera algo así, y tampoco es que asistiéramos con frecuencia a la iglesia antes de que esto ocurriera."

"Lo siento," dije, igualmente sorprendida por su relato y por su declaración. Cuando pasó la noche en mi casa por segunda vez, le pidió a mi madre que la bendijera a ella también. Era extraña, mi nueva vida. Mis amigos devoraban libros, enlazaban caballos, vertían melaza. Me sentía dividida por la mitad; me comportaba de una manera con ellos, y luego me iba a casa, donde rezábamos en español antes de las comidas y pintábamos las paredes de colores primarios.

Tuve que adaptarme a un mundo en el que el cabello rubio, los ojos azules y los traseros planos eran las marcas de la verdadera belleza, y donde yo era, súbitamente, un poco gorda, pues medía 5'6" pulgadas y pesaba 120 libras. Además de esto, tenía vello, los ojos color chocolate oscuro de Hershey, pestañas negras y vello en las piernas, que aún no me permitían depilar. Tenía las cejas unidas, un pecho plano y un trasero con la forma de un corazón invertido. Odiaba la música country y el doble paso. El único lugar para ir de compras era Wal-Mart, y el único sitio para salir los viernes en la noche era un sencillo teatro donde presentaban películas que yo había visto meses antes en San Antonio.

Decir que fue un *shock* cultural para mí es quedarse muy corto. Y, para agregar a todos los cambios, tenía que conciliar mi "latinidad" con mi nuevo entorno porque no sabía que podía ser exactamente como era y aun agradarle a la gente.

Y mi inseguridad era evidente. Se veía en la forma como me miraba mi padre como si no me reconociera cada vez que me quejaba de algo. Se veía en la forma como mis hermanas comenzaron a llamarme "blanca," para antagonizar. Se veía en la forma como comencé a responder a mi madre, y en la manera como comencé a despreciar todo lo que era color marrón.

Súbitamente, me sentía avergonzada de mi familia, de mi cultura. De la manera como mi abuela hacía estallar su goma de mascar cada cinco segundos, y de como se quemaba el cabello con innumerables permanentes. Como resultado, mi abuelita había terminado con pequeñas calvas en toda la cabeza. Me avergonzaba el acento de mis tías al hablar inglés, y la manera como se bañaban en perfume barato para atraer a "los hombres."

***

Nunca sentí esta vergüenza con mayor fuerza que el día de mi fiesta de quinceañera, caminando hacia el altar con un vestido usado que, estaba convencida, había sido el vestido de novia de otra persona. Me avergonzaba desde mi sombrero que se asemejaba a una ensaladera invertida, con perlas y tul pegado, hasta aquellos zapatos apretados, teñidos de un blanco color pipí, para que combinaran con mi vestido. Era, sencillamente, un atado de nervios.

Cuando me encontré al frente de la iglesia, busqué nerviosamente a mis amigos, mientras mis damas se extasiaban ante mi vestido. Mis damas eran una mezcla de primas y viejas amigas de San Antonio. Mi amiga Geneva llevaba un vestido de dama violeta oscuro; las líneas de su liguero se veían bajo la tela. Mi querida amiga Gwen tuvo que mandar hacer su vestido por sus problemas de peso. Y, puesto que la costurera local había hecho todos los vestidos, tuvo que pagar el doble y terminó luciendo como Barney, el dinosaurio de aquel programa de televisión.

Todas las damas llevaban sombreros como el mío, teñidos del color de sus vestidos, adornados con cintas rosadas en el cuello. Diez chicas, de diez tallas y formas drásticamente diferentes, se encontraron a la entrada de la iglesia como un ramo de claveles teñidos. De alguna manera, en la luz de la iglesia, el violeta se veía mucho más *violeta*, y el rosa cálido parecía casi fluorescente. Todas eran mexicanas y, por lo tanto, no llevaban maquillaje (con excepción de la tía Valeria, que era un año mayor). De alguna manera, parecía incorrecto que todas estuviésemos vestidas como adultos, pero que aún luciéramos como niñas. Yo, sin embargo, tuve suerte. Mi madre me dejó usar rimel y lápiz labial, no brillo de labios. Aquello, en sí mismo, ya era algo que agradecer.

Yo había permitido que mis damas eligieran a sus acompañantes porque, en realidad, no me importaba. Así que no conocía a todos los chicos que actuaban como chambelanes. Uno de ellos se destaca como un dedo herido en todas las fotografías, por ser tan alto y blanco. Hasta la fecha de hoy, no tengo idea quién es.

El único chico en esmoquin al que conocía bien era mi primo Juan, mi acompañante y mi pesadilla desde que tenía dos años. Era el hermano mayor que nunca quise tener. Me mortificó que mi padre hubiera sugerido que él me escoltara. Le había rogado a mi madre que me dejara entrar sola, antes que entrar con Juan. Pero no se escucharon mis súplicas y, mientras aguardaba la señal para entrar a la iglesia, permaneció a mi lado y dejó escapar el más horrible eructo.

Mi tío Fernando, el fotógrafo voluntario, nos indicó que era el momento de entrar. Se movía con rapidez, tomando fotos de nosotros como un profesional. Su cámara se me había acercado tanto a la cara que, por un rato, lo único que pude ver mientras caminaba eran grandes manchas azules que bailaban ante mis ojos. Una vez que me recuperé de mi ceguera momentánea, lancé otra larga mirada a mis damas, que caminaban en sus ridículos vestidos violeta. "Qué lástima," pensé, como lo hubiera dicho mi abuela.

Intenté ignorar la vergüenza, junto con el aroma abrumador a Jean Naté, White Shoulders y el perfume de Debbie Gibson, "Electric Youth," que llevaba mi hermana. Esto, mezclado con el aroma del incienso y el desagradable olor corporal de mi primo, que comenzaba a rebelarse contra su camisa blanca almidonada. Fue entonces cuando vi por un momento la cara de Cristina dentro de la muchedumbre, la única persona blanca de aquel lado de la iglesia (la mayor parte de mis amigos sólo asistirían a la recepción, a Dios gracias), y su expresión. Me recordó el relato que me había referido acerca del aneurisma de su abuela.

Recuerdo haber levantado la mirada para contemplar el crucifijo gigante que se inclinaba hacia mí, luego la expresión de impaciencia del Padre Smith, luego los pies enormes de mi primo, talla trece—y quise levantar la esponjada cola de mi vestido y echar a correr. Pero, ¿a dónde podía ir? Estábamos en el lado Occidental, en el barrio, en la calle Zarzamora. Mis únicas opciones eran los tribunales de San Fernando al otro lado de la calle, la tienda Handy Andy, o el Centro de Donación de Plasma. Inhalé profundamente y recé para que mi vida regresara después a la normalidad, cualquiera que ésta fuese.

Luego el Padre Smith comenzó la misa con su monótono sonsonete irlandés. "En nombre del Padre, del Hijo y del Espíritu Santo." Yo seguí las formalidades: sentarme, ponerme de pie, arrodillarme. Intentaba concentrarme en la seriedad de aquel día, pero en lo único que podía pensar era en lo apretada que sentía la faja de mis bragas (mi abuela la había comprado para que mi cola no luciera tan grande), en las axilas de mi primo que comenzaban a oler, y en lo ridícula que debía verme con mi vestido de segunda mano y aquel cómico sombrero.

Ahí fue cuando realmente me sentí avergonzada.

"¿Nanette? ¿Nanette?"

El Padre Smith había estado tratando de atraer mi atención, y todos los asistentes se reían por lo bajo.

"¿Sí?" Sentía la cara como si hubiese comido un puñado de ají picante.

"¿Quieres decir algunas palabras a la congregación?"

Ay, Dios. Por favor hazme invisible. No he pedido mucho. He sido una buena chica, ¿verdad? Asentí tentativamente y me levanté con la ayuda de mi primo oloroso a cebolla y madera. Podía ver a mi madre con su elegante pañuelo, preparada para secar las lágrimas que había estado acumulando desde el día en que había concebido una niña, quince años y nueve meses atrás. Vi la orgullosa mirada de mi padre, la irritación de mi abuelo (era como el diablo: se sentía incómodo en las iglesias), y la mueca de desdén en la boca de mi hermana. Miré hacia el otro costado de la iglesia, vi a la tía Chelo, y quise ocultarme bajo el púlpito y morir. Me guiñó el ojo de nuevo, y creo que escuché reventar su goma de mascar, o quizás fue la de mi abuela.

"Quisiera agradecer, ¡eeeeeeeeeeeeeeeeeeeeeeeeeeeeeeeeeeeeeeee!" La resonancia del micrófono hizo que todos se llevaran las manos a las orejas, y que las mías enrojecieran aun más. La expresión de mi madre se hizo tensa. Aquello no lo habíamos ensayado. "Lo siento. Eh, quisiera agradecerle a mis padres." Ay, maldición. Lo siento, Jesús. Me olvidé de mi discurso. Aquel que practiqué un millón de veces, aquel que decía lo especial y generosa que había sido mi familia, el apoyo que había recibido de mis padres y los sacrificios que ellos habían realizado a lo largo de mi vida. Aquel discurso que gritaba: "Somos una familia perfecta."

Pedí perdón a mi madre con la mirada. Ya se secaba las lágrimas, pero yo sabía, al igual que el resto de la congregación, que *no* eran lágrimas de felicidad. "Eh, este es un día muy especial. Quisiera agradecer a mi familia por, eh, por todo. Y, especialmente, a mi padre y a mi madre por, eh, ¿hacerme?" Mi padre halaba el cuello de su camisa. "Prometo a la Virgen María y a Jesucristo, el Hijo de Dios, y al Espíritu Santo y a la Santa Iglesia Católica, y a todos los ángeles y los santos, eh, que permaneceré pura hasta el día de mi boda. Gracias."

Si alguien, además de mis padres, advirtió lo ridículo que era mi discurso, nadie lo dejó traslucir. Creo que la gente sólo quería continuar con la recepción. Mi abuelo en particular parecía estar a punto de una combustión espontánea.

Cuando terminó la ceremonia, mi tío comenzó a tomar fotos de la Corte de Honor, mientras que la gente avanzaba por el estacionamiento hacia el salón ubicado al otro lado de la calle. El DJ ya estaba preparándose, el banquetero (un primo lejano) alistaba la comida, y mi abuelo se desvestía y pedía una cerveza. Mi abuela exclamaba: "¡Ponte de nuevo esa corbata, Pach!"

Yo me encontraba delante del pequeño templo dedicado a

Nuestra Señora cuando Cristina se aproximó. Parecía una de las estatuas de los ángeles del altar, y yo sólo quería llorar. Quería decirle que todo era una gran broma, una broma ridícula, que estas personas *realmente* no eran mi familia. (Aun cuando nadie lo creería si me vieran al lado de mi primo Juan.) Pero me desconcertó cuando sonrió y me abrazó tan fuerte que no podía respirar.

"Fue tan bello," dijo. O no había comprendido el fiasco o estaba dormida cuando todo esto ocurrió. Cristina se hizo a un lado y vio cómo el tío Fernando tomaba fotografías delante del altar de Nuestra Señora con varias personas que presuntamente eran mis parientes. Mientras posaba, no pude dejar de advertir que Cristina contemplaba fijamente a mi primo Juan. Y mi desagradable, oloroso y pretencioso primo le devolvía la mirada.

Atravesamos el estacionamiento hasta el salón donde los padres de mi madre continuaban peleándose. Aunque sabía que mi madre se había esforzado mucho en la organización del salón, mi primera impresión fue que mi fiesta de quinceañera parecía más una fiesta para una niña de cinco años que para alguien que se dispone a convertirse en mujer. Era extraño. Quiero decir; ahí estábamos, celebrando la cúspide de mi femineidad, con toda la pompa y circunstancia de aquel día, y me recibían con globos.

Cristina estaba a mi lado y yo intentaba sentirme orgullosa de los globos, inflados a mano, color violeta y púrpura, adheridos con cinta adhesiva a las paredes del salón. Habían perdido parte de su redondez, pues los habían pegado la noche anterior. Colgaban ahí como escrotos desinflados (he visto fotos de ellos). El propio salón necesitaba reparaciones urgentes; el techo goteaba en algunos lugares y olía a moho. Bajo aquella dura luz fluorescente, advertí que habían puesto en un rincón el enorme tablero del bingo para dejar espacio a la consola del DJ.

¿Qué puedo decir? Pertenecíamos a una parroquia pobre. Esto

explicaba la cucaracha que atravesó velozmente el pie de Cristina mientras ella saludaba a diversos miembros de la familia que la rodeaban como moscas a una carcasa.

"Mira, la amiga de Nanette. Es de allá. De Uvalde. Es *anglo*."

"Esto significa *blanca*," susurró alguien sin éxito.

"Ay, sí. Qué chingada, ¿no?"

Gracias a Dios lo único que entendía Cristina del español era algo como "bidi bidi bom bom." Mientras nos dirigíamos a mi mesa, situada en una esquina, adornada con flores de tela violeta y rosa, mi familia aún hablaba tan fuerte que podíamos escucharla.

La mayoría de mis amigos de la escuela estaban allí, y todos nos refugiamos en mi esquina, riendo y hablando. Cada vez que alguien entraba, yo levantaba la mirada para ver si era Jody, el chico de mis sueños. Aunque él tenía una novia, yo me había asegurado de no invitarla. Mi amiga Cara dijo que él quizás vendría. Fue entonces cuando Juan interrumpió súbitamente mis pensamientos acerca del cabello rubio de Jody con sus ojos marrón oscuro como los de un cachorro.

"Ay, Dios," escuché que decía Juan. Comenzó a reír, y todos nos volvimos para ver qué estaba mirando.

"Cielos, eso es brillante," dijo Cristina, con una voz de falsa amabilidad. Varios de mis amigos reían por lo bajo. Sentí que el pánico me invadía, extendiendo sus tentáculos hasta la punta de los dedos de las manos y de los pies. Incluso mi cabello lo sintió en la punta de sus folículos asados por los rulos calientes.

Registré con la vista el salón buscando a mi madre. Esta no podía ser la sorpresa que habían planeado durante tanto tiempo. Descubrí a mi madre y su cara reflejó la mía, sólo que más enojada. Marchó hasta el lugar donde se encontraba la tía que "conocía a alguien que se dedicaba a la pastelería," la cual lucía tan mortificada como nosotras. Se encogió de hombros, con la cara tan roja como la torta.

"Discúlpenme, chicos," dije a mis amigos, y me dirigí hacia mi madre. Podía sentir que se me llenaban los ojos de lágrimas.

"Es horrendo," susurró enojada mi madre.

"No sé por qué hizo esto," decía mi tía.

"¿Mamá?" dije, tocándola en el brazo.

"Lo sé," dijo, levantando la mano.

Mi abuela se acercó a nosotras.

"¿Qué es esto?" preguntó, señalando con el dedo.

Todos la miramos. Era una enorme torta de un piso. Yo nunca había visto a una debutante que tuviera una torta de una capa. Era del fucsia más profundo que hubiera visto en mi vida. Creo que ninguna de nosotras sabía que la cubierta de una torta pudiera tener ese color. Y estaba resaltada en violeta. Violeta profundo. Del mismo violeta del aviso de neón que había en la tienda de vídeos XXX en la autopista.

Pero la peor parte, *definitivamente* la peor parte, era la enorme muñeca colocada en la mitad de la torta. Tenía la cabeza de plástico y llevaba un vestido de azúcar color pipí, igual al mío. Parecía completamente artificial e incomible. De hecho, nunca llegué a probar mi torta de quinceañera. Sobró más de la mitad. Y, como sucede en muchas fiestas de quinceañera (al menos en mi familia), antes de terminada la fiesta, alguien la había robado.

Justo cuando sentí que las lágrimas se me escapaban, tía Chelo se aproximó y dijo, "Mira, Nanette, su torta, qué bonita. Ay, ay, ay." Tuve que reír. Únicamente a la tía Chelo le parecería bonita semejante torta.

La cena transcurrió sin incidentes, gracias a Dios, y para cuando el DJ comenzó con la música, yo me había ablandado y comencé a pasarla bien. A mis amigos no les había importado tanto como yo había pensado. Parecía que consideraban el elaborado vestido y los fuertes colores de la torta como una curiosidad, de la misma manera como yo veía sus sombreros vaqueros, sus botas y sus imposibles jeans.

En lo que respecta a la música, no escuché ninguna queja. De hecho, cuando sonó la primera cumbia, Cristina y Cara saltaron y me tomaron de la mano, llevándome a la pista de baile. Habían estado practicando durante semanas, y querían enseñarme sus habilidades. Cuando sonó la música tejana, nos dio la oportunidad de sentarnos y respirar entre las tandas de música que nos agradaba, y a los adultos la oportunidad de lucirse con la suya; las mujeres brillaban como grandes muñecas de lentejuelas, siguiendo el ritmo de sus maridos de grandes bigotes.

Después de un rato, mi madre se me acercó y me dijo que había llegado el momento del brindis. Juan no aparecía por ninguna parte, y Cristina tampoco. Yo los había visto hablar y bailar toda la noche, pero, ¿a quién le importaba? Quiero decir, si Cristina podía encontrarlo atractivo, incluso con el abrumador olor a cebolla que emanaba de su cuerpo pubescente y excesivamente grande, que bueno por ella, ¿verdad?

Mi madre, yo y otras chicas los buscamos. Pero fue mi padre quien finalmente los encontró detrás del salón. Se estaban besando en un banco de piedra delante de la estatua de San Esteban, para horror de mi abuela y para vergüenza mía. Después de todo, yo había invitado "a aquella puta."

"¿Qué clase de amigos tienes?" mi abuela escupía mientras hablaba. "Jovencita, espero que sepas que no toleraré que te conviertas en una puta."

"Abuela," gemí, escandalizada.

"Te lo digo en serio, Nanettita. Se lo diré a tu madre y a tu tía. Y dile a Juan que quiero hablarle después del brindis."

Asentí y entré al salón. Mientras levantábamos las copas para el brindis, fui bendecida con una nueva ola del olor a cebolla que salía del brazo levantado de Juan. Me incliné y susurré: "La abuela quiere hablar contigo." Se ruborizó y yo sonreí a la cámara, sabiendo cuánto temía a mi abuela, recordando la ocasión en que lo acusé por mirar películas pornográficas en casa de la abuela el día de Navidad.

"Sólo dímelo, no me escupas," fue su respuesta.

"¿Por qué no nos haces un favor a todos y usas desodorante?" fue la mía.

Después del brindis, llegó el momento de la bendición. El tío Daniel comenzó por anunciar a los padres de mi madre. Entraron, mi abuelo ajustando nerviosamente su corbata, caminando como si sus pantalones fuesen demasiado estrechos. Sonrió con su sonrisa típica, estreñida, como si dijera: "Mi ropa interior es una talla más pequeña." Aquella sonrisa que aparece en todas las fotografías que he visto de él desde los quince hasta los setenta y cinco años. ¿La única diferencia? Su cabello, que alguna vez fue negro azabache y ahora azul bebé, y un diente de oro en el canino superior. Permanecieron delante de mí mientras yo me arrodillaba, con la cabeza inclinada como una verdadera princesa, y ellos oraron y luego saludaron a la cámara.

Luego fue el turno de mis padres de bendecirme. Parecía que esto no terminaría nunca, así que levanté la vista de mi posición de santa para ver cómo mis abuelos sostenían cada uno por el codo a mi bisabuela, Viviana. Mi bisabuela, que en paz descanse, se acercaba a una velocidad de menos cinco millas por hora, con todas sus setenta y cinco libras y cuatro pies once pulgadas, escoltada a cada lado por mi abuelo de seis pies y mi abuela de cinco pies y diez pulgadas. Temblaba por la enfermedad de Parkinson, y preguntaba continuamente en español a mi abuelo dónde estaba el baño. Todo el salón guardó silencio. Pero cuando tomó la corona con sus manos temblorosas, la puso sobre mi cabeza y comenzó a rezar, súbitamente regresé a los tres años de edad. Me vi ahí, tomando galletas de la caja que guardaba celosamente, y escuchándola hablar en español a mi padre, palabras que sonaban como música. Fue un bello momento, y uno de los últimos que habría de compartir con ella antes de su muerte, cuando cumplió cien años.

Después de la bendición, llegó la hora de mi gran sorpresa. Había aguardado este momento durante largo tiempo, y comenzaba a preguntarme si podía ser más vergonzoso que el lazo gigante en el trasero.

"Siéntate, Netty," dijo mi madre, resplandeciente con la expectativa. Pusieron una silla en medio de la pista de baile y bajaron las luces. Yo me senté y la canción "Happy Birthday to You" de los New Kids on the Block comenzó a sonar por los parlantes. Cinco hombres, vestidos con pantalones negros y camisetas blancas, permanecieron de espaldas a mí y luego se volvieron. ¡Eran Joey, Jordan, Jonathan, Donny y Danny! En realidad eran José, David, Abel, Fabián y Gabriel, que llevaban máscaras con la cara de los cantantes.

Comenzaron a bailar al unísono (todo coreografiado por mi madre) y recrearon el baile que aparecía en el vídeo de los New Kids on the Block. Reí tanto que comencé a llorar. Y estas eran lágrimas buenas. Abracé a mi madre y creo que, por un instante, se sintió auténticamente feliz.

De repente, ya no se trataba de complacer a la familia o de impresionar a sus amigos. Pude saberlo por la forma como me abrazó cuando terminó el baile que era para darme una verdadera sorpresa. Me sentí de nuevo como una niña la mañana de Navidad. Mi madre me había dado lo que yo quería porque me conocía. Y esto de alguna manera compensó el vestido y aquel estúpido sombrero. Y los globos y aquel tema violeta y fucsia que había inventado.

Cuando mi tío anunció que era el momento de servir la torta, me deslicé hacia la salida con mis amigos para tomar un poco de aire, algo que todos necesitábamos. (Juan apestaba.) Y, aun cuando mi amor, Jody, nunca vino, tenía a Cristina, a Cara y a los New Kids on the Block.

Nos sentamos a conversar en el mismo banco en el que se habían besado Juan y Cristina dos horas antes. Observé a mis amigos reír por tonterías y cerré los ojos. Nadaba en la música de todo: las baladas de Motown, la risa de mis amigos, un tren que pasaba, un perro que ladraba, un bebé que lloraba al otro lado de la calle, la valla de eslabones que sonaba en la fresca brisa de noviembre. Cuando abrí los ojos, vi luces de Halloween sobre la puerta, y una anciana desdentada que apretaba su bolso contra el pecho. Aguardaba el ómnibus. Miré al cielo y vi cómo se desplazaban las nubes sobre la oscura línea azul como un ejército de caballos y sentí, por un instante, una gran sensación de paz. Estaba donde debía estar en aquel preciso momento.

¿Sientes el olor a cebolla?" preguntó Cara, oliendo el aire. "Huele a pino," dijo Cristina. Ambas tenían razón. Juan se acercó a nosotros con lo que supongo creía ser una mirada atractiva dirigida directamente a Cristina. Atendiendo mi consejo durante el brindis, aparentemente había usado algún tipo de colonia o de ambientador para cubrir su horrendo olor. Esto no pareció molestarle a Cristina, pero me estaba dando dolor de cabeza, así que entré con Cara, dejando a mi primo con mi amiga "puta," para que continuaran donde habían sido interrumpidos.

Había llegado el momento de cumplir con mi obligación de hablar a todos los invitados de mis padres. Intenté sonreír a través de mi piel grasosa y del dolor de mis bragas apretadas, y asentí a lo que estuvieran diciendo. Era extraño ver personas a quienes no recordaba y que me contemplaban con tal amor y ternura. Había tanta gente ahí que no me había visto desde que "eras así de grande."

"Recuerdo cuando naciste. Eras idéntica a tu papá. Se lo dije a mi marido, ¿verdad? ¿Qué lucías igual a Carlitos?" El esposo asintió, tan incómodo como yo. Continué sonriendo mientras me paseaba por el salón, hasta que regresé de nuevo a la pista de baile, me quité los zapatos y comencé a saltar.

Recuerdo que Juan, en un momento dado, se arremangó y saltaba en un baile muy animado. Parecía un completo idiota, pero a Cristina le agradó. En realidad se escribieron durante cerca de un año después de aquella noche, así que supongo que ella no era una *puta* total, abuelita. Mi abuelo se puso de nuevo la corbata y bailó un bolero con mi abuela. Tía Chelo bailó con su compañero todas las polcas que tocaron hasta que terminó la fiesta, sacudiéndose al son de la música y haciendo estallar su goma de mascar.

Cuando pienso en todo esto, quince años después, aún me resulta difícil contener la risa. El asunto del vestido regresaría a obsesionarme años después cuando buscaba un vestido para mi boda. Mi madre descartaba todos los vestidos que yo elegía, "parece el de una bailarina," "es demasiado esponjado." ¿Ven qué fácil olvida y perdona?

Las cosas cambiaron un poco después de mi fiesta de quinceañera. Mi madre y yo comenzamos a llevarnos mejor, quizás porque todo aquel tormento había terminado, o quizás porque nos comprendíamos un poco mejor. Le conté acerca de mi enamoramiento de Jody, mi amor eterno por Joey McIntyre, y el temor de no adaptarme nunca. Ella me habló de su primer enamoramiento, de su amor eterno por Paul McCartney, de su temor de no complacer nunca a su madre. Mi padre también parecía advertir que yo estaba creciendo. Cuando una de mis hermanas me irritaba, le decía: "¡Escucha a tu hermana!" Eso me fascinaba.

En la escuela, se habían esparcido rumores sobre mi fiesta de quince. Me senté al lado de una niña llamada Isabel en mi clase de biología, con quien nunca antes había hablado. Advirtió mi anillo, aquel que mi tía Laura me había obsequiado en la ceremonia, y preguntó si era de mi fiesta de quinceañera. Le respondí afirmativamente. Me enseñó un bellísimo anillo de esmeraldas que ella también había recibido en su fiesta de quince. Intercambiamos fotografías y relatos un día después de la escuela, cuando aguardábamos a nuestros padres que venían a buscarnos. Me sorprendió al tomarme de la mano y tocar mi anillo: "Este es un símbolo de lo que somos ahora: mujeres mexicanas, fuertes," dijo. "Esto te lo recordará por el resto de tu vida." Su padre llegó en aquel momento, así que no tuve oportunidad de responderle. Fue la primera vez que se me ocurrió sentirme orgullosa de lo que era.

A los treinta años, apenas comienzo a comprender las cosas. Apenas ahora me siento cómoda con mi enorme trasero y mis paredes de colores, gracias a mujeres como Selena y JLo, quienes han ayudado a hacer que el ser latina sea algo socialmente positivo. Pero, de muchas maneras, he roto con las tradiciones en las que crecí. Ya no soy católica. Ya no me persigno ni bendigo a mis hijas con agua bendita todas las noches. No rezo a los santos. Pero tengo una estatua de San Antonio y conservo el rosario de mi abuela, de cuentas de vidrio, hecho a mano.

No pienso hacer fiestas de quinceañera para mis hijas. No que sea malo tener una. Y, sin embargo, parte de mí siente nostalgia por el rito de la quinceañera—la idea de presentar una hija al mundo en una ceremonia de pompa y circunstancia que se reserva habitualmente a las elites.

Dejaré que ellas lo decidan, y haré lo que ellas quieran. El punto es que tendrán la opción.

Supongo que puedo llevar a mis hijas a Le Marche y hacer una fiesta colectiva de cumpleaños en lugar de celebrar su entrada al mundo de la mujer. Compartiremos un brindis al pasado y al futuro con un buen vino local del campo italiano. Me imagino con mis hijas al aire libre, bajo un cielo despejado, maravilladas ante la belleza del paisaje, sintiendo la atracción de nuestras raíces, el dulce y húmedo aire del sur.

Sonreiré ante la perfección del momento, y pensaré en la tía Chelo, quien no tenía el dinero suficiente para una fiesta de quinceañera. Quizás el hecho de caminar hacia el altar en la mía era la realización de un sueño adolescente inconsciente. O quizás era su manera de oponerse a las convenciones, de decirnos que debíamos calmarnos y pavonearnos, preferiblemente con un estampado de leopardo.

Bajo el cielo de Italia, le haré un guiño a las estrellas, como me lo hizo a mí aquel día, bajo aquellas pestañas falsas, fabulosamente largas.

A la tía Chelo, donde quiera que estés: vamos, chica.

Los Colados

Los Colados de las Fiestas de Quince Años

Por Malín
Alegría-
Ramírez

No hay nada peor que llegar a tiempo a una fiesta. Permítanme reformular lo anterior. No hay nada peor que llegar a tiempo a una fiesta *mexicana*. Hay una cosita llamada tiempo mexicano, según la cual el anfitrión dispone entre cuarenta y cinco minutos y dos horas adicionales de tiempo flexible antes de que realmente comience la fiesta. Según la invitación blanca con adornos de flores, la fiesta de quinceañera de Cruzita Mora comenzaba a las cinco de la tarde.

Eran las 5:02 cuando llegamos a entregar el regalo. Un brillante papel de colores colgaba a lo largo de un salón semejante a un estadio. Pilas de asientos se encontraban contra la pared a la derecha. Los trabajadores, vestidos en camisas recién planchadas y pantalón oscuro, estaban ocupados poniendo las mesas. Pienso en secreto que mi madre deseaba llegar temprano a propósito, para poder arreglar los centros de mesa ella misma.

Aun cuando llegar a tiempo es malo, llegar con ropa informal y un resfriado es peor, mucho peor. Ni la cantidad máxima del maquillaje de mi hermana podía ocultar mis ojos rojos y mi nariz congestionada. Su piel era bastante más clara que la mía, así que el maquillaje más bien me hacía lucir como La Llorona. Con mis zapatillas Nike sucias, vaqueros desteñidos y un suéter con el cuello en V color ciruela, quería esconderme detrás de la escultura de hielo en forma de cisne que se encontraba al lado de las mesas vacías para el buffet. Quizás nadie lo advertiría, esperaba, intentando ignorar las miradas que me lanzaban las otras personas que habían llegado temprano.

"Mira lo que lleva," dijo mi hermana de veinticuatro años, indicando con la barbilla la pista de baile. Una mujer mayor, con brazos de futbolista, perseguía a un niño de dos años que reía. Su larga bata tahitiana color violeta estaba atada caprichosamente debajo de su cuarta papada. "Té apuesto diez dólares que esta cosa se cae antes de que termine la fiesta."

Yo reí asintiendo y luego miré alrededor del salón, espacioso y casi desierto. El Pabellón Herbst de Fort Mason es un toldo blanco de 30,000 pies cuadrados, ubicado en el distrito naval de San Francisco, cerca del puente Golden Gate. Desde la baranda exterior, pueden verse bellas gaviotas deslizándose en el viento y costosos yates que navegan cerca de Alcatraz.

Aún era temprano y los invitados llegaban a la fiesta como si se sintieran perdidos. El salón era enorme y elegante, con cuerdas gigantes de globos color rosa de veinte pies colgando del techo como bananas peladas invertidas. Habían instalado dos pistas de baile, seis bares y al menos cien mesas. Tres viejitos con relucientes guitarras se paseaban por el salón, cantando "Bésame Mucho." Los reflectores emitían una luz fuerte que revelaba todos mis defectos, lo cual no me importaba, pues en realidad no había ningún chico apuesto con quien quisiera coquetear. El estridente gemido de un niño rasgó el aire frío. No era ahí donde quería estar.

Quería estar en casa, en mi cama. Alquilar un par de comedias románticas, ordenar una sopa de wonton y dar por terminado el día. Pero mi madre me llamó desde el taller; la camioneta se había averiado al lado del camino por segunda vez aquel mes. "Entra conmigo sólo un segundo," insistió. "No seas maleducada."

Las fiestas de quinceañera eran una obligación de la comunidad. Era el momento en el que se reunían todos para celebrar la transición de una niña a mujer. Era una ocasión demasiado especial para perdérmela a causa de un resfriado. Mi madre esperaba que me sentara ahí y aguardara (con una enorme sonrisa petrificada en la cara) hasta el momento adecuado, después del brindis y del baile del padre con la hija, para salir. Tal como estaban las cosas, sería una *laaaaarga* espera.

Descansé la barbilla en la mano izquierda para descansar la mano derecha. Mi hermana, a quien también se la había persuadido de asistir, estaba enfuruñada a mi lado. Pero Xochitl Mar, aka Xoch, nunca salía de casa sin lucir inmaculada. Era como si esperara ser descubierta, en cualquier momento, por un agente de modelaje o de actuación. Su cabello peinado hacia atrás, las oscuras gafas de Gucci, y el abrigo blanco de cuello de piel sobre sus delgados hombros la hacían lucir especialmente distante. Yo me sentía terriblemente mal vestida a su lado. Xoch miró su teléfono celular Razr color rosa con una expresión malhumorada en sus labios brillantes. Probablemente esperaba un mensaje de texto de alguien que pudiera salvarla de aquella fiesta.

Mi madre estaba al otro lado de la mesa con mi primo Rafa. Rafael Ortiz era, sin lugar a dudas, el chico más atractivo de la fiesta, con su aspecto de amante latino y de chico malo. Podía hacer que se enroscaran tus dedos de los pies, con sus labios llenos y jugosos, ojos oscuros y soñadores y su cuerpo musculoso y duro de veinticuatro años. Era egresado de Stanford, un magnífico bailarín y siempre era el alma de la fiesta. Una chica con un vestido disco y grandes dientes pasó al lado de nuestra mesa muy lentamente, por quinta vez. Sonrió tímidamente a mi primo. Había un solo problema. Rafa era completamente gay. Te robaba el novio sin intentarlo siquiera.

Escuché que mi madre reía alegremente. Hablaba con un anciano blanco que sostenía una cámara profesional en la mano. "Tómanos una fotografía," insistió ella, posando con los labios arrugados. Mi madre tenía aquel aspecto natural de india, de cabello lacio y negro, misteriosos ojos negros y una piel suave color oliva. Con más de cincuenta años, aún no tenía una cana. La gente creía que éramos hermanas.

Prometió que sólo pasaríamos por la fiesta unos minutos. Pero, sin advertirlo, habían transcurrido dos horas. Las alas del toldo de plástico se agitaban salvajemente, dejando entrar ráfagas de frío aire de mar. Una brisa helada me hacía tiritar. Me soné de nuevo la nariz con la húmeda servilleta arrugada en la mano y miré sobre mi hombro.

"Está bien, me voy a casa," suspiré mientras entraban otros invitados.

"Pero ni siquiera han cortado la torta," protestó mi madre.

"Falta mucho tiempo para que comience la fiesta. No creo que la quinceañera haya llegado aún."

Mi madre me miró con una expresión irritada, como si yo estuviese ladrando como un chihuahua. Fingió no comprender lo que le decía. ¿No podía ver qué mal me sentía?

Justo en aquel momento, vi una cara conocida entre la muchedumbre. Era mi chica Francisca "Paca" Gutiérrez. Paca era mi vieja amiga de MEChA (Movimiento Estudiantil Chicano de Aztlán), del estado de San Francisco, a fines de la década de 1990. Paca estaba vestida de pies a cabeza de retro de los años ochenta: un abrigo de lamé de un dorado metálico, un vestido de cuero negro con tacones estampados de leopardo, y el cabello completamente enredado. Me disponía a decir una broma cuando advertí su expresión de pánico. Paca farfullaba algo sobre un problema que había tenido.

"¿Hiciste qué?" pregunté. Súbitamente, me acometió un ataque de tos y salió Coca-Cola caliente de mi nariz. Mi madre me lanzó una mirada enojada y pronunció la palabra "cochina." Paca se inclinó hacia mi oreja derecha. El fuerte aroma picante de su perfume invadió mi nariz.

"*Dije*," bajó la voz, mirando lentamente sobre su hombro, "que me equivoqué de fiesta. ¡Sabías que Ambrosio Zepeda también tiene una fiesta de quinceañera hoy?"

"¿Te refieres al dueño de la Taquería Salsa Caliente en Misión?"

Paca asintió, agitando los rizos que enmarcaban su redonda cara. Levanté los ojos al cielo. Ambrosio Zepeda había abierto su negocio dos años atrás al otro lado de la calle de Delfina Mora. Siempre estaba compitiendo con Delfina, la dueña de Taquería Fina. Era tan enojoso ver su cara gorda en volantes en todo el vecindario. Aquel hombre se comportaba como si hubiera inventado los tacos. El restaurante de Fina abrió en 1979. Era una institución en Misión.

Mi familia había sido su leal cliente desde que pude decir: "Fríjoles y queso, por favor." La Taquería Fina era el lugar donde todos nos reuníamos para las graduaciones, los cumpleaños y funerales. Nunca me pasaría por la mente entrar a Salsa Caliente. Sería una completa blasfemia, aun cuando había escuchado que Ambrosio preparaba un fantástico taco de pescado.

Paca zapateaba nerviosamente con sus tacones de leopardo.

"Sí, y cuando entré me saludó como si fuésemos viejos amigos."

"Nooooo!" Xoch se inclinó sobre la mesa sorprendida. Rafa nos miró.

"¿Qué hiciste entonces?" pregunté.

"Me serví un plato de tostadas y comencé a buscarlos a ustedes. No puedes creer todo el camarón y carnitas que tenía." Hizo un gesto con las manos muy por encima de su cabeza. "Ay, santo cielo, la comida estaba tan deliciosa que pensé que iba a morir. Tenían este mole..."

"Está bien, mujer, la comida estaba buena. Eso lo entiendo, pero dime qué hiciste."

Paca suspiró y me lanzó una mirada exasperada. "Pues, como decía, estaba ahí comiendo cuando advertí que no reconocía a nadie en la fiesta. Luego anunciaron a la quinceañera y apareció una chica, delgada como un lápiz con trenzas rubias. Casi me atraganto con la tortilla que tenía en la boca. ¡No era Cruzita Mora!"

"Imposible," dijo Rafael, acercando su silla.

"¿Y?" Hice un gesto para que se apresurara. Aquello era típico de Paca, siempre buscando problemas. La chica vivía para el drama. Hubo una época, en la universidad, en la que juraba que sus vecinos la filmaban desnuda en secreto desde el otro lado de la calle. En otra ocasión, me pidió que confrontara a un hombre que la acechaba, y resultó ser un cobrador.

"Y..." Paca susurró con fuerza, "me levanté para ir al baño, donde miré la invitación. Este lugar es tan grande," hizo un gesto para indicar todo Fort Mason. "Era un simple error, todas las edificaciones lucen igual. Salí y vi a un grupo de gente que se dirigía hacia acá, ¡y lo seguí!"

"No lo creo," dije, mirando a Paca y luego a mi hermana. "Dos fiestas de quince exactamente el mismo día, ofrecidas por dos taquerías rivales."

"Estoy segura que Ambrosio lo hizo a propósito," agregó mi hermana, cruzando los brazos sobre el pecho.

"Oye, ¿hay chicos más apuestos allá?" Rafa guiñó el ojo. Reí y miré a mi alrededor. Un grupo de hombres mayores, de piernas arqueadas, sombreros de vaquero y camisas de seda con la Virgen de Guadalupe, pasaron a nuestro lado, dirigiéndose al bar.

"¿Los chicos de la otra fiesta? Son apuestos, si te gusta la camada de prisión." Paca levantó los ojos al cielo y sacó unos polvos

compactos de su suave bolso de charol. Aplicó el polvo color durazno sobre su redonda nariz y luego miró hacia el bar, a los hombres que bebían Coronas en silencio. Frunció el ceño cuando miró
el delgado reloj que llevaba en la muñeca. Era típico de los hombres aguardar a que sus cuerpos fueran invadidos por la valentía
que da el alcohol antes de sacar a las chicas a bailar. Luego Paca se
volvió hacia mí con una mirada desesperada. "Pero, ¿qué voy a
hacer con el obsequio que dejé en la fiesta de Ambrosio?"

Justo en aquel momento una fuerte conmoción proveniente de
la entrada hizo que todos nos volviéramos. Una chica de voz estridente maldecía en voz alta los globos. Era la entrada triunfal de
Cruzita. Llevaba un vestido de aro decorado con cintas, perlas,
lentejuelas y un revestimiento de tul brillante. Con la altiva confianza de una hija única, irrumpió en el salón llorando. Sus tías la
seguían como una colmena, arreglando su maquillaje y los aboro-
tados rizos, mientras ella golpeaba a su novio pandillero con su
cetro de plata para que se apartara de su camino.

Sonreí. La buena de Cruzita nunca cambiaría. Pero yo ciertamente sí lo había hecho. Quince años atrás, una fiesta de quinceañera era lo último que quería. Toda aquella pompa de cha-cha y
circunstancia fu-fu era *tan* incómoda. Por aquella época yo era una
chica roquera de cabello violeta, botas de combate y bastante re-
sentida. De ninguna manera llevaría un vestido esponjado de princesa en público. Sin embargo, ahora, cuando miro los bonitos
atuendos de las damas, las decoraciones y la pila de regalos, he
cambiado de opinión. ¡Hubiera querido que mis padres me obliga-
ran a hacer una fiesta de quinceañera!

Paca me sacudió del brazo. "Muchacha, tienes que ayudarme a
entrar de nuevo allá."

"Estás loca," dije, apartando el brazo.

"Por favor."

"Olvídalo, ¿está bien?"

"No puedo."

"¿Por qué no? Hay tanta gente aquí. Cruzita no notará que no trajiste un regalo."

"Ambrosio lo notará," dijo Paca en voz baja. Sus ojos brillaron por un instante. "Ves, hice algo especial para Cruzita. ¿Recuerdas que le encantó el cobertor que hice para el shower de Felicita? Pues bien, le bordé un cojín."

"Es muy dulce de tu parte," sonreí, apretándole la mano e intentando no hacer una mueca. Yo no comprendía aquello de los cojines. Representaba algo sagrado sobre la feminidad, supongo. Paca lo sabría. Provenía de una familia mexicana tradicional.

"No entiendes," Paca se interrumpió, para asegurarse de que la estaba escuchando. "Bordé una foto de Cruzita sobre un cojín con las palabras "#1 Chica Quince en Misión.""

"¡No!" Apreté los labios, intentando no echarme a reír.

Paca asintió lentamente. Bajó la vista a su apretada falda y tomó un hilo suelto. "Pensé... No lo sé. Quizás sea tonto... pero, de cualquier manera..." Suspiró mientras se sumía en su silla con una expresión de desaliento. "Pero ahora, estoy segura de que ocasionará todo tipo de problemas entre ellos."

Miré a mi madre al otro lado de la mesa. Hablaba con Delfina Mora, la madre de la quinceañera. Fina era una matrona de cabello corto y sonrisa fácil. En su restaurante, estaba siempre detrás del mostrador con una malla en el cabello, camisetas amplias y un delantal manchado de chile. Aquella noche llevaba un elegante traje pantalón color crema, con pendientes de perlas color champaña y un maquillaje que lucía fresco. A pasar del maquillaje, las bolsas oscuras debajo de los ojos le daban un aire fatigado. Planear una fiesta de quince no era un chiste, y esta en particular tomó un año de preparación. Mi corazón se encogió al verla. Pensé en todos los años que se había esclavizado en la cocina para dar a su familia la mejor educación. Fina era un testimonio de fuerza, maternidad e independencia en nuestra comunidad. La idea de que el regalo de Paca estuviese en la fiesta de Ambrosio me erizó la piel. Maldición, pensé, mordiéndome el labio inferior con fuerza. ¿Por qué Paca no había comprado algo de la lista de regalos?

"Quizás," vacilé, estudiando la reacción de Paca, "podríamos sólo entrar cautelosamente..."

"¡Y recuperar el regalo!"

Me puse nerviosa. "¿Por qué no miramos primero?"

"Podríamos entrar. ¡Será tan fácil!"

Antes de que pudiera protestar, Paca me envolvió en un fuerte abrazo. Sus brazos eran fuertes y musculosos. Podría aplastar mis delgados huesos si lo quisiera.

La detuve con mis manos, tratando de calmarla. "No estoy prometiendo nada. Sólo dije que miráramos, ¿está bien?" Me levanté para salir silenciosamente. No había razón para atraer la atención a este asunto. Pero cuando mi silla resbaló contra el piso ruidosamente, la familia que se encontraba en la mesa vecina se volvió, sorprendida; yo sonreí, sintiendo que me ruborizaba.

"Um, vamos."

"No te preocupes." Paca se levantó y pasó sus uñas pintadas a la francesa por su enredado cabello. "Nadie lo notará."

¿Podría ser así de sencillo?

"¿A dónde van?" preguntó mi madre, con Fina a su lado.

"Regresamos en un momento," dije, esperando que no hiciera muchas preguntas.

"Sí, ya regresamos." Rafa se puso de pie y terminó de un golpe su ron con Coca-Cola. Xoch comenzó a arreglarse el cabello en el pequeño espejo de su polvera. Obviamente, ambos habían decidido acompañarnos sin haber sido invitados.

Los aparté a poca distancia de mi madre.

"¿Qué creen que están haciendo?"

"Vamos." Rafa me lanzó una de sus adorables sonrisas blanco

perla. "Estoy muerto de hambre y..." Miró por encima de su hombro las mesas vacías del buffet. "Paca necesita nuestra ayuda."

Miré a Paca y luego a mi familia. Mi instinto me decía que aquello era un grave error. Pero ya era demasiado tarde para arrepentirnos.

"Bueno, está bien." Me encogí de hombros. "Sólo háganme el favor de pasar desapercibidos."

Rafa suspiró dramáticamente, poniendo la mano sobre el pecho y fingiendo contener las lágrimas. "Me ofende que hayas dicho eso. Después de todo lo que hemos pasado. ¿Quién te enseñó a afeitar esas piernas tuyas de oso? Y cuando te dio aquella horrible..."

"¡Basta!"

Rafa sonrió triunfalmente.

"Estúpido."

"Perra," replicó.

"Alcohólico."

"*Skankzilla.*"

Paca nos tomó de la mano, como a niños desobedientes. "Ay, ustedes dos. No tenemos tiempo para juegos. El regalo."

Rafa y yo seguimos a Paca y a Xoch en una fila serpenteante hasta la entrada principal. Una manada de chicos revoltosos, un par de cochecitos, y viejitos con caminadores de metal que entraban a la fiesta nos obligaron a separarnos y encontrar cada uno el camino hacia la salida. Un DJ vino a probar los parlantes, llamando "Sí, no, sí, no" una y otra vez en el sistema de sonido que nos rompía los oídos.

Vi el aviso SALIDA y me apresuré a adelantar a un chico regordete con una cabeza diminuta empapada de colonia Old Spice. El sol se había ocultado, pero el cielo de la noche estaba iluminado por las luces amarillas intermitentes de los autos que aguardaban para estacionar. Un enorme camión rojo con avisos de mujeres desnudas hizo sonar la bocina para que se apartara una camioneta morada parada al lado de la puerta. Un grupo de chicos apuestos de largas patillas estaba ocupado descargando instrumentos. El letrero BANDA TERREMOTO estaba cosido a la parte de atrás de sus camisas de satén amarillo.

"Ay, papacitos," exclamó Rafa en voz baja. Luego me dio un codazo en las costillas. "Me pregunto si están en tu equipo o en el mío."

Con la familia, Rafa jugaba el papel del hijo modelo. Pero en la calle, y especialmente en los clubes, era un tigre al acecho. Siendo su prima mayor, me sentía muy protectora con él y me preocupaba su seguridad, especialmente aquí, en macholandia. Un inocente coqueteo podía terminar en una sangrienta pelea.

Rafa se volvió hacia el músico que sostenía una enorme tuba dorada.

"¡Oye! Mi prima cree que eres buen mozo. ¿Estás casado?"

"¡Rafa!" exclamé, halándolo del brazo.

Mi primo se volvió y dijo enojado: "Ay, no te hagas, sabes que es apuesto."

"Esto no se trata de mí," intenté calmarme y no mirar la cara cincelada del chico de la tuba, que se asemejaba a la de Alejandro Fernández. "Vinimos a conseguir el regalo, no una pareja."

"No te portes así," dijo en voz alta. "Te vi mirando su chile verde." Rafa guiñó el ojo mientras se aproximaba a Paca y Xoch. Ambas se secaban las lágrimas de risa ante el espectáculo que estábamos dando.

"Ja, ja," dije sarcásticamente.

Ambrosio Zepeda era un hombre opulento de ojos negros como cuentas y una nariz aguileña. Conducía por Misión en un Hummer dorado con una matrícula que decía: REY DEL TACO. Su grueso cabello negro estaba trenzado y sus dedos, orejas y velludo pecho estaban siempre cubiertos de aceite.

Según el informe de Paca, Ambrosio había alquilado el Salón C para la recepción. ¿Era una coincidencia que hubiera decidido hacer allí la fiesta? me pregunté. Ni siquiera sabía que tuviera una hija. ¿Quizás no la tenía? ¿Quizás ahora se dedicaba también a la organización de fiestas de quince? Estaba segura de que Ambrosio intentaba sobrepasar a Fina. Era tan competitivo que incluso había contratado morenitas con cuerpo de Barbie que llevaban vestidos entubados para que permanecieran delante de su restaurante. Patético. Su fiesta tenía que ser el doble de grande, con miles de invitados y, probablemente, había invitado incluso al alcalde. Sería fácil entrar sin ser advertidos, pensé, mientras nos dirigíamos por el oscuro pasillo del Salón A al Salón C.

"¿Tenemos un plan?" preguntó Xoch, caminando detrás de mí.

Me volví, pensando con rapidez. "Primero evaluemos la situación." Lancé una mirada de advertencia a Rafa y a Xoch. "No podemos malograr esto. La palabra clave es *invisible*. ¿Comprendido?"

Asintieron, pero sus ojos brillaban traviesos.

"No te preocupes tanto," dijo Paca, poniendo la mano en mi hombro. Su gesto me animó. Inhalé profundamente para calmar mis nervios y para retener mis mocos: "Todo saldrá bien." Paca caminó hacia la música de Black Eyed Peas que resonaba a todo volumen por la puerta del Salón C. Comenzó a balancearse al ritmo de la música. "Tengo una buena sensación al respecto."

Las vibraciones de Paca eran contagiosas. La expectativa sustituyó a los síntomas del resfriado. Mi corazón comenzó a latir con una entusiasta energía cuando entré al salón. Todo era blanco. Los cegadores reflectores me hicieron retroceder hasta la puerta. Cubriéndome los ojos con las manos, advertí sólo seis largas mesas en el salón encajonado y de ambiente pesado. El aroma de bistec y de desinfectante con olor a limón invadía las gruesas cortinas rojas como estática. Había lazos de papel rosa atados a la parte de atrás de cada silla como si fueran regalos, y ramos de globos azules y blancos flotando como centros de mesa en la mitad de cada una. Las mesas estaban al frente de una pequeña pista de baile y la consola del DJ.

"Maldición," murmuró Xoch detrás de mí. Maldición era la palabra indicada. Mi corazón comenzó a latir a gran velocidad, resonando fuertemente en la cabeza. Esto no era lo que yo esperaba. Una chica con aparatos y un vestido negro de cóctel me empujó sin disculparse. Hice un gesto a Xoch para que cerrara la boca.

"No hay nadie aquí," susurró Rafa.

"Lo veo," dije en un tono un poco alto. El salón era diminuto. Era como una décima parte de la fiesta de Fina. Podía ver cada uno de los granos en la piel de cráter del joven DJ mientras asentía a los sonidos que lanzaba hacia el otro lado del salón. Todos los invitados eran menores de dieciocho años y llevaban sus mejores trajes domingueros. Estaban sentados en silencio en sus mesas, aguardando a que les dijeran qué debían hacer. ¿Qué estaba tratando de probar Ambrosio? Todo era cada vez más sospechoso.

Invitados descontentos intentaban entrar; estábamos obstaculizando la línea del buffet que se encontraba en la parte de atrás del salón. Tomé un plato de cartón y me serví una pila de arroz. No quería que luciéramos aun más fuera de lugar. Mi atuendo informal y mi nariz roja inflamada ya eran suficientes. Rafa y mi hermana me siguieron. Esto es una locura, pensé, mirando alrededor del salón. Paca estaba al final de la fila, sonriendo y bailando. ¿Por qué estaba tan feliz?

En el centro de la pista de baile, apilados como un templo Maya, estaban los regalos de la quinceañera. Me serví unos fríjoles y camarones a la diabla. Piensa, me dije a mí misma, mientras mordisqueaba un delicioso camarón. Teníamos que llegar hasta aquellos regalos.

"Discúlpeme," dijo alguien con un pesado acento español a mis espaldas. Me volví para encontrar el ceño fruncido de una mujer de aspecto masculino, envuelta en un vestido de noche de satén turquesa, cabellos cortos y rizados, y las cejas unidas en una sola línea, como las de Frida Kahlo.

Sonreí, con la boca llena de comida.

La mujer jugueteaba con el chal que llevaba en los hombros, como si se sintiera incómoda en un vestido. Contempló con desaprobación mis vaqueros y zapatillas. "¿Quién eres?"

"Resoplé fuertemente, con los ojos muy abiertos, buscando a Paca. Luego me aclaré la voz. "Hola," le ofrecí mi mano libre. La mujer la estrechó cautelosamente y luego vio detrás de mí a mi hermana y mi primo, que comían ávidamente como si nunca antes hubiesen visto comida. "Hola. Somos amigos de Ambrosio."

"¿Ambrosio los invitó?"

Me mordí el labio, esperando que se olvidara de ello.

"¿Y tu invitación?" Estiró la mano, esperando que se la entregara.

Me volví hacia mi hermana, quien respiraba fuertemente en mi cuello y me erizaba la piel. "Está en el auto," intervino. "Iré a buscarla."

La mujer apretó las cejas, como si quisiera mirar dentro de mi cabeza. Suspiró y asintió. "Eso sería bueno."

Xoch se puso las enormes gafas Gucci sobre los ojos y desapareció con el plato lleno. Rezando para que Xoch no estuviese abandonando el barco, sonreí a la mujer, quien aún no se había presentado. Deseaba que se alejara, que hablara con otros invitados. Pero permaneció justo a mi lado, plantada.

"¿Dónde está Ambrosio?" pregunté despreocupadamente.

"Ya regresa," dijo, asiéndome con fuerza por la muñeca. El pánico me invadió. "Soy Bernarda, su hermana. No te vayas."

Mi cabeza comenzó a latir, pero no podía ceder ante mi cuerpo adolorido. "Eres divertida," dije con una risa forzada, e intenté soltar mi muñeca. "Desde luego que no me iría. Esta es la mejor fiesta de quinceañera a la que he asistido en mucho tiempo. He aguardado este día desde que recibí la invitación. Lo marqué en rojo en mi calendario."

"¿En rojo?" preguntó Bernarda, escandalizada. "¿Eres una norteña?"

¿Era esta mujer la líder de una pandilla? ¿Acababa yo de cometer un tremendo error en el mundo de los pandilleros? ¿Estaba Ambrosio involucrado en el mundo clandestino de la droga? ¡Maldición!

"Quise decir azul. ¿Dije rojo? Odio el rojo. Ese color es para cobardes y tontarrones. No lo soporto."

Bernarda entrecerró los ojos tan fuerte que pensé que desaparecerían dentro de sus mejillas. Me estaba registrando. ¿Dónde estaba Xoch? ¿Y Paca? Sentí el suéter apretado, sofocante. Esto era una locura. *Aborten la misión*, me grité a mí misma. Lo mejor que podíamos hacer era minimizar las pérdidas y salir de ahí inmediatamente, salir antes de que continuara metiendo la pata.

Abruptamente, las luces bajaron. Parpadeé, intentando ver las oscuras figuras que se movían en el espacio. Los fuertes resoplidos de Bernarda me tapaban los oídos. Luego la fuerte voz del DJ se escuchó por todo el salón. "Tenemos un pedido especial de la quinceañera antes de comenzar la fiesta." Un estallido de tonos multicolores iluminó el perfil de una chica alta y desgarbada que llevaba un vestido largo de princesa, parada en la mitad de la pista de baile. Un aplastante ritmo de rap salía de los parlantes y rebotaba en mi pecho. La quinceañera, con el cabello rubio trenzado, sacudió los hombros y se balanceó al ritmo de la música electrónica. Tres chicas con vestidos iguales al suyo color durazno se le unieron. Una estridente ovación salió de una de las mesas, y una docena de adolescentes se pusieron de pie de un salto y salieron a bailar.

Por el rabillo del ojo, advertí el afro de Paca. Se acercaba sigilosamente a la mesa de los regalos situada justo al lado de la quinceañera que bailaba y de su corte. Mi corazón comenzó a latir salvajemente. Tenía que impedir que la hermana de Ambrosio, y cualquier otra persona, además, se fijara en ella.

Rafa debió advertirlo también porque me tomó de la mano y dijo: "Bailemos," antes de que Bernarda pudiera protestar. Pasamos entre dos mesas llenas de invitados hambrientos y nos dirigimos a la pista de baile. La bola de la discoteca brillaba, emitiendo sus luces intermitentes hasta el otro lado del salón. Yo permanecí al lado de Rafa, siguiendo el fácil ritmo de sus caderas. Miré sobre mi hombro, buscando a Paca. ¿Había recuperado el regalo? Pero, cuando me volví, choqué con Bernarda. ¡Estaba bailando justo detrás de mí! La mujer se prendía a mí como un piojo.

Sobre el hombro de Bernarda, vi una mano que se agitaba frenéticamente desde el extremo más alejado de la pista de baile. Era Paca. Estaba reclinada contra una salida lateral. La puerta se abrió y dejó entrar una fresca brisa. Era una ruta de escape perfecta. Una cinta rosa colgaba de la chaqueta de Paca—el regalo. Hice un gesto con la cabeza para indicar a Rafa que era el momento de irnos.

Bernarda debió haberlo visto porque avanzó para obstaculizar mi camino. "¿A dónde van?" Rafa giró y desapareció en la muchedumbre.

"Ya regreso," exclamé por sobre la música ensordecedora. "Necesito un poco de aire." Mi corazón latía salvajemente mientras me alejaba de Bernarda. Podía sentir que sus ojos ardientes se clavaban en mi espalda. Tengo que deshacerme de ella, pensé, mientras avanzaba de regreso hacia el buffet. Adelanté a una pareja y me escurrí por el borde del salón como un ratón. Bernarda intentó seguirme, pero una red de cuerpos en movimiento la lanzó de nuevo en medio de la muchedumbre. Me oculté detrás de un hombre grueso que se encontraba en la esquina más alejada, y que olía a tabaco y a cuero.

La música cambió, y me asomé por el costado de la panza de cerveza del hombre. No había señas de Bernarda, el perro guardián, ni de Rafa. ¿Dónde estaba? Lo vi al lado de la entrada. Suspiré aliviada cuando salió. No podía creer que realmente estuviésemos haciendo esto. Una ola de entusiasmo, temor y ansiedad me invadió.

Rápidamente, avancé al lado de los invitados reclinados contra la pared. Paca aún estaba al lado de la puerta cuando la alcancé. Estaba inmóvil como una estatua. ¿Qué estaba haciendo allí? ¿Hola? "Muévete," dije con los dientes apretados, mientras la empujaba para que saliera.

Afuera, el aire frío infestado de cigarrillo me golpeó en la cara. Permanecí ahí, tratando de recobrar el aliento. Tres hombres que parecían fisiculturistas, de cabezas rapadas y nudillos tatuados, bromeaban entre sí y golpeaban a un hombre pequeño como si fuese una piñata. ¡Corre! Gritaba mi mente. El coro de Daddy Yankee llenaba el aire y rogué al rapero que me diera suficiente gasolina para salir sana y salva de ahí. Mis pies se movían con rapidez, intentando poner la mayor distancia posible con la fiesta de Ambrosio. El sonido de risas, los tacones de Paca que golpeaban el piso, y los fuertes latidos de mi corazón envolvían mis oídos. Sombras oscuras acechaban detrás de los cubos de basura, los umbrales vacíos y la calle. Imaginé que aquellas sombras nos perseguían. La fiesta de Fina estaba sólo a unos pocos pasos de ahí, al otro lado de la esquina. Si conseguíamos llegar a la puerta del pabellón, sabía que estaríamos a salvo.

"¡Oye, tú!" Una voz de mujer cortó el aire.

Me disponía a volverme cuando Paca me asió la mano y me dijo que continuara corriendo.

"¡Tú, la de la chaqueta dorada de lamé!"

"No te detengas," ordenó Paca, caminando rápidamente a mi lado.

"Traigan a esas chicas," gritó alguien.

"¡Maldición!" exclamó Rafa delante de nosotras. Paca salió volando como una cometa con tacones de leopardo. Quería gritarles que se detuvieran. Esa carrera sólo haría que pareciéramos *más* culpables. Pero tenía problemas más graves. Pesados pasos se acercaban detrás de mí. Apreté el paso aun más, pasando a Paca.

"¡Aggghhh!" Gritó Paca a mis espaldas.

Sonó como si alguien la hubiera tomado por el pelo y la hubiera tirado al suelo. Lo razonable hubiera sido detenerme. Paca era mi amiga. Había estado ahí para mí en todas mis aventuras en la universidad, escuchado mis tristes historias, y me había sostenido cuando trasbocaba. ¿Podía ser tan cruel de abandonarla en su momento de necesidad? Decidí continuar. Alguien debía sobrevivir para contarlo. Además, era el problema de Paca, no el mío. Fue ella quien entró a la fiesta equivocada.

Las luces de la fiesta de Fina ardían en la mitad de la calle, como un faro ante mis ojos. Seguridad, pensé, respirando. Paca se sobrepondrá. Tenía que perdonarme. Yo la llevaría a casa.

"No tan rápido," llamó una voz masculina y me tomó por los hombros. Grité, esperando que alguien viniera a rescatarme. Unas manos fuertes me hicieron volver. Era Bernarda. Las alas de su nariz se agitaban como las de un toro salvaje. Gotas de sudor caían por su ancha frente. Maldición, pensé. Cuando miré hacia atrás, vi a aquel enorme hombre con bigote de Pancho Villa que sostenía a Paca por el brazo.

"Esto es una terrible confusión," dije, levantando los brazos defensivamente en caso de que Bernarda quisiera golpearme.

"¿Confusión?" dijo, con una expresión de disgusto.

Una muchedumbre de invitados de ambas fiestas nos rodeaban. Los espectadores contenían el aliento, esperanto una pelea sucia de gatos. Los chicos hacían apuestas y gritaban enojadas amenazas desde el círculo. Aquello no era parte de mi plan. ¿Dónde estaba Rafa? Tenía que detener esto antes de que se saliera aun más de control.

"Mire," grité, sacando el regalo de la chaqueta de Paca. Los ojos de Bernarda estaban rojos de ira. Parecía que se dispusiera a aplastarnos a todas como cucarachas. Las palabras salieron de mi boca como una fuente. "Mi amiga entró a la fiesta equivocada, ¿está bien? Cometió un error. No queríamos formar un problema, entonces pensamos que lo mejor era recuperar el regalo. No queríamos interrumpir su fiesta." El ceño fruncido de Bernarda me indicó que no me creía. "Mire," dije abriendo el regalo.

"¡Deja eso!" exclamó Bernarda. La muchedumbre se inclinó para oír mejor. "Eso no está bien," dijo otra voz, "Será mejor que la detengan!"

Ignoré las voces y arranqué el lazo y el papel metálico tan rápido como podía. Gotas de sudor me picaban en los ojos. Mi cabeza comenzó a latir. Me sentí afiebrada de nuevo. Quizás perdería el conocimiento y entonces tendrían que detenerse y llevarme a urgencias. Pero no perdí el conocimiento. Aún permanecía de pie y mis dedos se movían, rompiendo el papel del regalo. "Mire, ahí está," grité, poniendo el cojín bordado en la cara de Bernarda. "Esa es una foto de Cruzita. Cruzita Mora." Era evidente que la chica que aparecía bordada en el cojín no era la pálida quinceañera rubia de trenzas de la fiesta de Ambrosio. Parecía como una especie de E.T., pero ese no era el punto. "Lo ve, Cruzita también tiene una fiesta aquí." Hice un gesto hacia el Pabellón Herbst, como si aquello lo explicara todo.

Durante un largo momento, nadie se movió. Paca me miraba aterrada. Bernarda contemplaba fijamente el cojín. *Si esta enorme mujer se abalanza sobre mí*, pensé, *me le tiraré a los ojos*. Nunca antes me había visto envuelta en una pelea, pero parecía que era lo mejor que podía hacer. Su expresión anonadada me enervó. Quería que todo aquello terminara. Quería irme a casa y estar en mi cama, que era donde debía estar. El sonido de mi aliento entrecortado hacía que los segundos parecieran horas.

"Entonces, fue por eso que mentiste y comiste nuestra comida," Bernarda me escupió en la cara. *Auch*, pensé, limpiándome la mejilla.

"Patéale el trasero," gritó una chica en la muchedumbre.

"Sí," gritó un muchacho.

Lentamente, Bernarda se volvió como si sólo entonces hubiera advertido el público. "Debías haber dicho algo."

"Lo siento," gemí, esperando que la disculpa fuese suficiente. Está bien, quizás habíamos malogrado su fiesta y ocasionado un gran escándalo, pero era una fiesta de quinceañera.

Bernarda me miró directamente a los ojos, haciéndome sentir asquerosa, como una porquería atascada en sus dientes. Abrió la boca para decir algo, pero cambió de idea, como si yo no valiera la pena el aliento. Bernarda se volvió sin decir una palabra y se alejó.

"Oh, vamos," gimió alguien. "¡Gallinas!" exclamó otro. La muchedumbre, irritada, se quejó un poco más y luego perdió interés. Un sonido de trompetas, proveniente de la fiesta de Cruzita, anunció a la Banda Terremoto. Las parejas se apresuraron a entrar al pabellón a bailar. Xoch corrió hacia nosotras, jadeando.

"¿Están bien?"

La miré atónita. "¿Dónde estabas?" pregunté enojada. "Casi nos golpean."

Xoch sonrió y se encogió de hombros. "Ay, vamos, estaban bien. Lo vi todo desde detrás del auto. Iba a intervenir, pero ustedes lo tenían todo bajo control."

"Sí, claro." Puse mi mano en el pecho para calmar los latidos de mi corazón. ¿Eso era todo? Miré a mi alrededor buscando algún tipo de trampa o veinte pandilleros más dispuestos a saltar sobre mí. Pero no había nada. *Nada*. Fue como un anticlímax. Que bien. Me asomé por el callejón por el que había desaparecido Bernarda.

Estaba oscuro y no había rastros de ella por ninguna parte. Pensé en lo que había dicho Bernarda. Quizás hubiéramos debido decirle la verdad desde el comienzo. ¿Era ese uno de aquellos momentos en los que la heroína comprende que la honestidad es la clave para la felicidad? Luego se acercó Rafa, sonriendo triunfalmente. La traviesa mirada me dejó pensativa. Seguro habríamos podido explicar la situación, pero ¿qué diversión habría entonces?

Paca y el hombre con el bigote de Pancho Villa estaban recogiendo los pedazos de papel del suelo. Sonreían el uno al otro. Sólo pude levantar los ojos al cielo.

"Oye," dije, levantando a Paca por la muñeca. "Entra y dale el regalo a Cruzita. Hazlo inmediatamente," insistí, "antes de que sucedan más cosas."

La Mamasota

POR Adelina
Anthony

Sucedió el verano antes de nuestro último año, cuando las fiestas de quinceañera eran tan comunes como el acné indeseado que seguía apareciendo en nuestras caras de adolescentes. Pero hubo una fiesta de quinceañera donde el atractivo del cuerpo de una mujer me llevó a poner en duda todas mis presuposiciones sobre mi heterosexualidad.

Ahí estaba, haciendo ondular la cama de agua de mi mejor amiga, pasando mi peso de un lado a otro. "Vamos, Annette," dije, "nadie lo notará." Pero Annette me ignoró y continuó apretando los puntos negros en su nariz.

Había estado parada ahí en su enagua y sostén negros durante más de una hora. Su cabello marrón oscuro estaba cortado y atado en un moño. Ambas habíamos cortado nuestro flequillo perfectamente y, con la cantidad adecuada de Aqua Net, podíamos inflarlo y darle la form de pequeñas nubes suspendidas sobre nuestra frente.

Todo el tiempo intentaba ocultar el hecho sutil de que en realidad disfrutaba contemplando la esbelta espalda de Annette; tenía una manera peculiar de arquearse cerca del trasero como la curva del asa de una cuchara. Siendo una chica buena, yo trataba también de no detenerme demasiado tiempo en los músculos bien definidos de sus pantorrillas, sus robustos muslos, o sus firmes senos reflejados en el espejo.

Si me pillaba mirándola, yo lo ignoraba, diciendo que sólo miraba el "diseño de su patio." Así es como llamábamos a su peculiar enfermedad de la piel, una decoloración casi imperceptible en todo el cuerpo. Si se miraba de cerca, su piel se asemejaba a un patio recubierto de mosaico, compuesto por piedras lisas de mármol y tonos similares.

Ensayé otra táctica.

"Nos perderemos el comienzo del baile."

"Oh, Lina-lu, nosotras *somos* el comienzo del baile," dijo, exasperada.

Tenía razón. Durante todo el verano habíamos estado asistiendo a una fiesta de quinceañera tras otra, sin haber sido invitadas. Y, ciertamente, como sinvergüenzas que éramos, no necesitábamos que un chico nos invitara a bailar. Nos teníamos la una a la otra, y nuestra imitación de los movimientos de Madonna y de Cyndi Lauper que habíamos aprendido de mirar incontables horas de

MTV en el salón de su casa. Nos adheríamos al lema de "las chicas sólo quieren divertirse."

Pero yo realmente quería llegar a tiempo a esta fiesta de quinceañera. Mi apetito de adolescente era insaciable, y mi estómago rugía como un perro hambriento aquella noche. Además, la raza no distribuye comida gratuita, especialmente un caliente plato de tortillas, arroz, fríjoles, enchiladas, pollo y un jugoso jalapeño al lado para completar.

Como sucedía con las otras fiestas de quinceañera, no habíamos sido invitadas "oficialmente," pero eso no importaba. Vivíamos en la parte sur de San Antonio con su mezcla de gente, beneficiarios del bienestar, pobres y personas de clase media. Todos sabíamos que el salón de baile de la Iglesia de San Lorenzo era de la comunidad. Bien sea que se tratara de una boda o de una fiesta de quinceañera (en ocasiones era difícil saber cuál era la diferencia porque las novias eran muy jóvenes), debíamos asistir. Una vez ahí, era imposible no reconocer a alguien que asistía a la misa de los domingos o viviera en el vecindario.

Annette tardaba siglos. Probablemente porque su chico-único-y-te amaré-por-siempre Ricky, se encontraría ahí. Y aun cuando Ricky nunca respondía a las cartas de amor de Annette, tampoco le pidió que dejara de escribirle. "Eso debe significar algo... ¿verdad?" solía preguntarme. Yo asentía y permanecía en silencio. La última vez que intenté convencer a Annette que debía seguir adelante y olvidarse de él, casi nos peleamos. Así que decidí apoyar sus ilusiones, a-pesar-de-todo-porque-somos-mejores-amigas-para-siempre.

Así que cuando escuché que la LA D-D, Deidra, ofrecía una fiesta oficial de quinceañera, pues bien, ¡nos morimos de la risa! La idea de La D-D (tartamudeábamos a propósito la D para enfatizar la talla de su sostén) en un vestido blanco con una tiara era demasiado. Pedir a La D-D que usara un vestido blanco era como poner un par de angelicales alas blancas al propio diablo. Obviamente, quienquiera que fuese la madre de La D-D, no sabía que su hija ya había asegurado su reputación de chica mala saliendo con todos los chicos malos de la escuela, incluyendo a Ricky.

Ricky y La D-D habían estado saliendo juntos continuamente desde el final del primer año de secundaria. Ella había sido una de las pocas chicas de este grado que asistieron al baile de graduación de la secundaria McCollum. Cuando Annette escuchó que el amor de su vida, Ricky, había invitado a La D-D, lo ignoró diciendo, "Qué importa." Ricky y La D-D se convirtieron en aquellas parejas inseparables, parejas chicle—pegadas el uno al otro como si ya estuvieran casados. Podíamos verlos besándose al estilo de las telenovelas, apretujados entre la pared del gimnasio y el edificio del taller de autos, prudentemente escondidos. Todos envidiábamos su indiscutible pasión.

A pesar de las sesiones de besos entre Ricky y La D-D, Annette continuaba escribiendo cartas sobre su amor, continuaba deslizándolas por la ranura del casillero de Ricky, y continuaba esperando algo.

Está bien, en ocasiones deseaba abofetear a mi mejor amiga—pero, ¿quién era yo para juzgarla? Aún siento latir mi corazón y estremecer mis *chones* cada vez que veía a mi enamorado de tercer grado, Roberto. Pero al menos no me humillaba a mí misma escribiéndole cartas religiosamente. Quizás una carta al año. Está bien, dos.

"Está bien, Lina-lu, vamos a ver a mi amorcito en esmoquin," declaró finalmente Annette. Se puso su apretada minifalda de lunares y su blusa negra de encaje.

"Tu nariz está roja," le dije.

Se miró de nuevo al espejo y puso un poco de polvos en la nariz. En aquel momento, su madre tocó a la puerta. Compartían la habitación, como lo hace la mayoría de las familias no tan ricas.

Al ser la mayor de ocho hermanos, yo sabía que la privacidad era un lujo. Era por eso que me agradaba pasar el tiempo con Annette, la única niña de su familia y la menor. Aun cuando era un poco mimada, era realmente dulce cuando se lo proponía. Habíamos sido mejores amigas desde el séptimo grado, cuando nos encontramos luchando por terminar un modelo del capitolio de Texas con pajitas, cartón y un litro de Big Red. (No pregunten... no obtuvimos una buena nota.)

"¿Están preparadas, chicas?" exclamó su madre desde el otro lado de la puerta. Si no hubiera sido por la disposición de su madre de conducirnos a todas partes y luego venir a buscarnos, nuestra vida social habría sido tan tediosa como una clase de geometría.

"¿Cómo luzco, Lina-lu?"

Aprobé con la cabeza. Era casi la réplica exacta del personaje de Betty Boop que tanto le agradaba y que tenía pegado a la pared de su habitación, en sus cuadernos de la escuela y en su casillero. Su cara tenía ojos enormes, largas pestañas negras y húmedos labios rojos. Demasiado bonita para el tonto de Ricky. Sin importar cuántas veces le había dicho a Annette que era una de las chicas más bellas e inteligentes que yo había conocido, necesitaba escucharlo de él. Y, así, partimos para la fiesta de quinceañera para dar a La D-D el mal de ojo mientras bailaba con el futuro esposo de Annette, aun cuando él no lo supiera aún.

Cuando pasamos al lado del espejo del recibidor, recuerdo haber pensado que lucíamos tan bien con nuestro flequillo, nuestras carteras gemelas de Gucci—está bien, las del mercado de las pulgas. Estábamos preparadas para la noche del sábado, vestidas con nuestras escandalosas faldas negras y nuestros anchos cinturones elásticos blancos, con los cierres brillantes de mariposa. Nos deslizamos hacia el auto de su madre, que ya estaba encendido en la entrada de gravilla, se escuchaba "Girls Just Wanna Have Fun." Pero cuando las farolas del auto nos iluminaron directamente, tuvimos que detenernos. Al unísono, Annette y yo nos miramos y realizamos una interpretación artística de "Cherish," la canción de Madonna. Era nuestro propio video de música en directo, esto es, sin los hombres sirena, el océano o buenas voces para el canto. Su madre hizo sonar la bocina y reímos tan fuerte que nos sacudimos como sonajeros.

Llegamos justo en el momento en que se abrieron de par en par las puertas del salón, para que un grupo de señoras que llevaban bandejas de aluminio con enchiladas pudieran entrar. Annette y yo nos despedimos de su madre y escuchamos todas sus advertencias. "Y, Lina, asegúrate de que Annette no se vaya con un chico. Permaneces con ella, ¿está bien?" Yo asentí, Annette sacudió la cabeza y entramos detrás de las señoras. Una noche de verano en San Antonio puede adormecerte como una larga sesión de sauna, pero en cuanto escapamos al aroma de los fríjoles y entramos al aire acondicionado, nos refrescamos instantáneamente. Decorado con globos rojos, negros y plateados, el salón nos hizo sentir vértigo por la expectativa. Annette me apretó la mano mientras permanecíamos delante del enorme arco de globos que enmarcaba la entrada a la pista de baile.

Ya se escuchaba la música pop habitual, de Duran Duran a Culture Club, así que supe que nos habíamos perdido del vals oficial de la quinceañera y su padre. Me agradaba presenciar aquel baile porque me recordaba que había verdaderos padres en el mundo. Mientras me englobaba contemplando al apuesto DJ que mezclaba la música en su consola, Annette me haló del brazo, indicándome que era el momento de irnos al baño.

"¿Cómo luzco? ¿Lo viste? ¿Debo llevar el lazo al lado izquierdo?" Annette me bombardeó con tantas preguntas que ni siquiera advirtió que La D-D salía por una de las puertas detrás de ella.

Pero yo lo advertí porque lucía... bien, lucía absolutamente fantástica. El contraste de su vestido blanco contra su piel morena hacía que La D-D luciera como una joven Selena. Sensual. Era difícil no advertir la sedosidad de su escote, especialmente contra el encaje blanco de su vestido. El encaje tenía un dibujo de rosas y piedras preciosas a su alrededor. Annette finalmente notó que no estábamos solas, probablemente porque vio mi cara de lela.

"¡Oye, chica, luces bellísima!" dijo Annette.

Annette nunca dejaba de sorprenderme. Puede esparcir dulzura como si fuese una botella de miel. ¡Incluso se acercó a La D-D y la abrazó! Yo hice lo mismo y le di un abrazo, consciente de que nuestros senos habían entrado en contacto y sintiéndome cohibida por estos pensamientos.

"Ay, qué bueno que ustedes dos vinieron. En realidad no recuerdo a quién invité. Mi madre hizo la mayoría de las invitaciones y, chicas, parece una fiesta para un grupo de señoras."

"Tu vestido es tan bello," dijo Annette.

"Sí. A Ricky también le gustó. Aunque estoy segura de que le gustará más cuando se lo ponga encima de la cabeza."

Comencé a reír. De nervios y de admiración porque La D-D siempre se mostraba tan displicente con el sexo. Mientras que la mayoría de las chicas de la escuela se preocupaban de que las calificaran de putas, ella hacía alarde de ello. Pero también reí para distraer a La D-D de la expresión de Annette. Celos, mija.

"Oye, ¿no tenemos clase de gimnasia juntas?" me preguntó.

"Sí, chica, cuando vas." Intenté ser astuta con ella, tener un momento de intercambio callejero chicano. Me lanzó una mirada curiosa con aquellos ojos almendrados, delineados pesadamente en negro. Me hicieron preguntarme por qué nunca nos habíamos dicho nada más que hola en el pasillo. Pero nunca había asistido a ninguna de mis clases de honor, y yo era demasiado gallina para ser tan mala como La D-D.

Su grupo no sólo fumaba marihuana y hacía el acto sucio... también les importaba un bledo de cuántas clases los expulsaban. A pesar de mis modales de callejera y mi actitud de sabihonda, en algún lugar y de alguna manera me metí en la cabeza que la educación era algo importante para mí. Como si saberlo fuese la única manera que tenía de salir de San Antonio. Sospechaba que a La D-D no le importaba si se graduaba o no. Pero a alguien debía importarle porque unos pocos años más tarde se graduó al tiempo conmigo.

"Bien, diviértanse esta noche," dijo la chica mala quinceañera. Mis ojos lanzaron una última mirada rápida a su escote mientras que ella salía despreocupadamente del baño. Y, por un segundo, envidié a Ricky.

Annete se inclinó hacia mí cuando salimos y susurró: "Luce vulgar, con ese maquillaje de puta."

"Creo que luce bonita. Como una Cenicienta mexicana."

"Típico de ti," respondió enojada.

Encontramos sillas en una mesa desocupada y observamos una pandilla de niños que intentaban bailar. Mientras que yo había inhalado cerca de diez enchiladas, Annette casi no probó bocado. Estaba mirando a Ricky, que se encontraba al otro lado de la pista de baile, en la mesa de honor de la quinceañera. Yo comía y registraba el salón con la mirada, esperando ver otra cara conocida, quizás alguno de la escuela. No había nadie. Así que permanecí ahí, estudiando a las siete damas de la corte de La D-D. Llevaban vestidos rojo oscuro: sin tiras, especialmente apretados en la parte de arriba, con una falda que se abría por debajo de las rodillas. Todas llevaban el cabello en un moño, asegurado con una rosa roja en la parte de atrás, y un pequeño rizo como el de Michael Jackson que sobresalía por el lado izquierdo de la frente. Dependiendo de la chica, el atuendo podía calificarse de "elegante" o "chica mala." Dos de las damas no tenían una figura que inspirara siquiera un tibio pensamiento, pero las chicas mayores eran voluptuosas y hacían que uno se preguntara sobre el atractivo de los senos. Algunas tenían los mismos ojos almendrados de La D-D; supuse que eran sus primas. Quizás sus hermanas. Sabía tan poco sobre ella.

Pero La D-D tenía razón en una cosa: los invitados tenían mucho más de quince años. Muchas familias. Algunos de los padres cholos de la vieja escuela comenzaron a deshacerse de sus corbatas, exponiendo sus tatuajes azul-verdosos debajo de sus camisas almidonadas. Y, a medida que bebían más cerveza, cada vez se arremangaban más y más antebrazos morenos y musculosos aparecían sobre las mesas.

Annette y yo éramos demasiado cobardes para beber mucho, por temor a que nuestras madres nos prohibieran ir a las fiestas de quinceañera o, peor aún, decidieran acompañarnos. Al fin, una vez que los adultos "responsables" se embriagaban, terminábamos con botellas de cerveza en nuestra mesa. Un sorbo o dos nunca nos ocasionó problemas; sólo nos daba un aire de "debemos ser mayores de lo que parecemos" en estas fiestas. Nos hacía sentir como mujeres.

Miré a las otras mujeres. Al igual que mi madre, esas mujeres tenían la expresión cansada y la intentaban cubrir con cantidades de base. Sonreían, pero las lunas oscuras bajo sus ojos las delataban. Caras de payaso, pensé para mí misma. El cansancio estaba también en sus cuerpos flácidos. Con los hombres y los niños halándolas desde tantas partes, su carne pierde la forma. Como solía decir mi madre: *Todas güangas, pero buenas para las pachangas.* Este tipo de mujer me hizo pensar que quizás no debería tener sexo hasta que estuviese en la universidad, sólo por los hombres y los bebés que eso conlleva. Quizás.

Luego, súbitamente, escuché mi canción predilecta de los Pet Shop Boys, "Always on My Mind." Ya me había aburrido de sostener el mantel con mis delgados brazos, pensando en mi futuro. Y si comía otra enchilada roja, estallaría mi apretado atuendo.

Arrastré a Annette a la pista de baile y comencé a cantar las palabras al ritmo de la música. Y, como suele hacerlo, una vez que se encuentra en la pista de baile, ella se convierte en mi pareja gemela, en mi otro yo. Todos decían siempre que parecíamos hermanas, excepto que yo era mucho más delgada y rubia: una *güerita flaquita*, que tardaba en florecer en muchas maneras. La música hipnotizó nuestros cuerpos y mentes, y nos olvidamos de todos y de todo.

Nos adentramos tanto en nuestros movimientos porque somos Chicanas de la Nueva Ola. Somos tan de la onda que sostenemos las manos detrás de la espalda y giramos como aquellas botellas de cerveza que hacemos girar en las fiestas en casa. "You were always on my mind..."

Aquello le estaba dando vida a la fiesta para nosotras. Estábamos disfrutándola. Incluso si era sólo durante una canción. Incluso si no era una canción de tu propia fiesta de quinceañera. Incluso si hubiera querido una, sabía que mi mamá, que dependía del bienestar social, nunca habría podido dármela. ¿Sabe realmente la gente el tipo de presupuesto que se necesita para una cosa así?

Además, la única vez que mi mamá contempló esta idea—porque estaba pensando pedir a mi tío rico que la ayudara y conseguir muchos patrocinadores junto con mi madrina—le dije que prefería usar el dinero que gastaríamos en una noche en comprar un Ford Mustang 65 rojo, incluso convertible. Así podría salir volando de San Antonio en cuanto terminara la secundaria. "Ay, mija, tu estás loca a veces," fue todo lo que dijo.

Creo que secretamente se sentía aliviada de que no le guardaría rencor por el hecho de que no podía darme una fiesta de quinceañera. Quizás fue por eso que me dejó pasar los fines de semana del verano con Annette, asistiendo a todas las fiestas de quinceañera que podíamos.

Annette, desde luego, tendría su fiesta en pocos meses. Yo la temía. Algunas amigas me habían pedido antes que hiciera parte de su corte de quinceañera, pero siempre inventaba una astuta mentira para no participar: "Ah, sabes qué, Debra, lo siento pero estaré visitando a mi prima en Houston ese fin de semana." "Acabo de enterarme, Patty, que mi abuela necesita que la lleve al hospital ese día." "Mary, me encantaría estar en tu fiesta de quinceañera, pero... eh... debo ayudar a mi madre con algo."

Los cumpleaños de las quinceañeras eran un patente recordatorio de la falta de dinero de mi familia. Sabía que incluso ser una dama en una fiesta de quinceañera sería igualmente una carga para mi mamá. Pedirle que gastara más de cien dólares en un vestido que sólo usaría una vez era pedirle que no alimentara ocho bocas durante una semana, creía yo.

Pero no podía negarme a asistir a la fiesta de Annette. Tenía unos pocos meses para ver cómo obtendría el dinero para aquel pinche vestido verde esmeralda que quería que todas lleváramos. Incluso si significaba regresar con mi novio intermitente de la escuela, Patricio. Él tenía dinero, y era lo suficientemente apuesto como para ser una pareja respetable para el evento. Como lo dije, tenía suficiente tiempo para pensar una estrategia.

Aquellos eran los pensamientos que me venían a la mente mientras los Pet Shop Boys se mezclaban con una melodía de Debbie Gibson, o quizás de Belinda Carlisle... una de aquellas chicas rubias con el aspecto de la vecina. Esto es, a menos que vivieras en mi vecindario. Para nosotros, la vecina significaba la comadre Chucha y sus diez polluelos. De cualquier manera, cuando finalmente miré a Annette, vi que sonreía, como cuando se drogaba con azúcar bebiendo latas de Big Red. Se había olvidado de Ricky durante toda la canción. El DJ continuaba con los mayores éxitos del momento. Después de una tanda de George Michael, los Bangles, Lisa Lisa y Cult Jam y Miami Sound Machine, estábamos preparadas para cambiar de ritmo y bailar la cumbia con Ramiro "Ram" Herrera, Texas Revolution, Selena y nuestro favorito, Emilio Navaira (incidentalmente egresado de nuestra escuela).

Otras personas habían invadido la pista de baile, y luego, finalmente bajaron las luces del salón. Era la señal de que una rumba fuerte se iniciaba. Durante las pocas horas que siguieron, todos se olvidaron convenientemente de que sólo a treinta pies de distancia de nuestro salón del pecado se encontraba la Iglesia de San Lorenzo con sus vitrales de los santos y de Jesucristo. Pero sabíamos que nuestros pecados serían perdonados de todas maneras.

Y, hablando del pecado, ella chocó conmigo en la pista de baile, mientras yo bailaba tejano con un *papasote* "Si tu supieras" de La Mafia.

"Ay, mija," gritó por encima de la música. "Lo siento. ¿Vertí un poco sobre ti?" Verifiqué mi falda negra y vi que estaba bien. Pero cuando levanté la vista para decírselo, mis ojos aterrizaron más bien en el escote. Fue como un déjà vu. Pero, a diferencia de La D-D, una mujer mayor me pilló mirándola.

"Está bien, mija, estoy segura que tendrás tus propios senos dentro de algunos años." Debí sonrojarme como un enfriador de hielo color fresa porque lanzó una carcajada reverberante que sacudió su pecho. Si hubiera estado fumando, habría sonado como un silenciador. Luego giró y desapareció con su pareja.

Levanté la vista para mirar al hombre que me había invitado a bailar, para ver si había escuchado el comentario de la mujer sobre mis senos poco desarrollados. Con su grueso bigote de oruga y sus botas de vaquero, parecía olvidarse de todo lo que lo rodeaba. Agradecida por su somnolencia inducida por la cerveza, me apreté contra su musculoso pecho y nos perdimos en el maravilloso pulso que creaba la gente a nuestro alrededor.

Mientras continuaba haciéndome girar, hacia delante y detrás de su espalda, yo buscaba a Annette. La vi bailando con un tejano mayor también. Estaba bien. Después de todo, tenemos una señal. "Quítate el lazo de la cabeza si necesitas que te rescate," nos dijimos la una a la otra antes de entrar. Pero nuestros lazos se encontraban firmemente sujetos. Ni siquiera parecía importarle que La D-D y Ricky bailaran una balada en el centro de la pista.

Busqué a la mujer que me había hecho sonrojar. La pista de baile no era muy grande. Todos estaban bailando tan cerca unos de los otros, que sentía una mezcla de los perfumes de Avon, aliento de cerveza, agua floral, colonia barata y transpiración a nuestro alrededor. Ni siquiera sabía de qué color era su vestido, pero incluso bajo aquellas luces opacadas, había advertido un lunar negro en su seno izquierdo. Y aquella risa única.

No sé por qué deseaba verla de nuevo. Era como si me recordara a alguien. Tampoco era como las otras mujeres que se encontraban ahí. No parecía la señora mamá; era del tipo mamasota. Y luego comprendí. *¿Por qué estoy pensando en esta mujer cuando estoy en los brazos del Hombre Malboro mexicano?* Busqué a Annette de nuevo y, al no hallarla, me disculpé con mi pareja. "No huyas," dijo. "Te estaré buscando."

Me aseguré de que no me encontrara.

Me dirigí a los baños; necesitaba empolvarme la nariz, atar el lazo y recolectar un poco de buena culpabilidad católica para atajar mis pensamientos.

Había una larga fila para entrar al baño de las mujeres, así que permanecí al lado de una viejita y miré la pista de baile desde lejos. La puerta de la cocina al otro lado del pasillo se abrió de un golpe, por la cantidad de actividad que se desarrollaba ahí. Escuché un fuerte estruendo. Tanto la viejita como yo saltamos. Ella con su santo: "¡Diosito!" Y yo con la expresión más vulgar: "¡Chingado!"

Algunas de nosotras nos acercamos a la puerta de la cocina y nos asomamos para asegurarnos de que todos se encontraban bien.

Un hombre mayor preguntó: "¿Todo está bien?" Alguien había dejado caer las enchiladas. Estaban por todas partes, como lava roja sobre el piso de baldosa blanca. Y luego una mujer, con una cantidad de toallas de papel, salió y exclamó: "Sí, papá, no te preocupes."

Era *la* mujer. Permanecí ahí mirando mientras se inclinaba y apilaba montones de enchiladas en bandejas de plata, con los senos casi saliendo del vestido. Me pilló de nuevo. Antes de que pudiera decir una palabra, dije: "¿Necesitas ayuda?"

Me miró de arriba abajo y luego sonrió. "No, mija, yo limpio mis propios desastres. Además, no querrás ensuciar tu lindo atuendo."

Como un maniquí de una tienda del centro comercial South Park, me quedé ahí mirando como esta mujer tomaba manotadas de enchiladas rojas con sus largos y elegantes dedos. Sus senos se agitaban en cuanto más se apresuraba a limpiar. Aquel lunar moviéndose hacia delante y hacia atrás como un metrónomo. Podía sentir la transpiración que bajaba por mi cuello como una lengua húmeda. Quería ayudarla, pero me sentía incómoda. Sabía que deseaba acercarme a ella por todas las malas razones.

Por favor comprendan: yo solía asistir a clases de catecismo; conocía todas las bromas sobre las monjas lesbianas con las que nos referíamos a las monjas de la parroquia; y sabía que me equivocaba, según mi formación religiosa, al desear profundamente que dejara aquellas enchiladas y tomara mi cabello entre sus dedos y... y... y... saben... ¡hundiera mi inocente carita entre sus senos! ¡Jesucristo!

Eso sí es un bautizo.

Y puesto que era la primera vez que tenía aquellos maravillosos pensamientos sobre una mujer mayor, si mi deseo se hubiese hecho realidad, no sé que hubiera hecho con sus enormes senos en mi boca... pero estoy segura que lo hubiera adivinado. Llámenlo instinto. Llámenlo memoria ancestral lesbiana. Aquella mujer tenía esa feroz sensualidad, y una actitud que me hicieron pensar que su cuerpo suministraba toda la instrucción inmediata que cualquiera pudiera necesitar. Déjenme decirlo de nuevo, no era como las otras mujeres que se encontraban en el salón, o como ninguna que yo conociera.

"Entonces, ¿eres amiga de mi niña?"

No respondí de inmediato. No había advertido que se dirigía a mí.

"¿Estás bien, mija?"

"Eh... ¿quién, yo?"

Rió de nuevo. Aquel mismo sonido que atrapó mi oído en la pista de baile, como un silenciador: gutural y chisporroteando. Luego se lavó las manos con una toalla mojada. Y luego se me ocurrió que era pariente de La D-D, quizás una hermana mayor, o una tía, porque no lucía tan mayor.

Así que le pregunté si era la hermana mayor de La D-D. Y esto la complació, la hizo sonreír de manera radiante.

"¿De veras, crees que puedo ser su hermana mayor?" Parecía tener un pensamiento que la ponía pensativa, incluso talvez un poco triste. Y luego tomó la botella de cerveza medio vacía que había sobre el mostrador y se me acercó. Sentí lo que Don Diego debió experimentar cuando aquella poderosa diosa se le apareció en toda su gloria. Si esta mujer hubiera dicho: "Arrodíllate," lo hubiera hecho. En cuanto más se acercaba más silenciosa estaba la habitación. Lo único que yo podía escuchar era mi propio corazón saltando como una bola de masa para tortillas en las manos de mi mamá. Cuando salió de la cocina, pasó a mi lado, me acarició la mejilla y dijo: "Eso es dulce de tu parte, mija... que creas que soy una jovencita."

Así no más. Su mano quemó mi piel, y quedé marcada para toda la vida. Quería más de este tipo de caricia femenina. Deseaba a aquella mujer. Quería agradecer a La D-D por cumplir quince años y haber ofrecido la mejor fiesta de quinceañera del mundo. Necesitaba hacerme amiga de La D-D.

No sé cuánto tiempo había transcurrido en aquella cocina cuando Annette finalmente me encontró. "¡Lina-lu! ¿Adivina qué pasó? ¿Qué haces en la cocina? ¡Ay, Dios mío, no vas a creerlo!" Miré a mi mejor amiga y, por alguna razón, no podía empezar siquiera a explicar lo que había experimentado. Cómo me había sentido despierta por primera vez. Quiero decir... ¿se habría aterrado? Yo estaba aterrada.

"¿Qué sucedió?" pregunté.

"¡Ricky y La D-D acaban de tener una terrible pelea! Enfrente de todos. ¿No viste cuando se fue? Mira, mira allá. Su madre está tratando de hacerla sentir mejor."

Y ahí estaba La D-D, llorando en su mesa de quinceañera, con *la* mujer. ¡Mi mujer! Me sentía tan mal por La D-D y, honestamente, me sentía un poco celosa. Celos, mija. Ahí estaba La D-D con su cabeza sobre los senos de la mujer. Todos las miraban, incluso aquellos que fingían bailar.

"¿Es su madre?" pregunté.

"Sí. ¿Por qué?"

"No parece como una mamá."

"Se ve un poco perra."

"¡No! Dios, Annette, ¿por qué siempre estás juzgando a la gente?"

Y eso fue todo. Annette me lanzó una mirada como si la hubiera abofeteado y se alejó. Vi cómo se alejaba a través de la puerta lateral. Quería ir detrás de ella y decirle: "Oye, lo siento, pero estás criticando a alguien que acaba de humedecer mis calzones, ¡y no sé qué hacer al respecto!"

Pero la dejé ir. Sin duda se disponía a buscar a Ricky.

Miré otra vez a La D-D y a su sensual madre. Su madre la había llevado a la pista de baile. Sonaba una cumbia y vi cómo bailaban en círculos. No era difícil encontrar las similitudes entre made e hija: la forma de los ojos, el pesado cabello negro ondulado, el color de la piel, y sí, aquel atractivo escote.

Me pregunté sobre su vida. De alguna manera, en aquel momento, la quinceañera me pareció más vulnerable y bella que nunca. Sentí una punzada de culpabilidad por no haber llegado a conocer a La D-D durante todos aquellos años. La había descartado, como todos los demás. Pero aquella presunta buscadora de problemas y chica mala tenía una historia, como el resto de nosotros. ¡Y su mamá seguramente tenía historias!

Se me ocurrió que no había visto al padre de La D-D. Debía tener uno, para poder hacer todos los papeles de la quinceañera en la administración de la iglesia y todo eso. La mayoría de los chicos de mi edad, sin embargo, formábamos parte del fenómeno de la década de 1980: la década en la que se habían disparado las tasas de divorcio. Pero, créanme, no me estaba compadeciendo a mí misma por no tener un padre en casa, especialmente aquel que solíamos tener, tan borracho y macho. Hacía que el *vato* de la propaganda de la lotería pareciera inofensivo. De hecho, el que mi tradicional mamá se hubiese divorciado a pesar de las costumbres culturales y de, "¡ay, qué vergüenza!," los hipócritas de mi familia, la hacía muy moderna y revolucionaria ante mis ojos.

Era evidente que algo revolucionario y bien rebelde era lo que animaba también a la madre de La D-D. Yo quería vivir eso. Quería conocerlo. Quería probarlo. Estaba hambrienta y preparada a buscar mujeres de verdad que siguieran un camino diferente con una actitud de "¿Y qué?" Después de todo, esto era San Antonio, y no había mucha diversión en nuestra ciudad conservadora y católica. ¿Recuerdan cómo todos crucificaron a nuestro alcalde, Henry Cisneros, por su aventura extra conyugal? Incluso cuando era adolescente, ya sabía que las relaciones eran más complejas que mi cubo de Rubik.

El DJ puso una balada, "Hold On to the Night," de Richard Marx, que te dan ganas de llorar incluso si tú y tu amor nunca han estado separados por un océano. Esa. Bien, la madre de La D-D bailó una canción más con su hija. Yo nunca había visto esto en una fiesta de quinceañera, pero parecía mucho más apropiado que el vals de padre e hija. Quiero decir, ¿no deberían ser nuestras madres quienes le anuncian nuestra feminidad al mundo?

La D-D asentía mientras su madre parecía darle algunos consejos. Y, cuando comenzó la siguiente canción, La D-D era todo sonrisas y bailó con un señor, probablemente uno de los padrinos de la fiesta.

Luego, como buena anfitriona, la madre comenzó su ronda, visitando las mesas y animando a los invitados para que bailaran. Y fue entonces cuando lo vi. Cómo los hombres que estaban en las mesas la devoraban, y cómo sus esposas reaccionaban ante la evidente atracción de sus maridos por esta mujer, levantando los ojos al cielo entre ellas y haciendo groseros gestos a sus espaldas.

Por aquella época, mi mamá no era tan bella como esta mujer, pero era bonita cuando joven. He visto fotografías del voluptuoso cuerpo de mi madre y de su melena de cabello castaño rizado. A los cuarenta años, lucía como todas las otras señoras, excepto que había conseguido conservar un espíritu travieso y juguetón. Pienso en ella cuando veo la doble naturaleza de las señoras. A menudo, mamá me advertía: "La envidia, mija. Es de eso que te tienes que cuidar en la vida."

Al fin, la madre de La D-D llegó a mi mesa. La compartía con una familia de cinco personas que incluía un rebelde niño de tres años. Me sentí incómoda de estar ahí sola, perdida en mis pensamientos, apartando al ocasional tejano ebrio que, como una mosca, insistía en comprarme un trago. Sin contar el echo de que era menor de edad.

"¿Ya no bailas?" susurró en mi oído. Su aliento cálido en mi oreja envió una ola de calor por mi espalda. Quería desmayarme. La miré con mi visión periférica. Probablemente, pensó que no la había escuchado por la música, así que después de beber un poco de su botella de cerveza, se inclinó y susurró lo mismo otra vez. Esta segunda vez sentí la sedosidad de su escote que rozaba levemente mi espalda. Hice el esfuerzo más grande por no volverme y besar a aquella mujer.

No sé qué sería un mayor escándalo: dos mujeres besándose a la vista de todos, la obvia diferencia de edad, o el hecho de que sintiera aquel deseo por la mami de la quinceañera. Cualquiera que fuese, era seguramente un "¡Ay, Dios mío!" y demasiados Padrenuestros para que el sacerdote te perdonara.

Hubiera estado dispuesta a arriesgar mi condena eterna si supiera que los sentimientos eran mutuos. El riesgo es ahora mi sello característico, especialmente entre mis amigos heterosexuales. Ahora soy *la loca*, la que se aventura y explora, porque quiero hacerlo. En aquella época, sin embargo, sentía que enloquecía por tener aquellos deseos y pensamientos. Al final, le relataría a Annette todo lo que había sucedido aquella noche. Tenía que decírselo a alguien.

En cuanto a la mamá de La D-D, supongo que se alejó porque yo era demasiado gallina para volverme. Me despojó de todas las palabras, hizo que mi lengua se enroscara como un tamarindo seco. Sólo recuerdo estar allí sentada como una mensa atónita, mucho después de que ella avanzara hasta las mesas siguientes.

Temía que el más leve movimiento de mi cuerpo borrara la sensación de cosquilleo que dejó en mi oreja. Así que permanecí ahí, asimilando la primera lección de apreciar el efecto de una mujer sobre mí. Me deleitaba como un lagarto al sol, considerando la sutileza y el peligro del momento... todo era tan absolutamente mágico y malo. No recuerdo siquiera haber escuchado la música.

Lo que sí sé es que, en un momento dado, una viejita gritó

desde la puerta lateral, "¡Un pleito! ¡Jesucristo, es un pleito! ¡Socorro!" La mitad del salón ignoró los gritos; estaban demasiado embriagados para escuchar los ruegos de la mujer en medio de la música, pero aquellos de nosotros que nos encontrábamos cerca de la puerta, corrimos hacia el estacionamiento.

Afuera todo era un espectáculo: Ricky era el protagonista y luchaba con un hombre de más o menos cuarenta años sobre el piso de cemento del estacionamiento. Sus elegantes trajes estaban rasgados y había sangre en la camisa de Ricky. Apareció un guardia de seguridad de la iglesia e intentó separarlos. Annette se encontraba a uno de los costados, llorando y gritando: "¡Déjelo en paz!" Y, en un segundo, se reunió un círculo de espectadores, incluyendo a la quinceañera y a su madre.

Dos de los invitados de la fiesta ayudaron al guardia de seguridad a separar a los combatientes de Lucha Libre. Los luchadores continuaban intercambiando cantidades de insultos y desafíos, mientras que La D-D y su madre se abalanzaron sobre el hombre que había estado peleando con Ricky. El señor lucía bastante afectado, sólo se le veían sus largas piernas y brazos desgarbados, mientras las mujeres lo sostenían como a un títere gigantesco.

Me acerqué para consolar a Annette, toda mocos y drama. "Annette, ¿qué sucedió?" Pero sólo sacudía la cabeza. Finalmente, con aquel buen viejo resentimiento, exclamó: "¿A ti qué te importa?" Casi quise dejarla ahí. No era una buena noche para nosotras. Como mejores amigas, rara vez discutíamos, pero cuando lo hacíamos éramos como hermanas que no se soportan. Pero permanecí a su lado de todas maneras. Incluso si me odiaba.

Llegaron algunos de los amigos más jóvenes de Ricky. Pero nadie quiso iniciar otra pelea porque a los pocos minutos habían llegado también más guardias de seguridad. Y luego La D-D se acercó a Ricky y comenzó a insultarlo. "¡Eres un completo idiota, Ricky! Es mi fiesta de quinceañera ¿y me haces esto?" Lo empujó con fuerza. Él perdió el equilibrio. La ira de La D-D era evidente, y su tiara se mecía sobre su cabeza como la bandeja de un torpe mesero a punto de caer.

Y luego sucedió. La D-D se volvió hacia Annette, con una mirada de locura. Annette se convirtió en una bala, y yo era el escudo humano entre La D-D y mi mejor amiga. "¿Quieres a mi hombre, perra? ¡Ven por él!" gritó La D-D.

Bajo circunstancias normales, mi trasero de cholita hubiera saltado a defender a Annette a toda costa. Pero permanecí ahí, atrapada entre estas dos chicas, esperando que Annette no provocara más a La D-D.

"¡Maldita! Ricky puede besar a quien quiera!" gritó Annette, quien trataba de empujarme mientras yo intentaba detenerla. Por suerte, intervino la madre de La D-D. Asió a La D-D rápidamente por el brazo, la hizo girar, y le propinó una rápida y leve bofetada en la cara. Dejó a La D-D atónita y a todos los demás en silencio.

Nadie abofetea a una quinceañera.

No sé siquiera si la madre de La D-D sabía lo que hacía. Comenzó a hablar a gran velocidad en español. Decía cosas como *te dije que no era bueno, pero eres terca, y mira lo que le hizo a tu tío, y nunca más sacrificaré tanto tiempo y dinero por ti, niña.*

No quería mirar, pero no podía apartarme de allí. Los ojos de La D-D se llenaron de lágrimas, y sus manos pequeñas se apretaron en un puño. Supe que aquella chica odiaba a su madre en ese instante. Todos tuvimos esa sensación. Pero incluso nuestra chica mala sabía que no debía pelear con su madre.

En aquel momento, perdí toda mi atracción sexual por la madre de La D-D. Estaba invadida por el temor. Todas aquellas cálidas sensaciones que había sentido antes se convirtieron en témpanos de hielo. Quería gritar: "¡Corre, niña!" Pero La D-D permaneció impasible, aun cuando su madre hablaba cada vez más fuerte. En mi mente, cantaba la canción de Lauper, "True Colors," esperando que La D-D mantuviera su compostura. (*Tú, la de los ojos tristes, no te desanimes...*)

Supongo que siempre había sabido que ella y yo nunca podríamos ser amigas, al menos mientras Annette y ella fuesen rivales. Annette me tomó de la mano. "Salgamos de aquí." Miré su nariz congestionada, el lazo todo chueco en su cabello. Mientras nos dirigíamos hacia el teléfono para llamar a su madre, necesitaba saber una cosa: "Y, por lo menos, ¿besa bien?"

Reclinó su cabeza en mi hombro mientras caminábamos, y suspiró: "Estoy tan enamorada de él, Lina-lu."

Después de llamar a su madre para que viniera a buscarnos, Annette y yo nos sentamos dentro de la glorieta de madera al frente de la iglesia. Annette me contó los detalles que habían terminado con el beso que se dio con Ricky, y cómo el tío de La D-D los había pillado y había llamado *puto* a Ricky, y todo se volvió una locura.

Pero yo sólo la escuchaba con poco entusiasmo, hasta cuando Annette comenzó a hablar de La D-D y su madre.

"Sabes lo que dice Ricky... que ella es lesbiana. Una maldita *marimacha*, ¿puedes creerlo? Es tan asqueroso. Dice que ese es el motivo de los problemas entre sus padres."

"¿Quién? ¿La D-D?"

"No, estúpida, ¡su madre! ¿No estás escuchando? Dije que Ricky me contó que ella tiene una novia que parece un hombre. Quiero decir, es tan extraño, ¿por qué no conseguir más bien un hombre?"

Agradecí que estuviéramos envueltas en la oscuridad porque mientras Annette seguía hablando de lo terrible que era ser gay, porque la Biblia dice esto y lo otro, mi cuerpo entero sonreía. Un cuerpo puede hacer esto, ¿lo saben?

No importaba si nunca veía otra vez a la madre de La D-D, me había dado más de lo que podía imaginar. Me dio esperanzas de encontrar otras personas como yo. Diablos, sólo esperaba poder encontrar más personas como ella. Y luego decidí confrontar a mi mejor amiga por su homofobia y doble moral.

"Sabes, Annette, la Biblia también dice que es pecado tener sexo antes de casarte."

"Sí, pero eso es diferente. ¿No te asquea?"

Era el momento de la verdad entre dos mejores amigas. Pensé para mis adentros, ¿realmente me ama? ¿Confío en ella? ¿Sé qué estoy diciendo? Después de todo, sólo tengo estos sentimientos; en realidad, nunca he besado a una chica... ¡aún!

"Aquí viene mi madre," exclamó.

Me salvé. Nos levantamos y salimos lentamente de la oscura glorieta. "Oye, ¿no es la fiesta de quinceañera de Sandra dos semanas antes de comenzar la escuela?" preguntó. Me encogí de hombros; en realidad no me importaba si no asistía nunca más a una fiesta de quinceañera.

Seguro, podría decirse que La D-D salió al mundo como una floreciente joven mujer aquella noche, pero yo salí ante mí misma. Sólo salí oficialmente a los veintidós años. Antes de eso, intenté olvidar la experiencia de aquella fiesta de quinceañera, archivarla como una anomalía de mi estilo de vida heterosexual.

Pero hay belleza en el vivir que se asemeja a aquellos trompos tejanos y la forma como giran para encontrarse de nuevo. La emoción del regreso. Para mí, el baile de la vida no se refiere a con cuantas parejas bailas, ni qué tan bien bailas, ni con qué estilo bailas... sólo a bailar el tiempo suficiente para ver que algunas de estas parejas regresan a ti. Algunos cambiadas, otras no.

Transcurrió casi una década antes de que viera de nuevo a la madre de la quinceañera. A los veintitrés años, regresé una última vez al salón de baile de San Lorenzo para asistir a la boda de dos buenos amigos de secundaria. Aún lucía como una adolescente al lado de mis viejos amigos porque, debido a las tortillas de harina de San Antonio, o por los bebés que todas están teniendo, lucían como señoras.

Annette pasó de Betty Boop a Betty Droop. Dejamos de ser amigas mucho antes de graduarnos de la escuela. Y el hecho de que yo no participara en su fiesta de quinceañera no ayudó a nuestra debilitada amistad. En su boda, fuimos especialmente amables la una con la otra, de aquella manera superficial que se puede ser con alguien a quien quisiste intensamente alguna vez.

En cuanto más gay me volvía, más sentía que el pueblo donde había nacido era pequeño y provinciano. Recuerdo haber salido temprano de la boda de mis amigos. Yo era demasiado liberal, demasiado californiana, y demasiado delgada para ellos. Créanme, te hacen sentir culpable por ser delgada. ¡Come! ¡COME!

Más tarde, aquella noche, me reuní con algunos amigos gay en Petticoat Junction. Nada como la *jotería* dedicada a las norteñas para que mi alma tejana se sintiera en casa.

Cuando la vi, primero pensé que estaba soñando. Cuando tenía veinte años, bebía alcohol como si fuese el agua bendita que habría de salvarme. Pedí a mi amigo José que confirmara lo que yo estaba viendo: una fantástica mujer mayor en el extremo del bar. Tenía un lunar en su seno izquierdo. Estaba bromeando con la mujer que atendía el bar, cuando escuché la inconfundible carcajada que cortó la calma de mi cuerpo. *¡Bum!* Como un disparo. Casi salto de mi silla.

No soy de las personas que besan y chismean... pero, sí, la mami de la quinceañera finalmente me asió el cabello como aquel desastre de enchiladas, y hundió mi carita no tan inocente en lo profundo de aquellos senos. Nací de nuevo, chica.

Y sé lo que deben estar sintiendo... celos, mija.

Descalzo

Por Eric
Taylor-Aragón

Con frecuencia, la gente hace preguntas y en realidad no les importa un bledo la respuesta. Sólo llenan el aire de ruido. Esto es lo que se llama discurso fáctico. "¿Cómo estás?" preguntan. O dicen: "Bello día, ¿verdad?" O, para ser más urbano: "¿Qué hay?" El discurso fáctico es un método para establecer presencia, contacto y, al mismo tiempo, no comunicar realmente nada significativo, excepto el hecho de que se ha establecido algún contacto social. Que no sacarás un cuchillo para hundirlo en la garganta de alguien.

Era el verano de 1992, yo acababa de cumplir veinte años y trabajaba como carpintero en Berkeley Hills, California. El año anterior, varios miles de casas habían sido destruidas por un gran incendio, y había mucho trabajo en construcción. Me faltaba un año de universidad, y no tenía dinero. Vivía en una pequeña habitación que compartía con un amigo, en una pensión en Shattuck Avenue. En el piso de arriba vivía un pintor bohemio. Debajo, en el sótano, vivía un grupo de chicos blancos, delgados y educados, que luego habrían de convertirse en estrellas del rock y ganar millones.

Berkeley Hills resonaba con el repicar de los martillos en aquellos días. La gente había recibido enormes sumas de dinero de parte de las aseguradoras, y construía mansiones, muchas de ellas bastante feas. Nosotros trabajábamos en una gigantesca hacienda de estilo español. Nuestro equipo de trabajo estaba conformado por diez hombres. La mayor parte de ellos eran estadounidenses blancos, además de tres o cuatro trabajadores mexicanos y yo.

Antón era uno de ellos—lo que los carpinteros jornaleros blancos estúpidos llaman "trabajo *Manuel*." Cavaba las grandes trincheras para los cimientos, recogía los escombros, transportaba la madera y las bolsas de cemento, armaba paredes de arena y limpiaba. Hacía todo el trabajo sucio. Recibía diez dólares por hora. El contratista y el capataz eran personas bastante decentes, pero Antón no tenía sus papeles de trabajo y, lo peor de todo, no hablaba inglés. Yo hablaba español, así que a menudo tenía que decirle lo que debía hacer.

Fue Antón quien ocasionó indirectamente una de las noches más traumáticas de mi vida. Él tuvo la culpa. Pero no puedo enojarme porque creo que hay ciertos momentos en la vida en los que se necesita un trauma, cuando son necesarios el desastre y el caos. Antón sólo fue el vehículo.

Por extraño que parezca, era una persona completamente desprovista de malicia. Una persona verdaderamente amable. Nunca fue sarcástico, nunca cínico, nunca irónico. Siempre preguntaba con una frescura y decisión que te hacían pensar: "Hombre, esta persona está realmente interesada en mi respuesta." Te preguntaba cómo estabas o si habías tenido un buen fin de semana, y luego te miraba con aquellos ojos curiosos y esperanzados, y en realidad se interesaba por la respuesta. El discurso fáctico no existía para él; siempre había algo en juego.

O quizás mencionabas a una chica linda que habías visto caminando por la calle, y él preguntaba cómo era. Súbitamente, sentías una especie de responsabilidad de explicarle su apariencia en detalle. Él ensamblaba la chica en su mente mientras la describías. Si dejabas algo por fuera, la mujer podía terminar sin ojos, sin piernas o calva. Tenías que describirlo todo y sólo cuando lo habías hecho minuciosamente, Antón asentía y decía: "Sí, es muy bella. Tienes razón."

Recuerdo una vez que nos dirigíamos al basurero y pasamos al lado de las refinerías de petróleo en Benicia. Estaban esparciendo su humo en grandes nubes plateadas, y había unas pocas nubes de algodón dispersas por el cielo. Le dije que las refinerías eran, en realidad, fábricas de nubes. Que, debido al calentamiento global, etcétera, los científicos habían inventado una manera de hacer nubes artificialmente, y estaba asombrado. "¡Pero eso es asombroso!" dijo. "¡Increíble! ¡Gringos locos!"

Cuando finalmente le dije que era una mentira, me miró con aquellos enormes ojos oscuros y creo que hubo algo profundamente adolorido en su mirada; unos pocos segundos más tarde comenzó a reír, con fuertes carcajadas—y luego abrió la ventana, como si de repente hubiera un terrible olor en el auto. Me sentí mal y me disculpé. *Debo tratar de ser más sincero*, pensé. *Debo tratar de ser una mejor persona.*

Esto es importante para mí, esto de ser una mejor persona. Déjenme explicarlo. Fundamentalmente, soy muy tímido. Y a menudo siento una tremenda separación con los otros seres humanos y, para cerrar esta brecha, hago unas bromas malísimas o digo mentiras absurdas, como una manera de proyectarme a una realidad diferente, de establecer una nueva dinámica. O quizás sólo soy un idiota, no lo sé. De cualquier manera, cuando le dije a Antón aquella mentira sobre la fábrica de nubes, una parte de mí pensaba: *¡Sería muy interesante si fuese verdad!* Y otra parte de mí pensaba: *Qué hombre más dulce e ingenuo es este Antón. ¡Qué tremenda capacidad de asombro!* Mi capacidad de asombro había disminuido continuamente durante los últimos años. En ocasiones pensaba que había desaparecido por completo. No sé si esto sencillamente se debía a que era más viejo, el resultado de una difícil historia familiar, o quizás un exceso de filosofía pos-moderna—pero era cierto.

Cuando Antón descubrió mi mentira, estaba bastante decepcionado—pero no sólo porque yo le había mentido; estaba decepcionado también porque las fábricas de nubes eran una ficción. No existían. Entonces, básicamente, se había creado una realidad alternativa y luego, unos pocos minutos después, se había destruido. ¡Una travesía! Y si yo me sentí lleno de asombro en algún momento, era asombro ante el asombro de Antón.

Un día, el capataz nos envió a Antón y a mí a buscar una puerta hecha a la medida de una bodega en West Berkeley. Era un día caluroso, así que aquello fue un receso que recibimos con agrado. Camino a la bodega, nos detuvimos y compramos café helado y bizcochos. Nos sentamos en una banca bajo un roble y disfrutamos nuestro pequeño receso.

Después de un rato, Antón se volvió hacia mí y declaró: "Enrique, tengo que hacerte una pregunta."

"Adelante," dije, bebiendo un poco de café.

"Cuando te miras al espejo, tu mano derecha se convierte en tu mano izquierda, y la izquierda en la derecha, ¿verdad?"

"Sí..."

"Pero si inviertes el espejo, ¿no debería estar invertido tu reflejo?"

No tenía idea. "*Buena pregunta*," dije.

Diez minutos después, cuando estábamos en el camión y salíamos del estacionamiento, se volvió de nuevo hacia mí. "Enrique, debo preguntarte algo."

"Vamos, pregunta."

"Es muy importante para mí, Enrique."

"Está bien."

"¿Qué harás el domingo?"

"Aún no tengo ningún plan."

"Me sentiría muy honrado y agradecido si asistieras a la celebración de los quince años de mi prima Andrea. Ella es una chica muy especial. Serás mi invitado. Habrá muy buen tequila. ¿Me harías este honor?"

Y luego me miró con aquellos enormes ojos color chocolate. ¿Qué podía hacer? Dije que sí. *Al menos habrá buena comida*, pensé. Yo había estado viviendo de lentejas durante semanas.

"Gracias," dijo. "Esto significa tanto para mí. Te llamaré esta noche para darte las indicaciones para llegar a la iglesia."

Finalmente, me perdí de aquella parte de la celebración. Al día siguiente, me levanté sintiendo un mal presagio. Había dormido mal; había girado de un lado a otro toda la noche, atormentado por extraños sueños. Me sentía desorientado. La ceremonia se celebraría en una iglesia católica en la autopista Martin Luther King—pero supongo que no vi el aviso. Conduje de vuelta, me perdí completamente—y, cuando advertí que llegaría casi una hora tarde, decidí minimizar mis pérdidas, relajarme por un momento y luego dirigirme a la dirección que Antón me había dado para la fiesta.

Bebí una cerveza en Teacakes Dancing and Sport Lounge, compré una camisa nueva en Baxter's Sophisticated Fashion, y di un paseo por el vecindario. Poco después me encontré caminando cerca de La Iglesia Apostólica de la Liberación, un edificio largo y bajo, con algunos setos a la entrada. Un hombre grande y moreno estaba en la puerta. Lo saludé con un gesto; él respondió de la misma manera, y entré. El Reverendo Alfred T. Lexington pronunciaba un sermón sobre la calamidad. Tenía una voz profunda y sonora, y casi cantaba al hablar. *"Job se levantó, desgarró su túnica, se afeitó la cara y cayó de rodillas... Poco después, contrajo una terri-*

ble enfermedad de la piel. Pero nunca perdió la fe, ¡No, no lo hizo!"
Después de aquel excelente sermón (¡un sábado!), me sentí terriblemente hambriento y me dirigí a una cocina gratuita local en la
calle 31, pero estaba cerrada y había un cartel en la puerta que decía, "Por circunstancias ajenas a nuestra voluntad, este programa
de alimentación será suspendido hasta nueva orden." Así que
quedé con hambre. Pensé que era lo mejor, pues pronto comería
pilas de comida mexicana. Miré el reloj. Era hora de ir a la fiesta.

Bajé por la calle Adeline y vi un enorme letrero que decía:

ADVERTENCIA AL PERSONAL MILITAR:
NO LES DISPAREN A LOS OVNIS
SUS TATARANIETOS PUEDEN
ESTAR EN ELLOS

No sé que significaba esto, ni siquiera sé por qué lo menciono
aquí. Seguí conduciendo. (Hablo como si tuviera un auto, cuando
en realidad lo que tenía era una Schwinn de diez velocidades que
había comprado en el mercado de las pulgas el año anterior.
Quiero ser completamente honesto.)

De cualquier manera, mi plan era probar buena comida casera
y salir pronto de allí. Aún no sabía con certeza por qué Antón me
había invitado. Quiero decir, yo entendía que las fiestas de quince
años eran, por lo general, un asunto de familias muy cercanas. Había pedido prestada a un amigo una corbata, y había planchado mis
pantalones predilectos. Inicialmente llevaba una aburrida camiseta
roja, pero después de mi visita a Baxter's Sophisticated Fashion,
ostentaba una camisa nueva (80 por ciento poliéster, 20 por ciento
rayón), azul cielo, con un motivo de gaviotas blancas. Lucía bien.
Dejé a un lado la corbata. Me sentía azul cielo. Monocromático.
Era el fin del verano, un fresco y aireado día típico del norte de
California. Mi piel estaba bastante morena por trabajar tanto

tiempo al aire libre, y recientemente había comprado unos zapatos de gamuza blanca, muy a la moda, con hebillas doradas que resaltaban mi bronceado. También llevaba gafas oscuras, al estilo de Eric Estrada. El efecto general, creo, era de elegancia contenida.

Finalmente encontré la casa. El vecindario no era el más elegante. Esto no era North Berkeley. No había bares de vino en muchas millas a la redonda. No había panaderías exóticas ni tiendas de aromaterapia. No había jóvenes pseudo-hippie de los suburbios mendigando. De hecho, era un barrio malo, el tipo de lugar donde no quisiera encontrarme de noche. Un helicóptero de la policía se escuchó en el cielo. Le puse el candado a mi motocicleta y la sujeté a la entrada.

La casa era una vieja casa victoriana blanca. Estaba protegida por un alto cerco de madera, con molinetes en la parte superior, que giraban como locos en la leve brisa. Adentro podía escuchar gente riendo y hablando. James Brown cantando "Try Me." Atravesé la cerca y, de la nada, salió un enorme perro que se abalanzó sobre mí. Salté hacia atrás, cerrando de un golpe la puerta, y casi caigo sobre el andén. Aquel era un comienzo ominoso. Si hubiera sido inteligente, me habría dado la vuelta en aquel momento y habría comenzado a correr.

Escuché una risa. Me volví y ahí estaba Andrea. Quiero decir, tenía que ser Andrea, ¿verdad? Llevaba un vestido de chiffón blanco y una tiara. Era bonita, de estatura mediana, de ojos brillantes y traviesos, con el cabello recogido en un moño, los labios pintados rojo sangre, y una nariz ligeramente grande que le daba un aspecto más maduro, pensativo. El perro ladraba como loco, y realmente no supe qué decir. "Hola, soy Enrique, el amigo de Antón del trabajo."

Y ella dijo: "Ah, entonces eres tú!" Y se echó a reír de nuevo. Luego se volvió hacia los ladridos y gritó: "¡Calla, Bruno!"

Detrás de ella había un hombre delgado, demacrado, de ojos caídos y una pequeña barba a lo fu-manchú. Se ahogaba un poco. "Ese es el tío Diego. Tiene enfisema. Había salido a respirar con su tanque de oxígeno, pero lo pillé fumando." Se volvió hacia su tío. "¿Por qué estabas haciendo eso? ¿Quieres morir antes de que yo cumpla dieciséis años?"

"Encantado de conocerlo," dije. "Siento mucho haberme perdido de la ceremonia. No pude encontrar la iglesia."

"Oh, no te preocupes. Fue algo tonto." El perro seguía ladrando. "¿Por qué todos visten de azul? ¿Es algo relacionado con la moda?"

Me ruboricé y pensé de inmediato, *¿Por qué me ruborizo? ¡Tiene quince años! ¿Qué sabe de moda?* Me miró detenidamente y luego hizo un gesto hacia el perro. "Ese es Bruno. Probablemente es la única persona de mi familia que me comprende, excepto mi padre, quien no habla mucho. Bien, entremos, debo presentarte a Mafalda."

"¿Mafalda?"

"Sí, Mafalda, mi tía. Es por eso que estás aquí. ¿No lo sabías?"

La seguí. Bruno dejó de ladrar y saltó sobre Andrea. Era una bestia mal encarada, un Rottweiler con una cabeza enorme y llena de cicatrices, una tremenda mandíbula paleolítica, y uno feroces dientes. Andrea se hizo a un lado, empujando su enorme cabeza horrible, y susurró: "Calla, niño, ¡cállate ya!" Y el perro se calló, aunque continuaba agitando salvajemente la cola. Mi corazón aún latía de temor. Pasé al lado del perro en puntillas, siguiendo a Andrea y al tío Diego. Bruno peló los dientes, sus ojos se convirtieron en ranuras, y se agachó, como si se dispusiera a saltar. Lanzó un gruñido bajo. Me paralicé. Andrea se volvió y gritó de nuevo: "¡Bruno! ¡Sé amable!"

Subimos las escaleras de madera, llegamos al porche y entramos a la casa. Antón abrió la puerta. Estaba todo vestido de blanco y parecía un poco ebrio. Cuando me vio, dijo: "¡Ay, qué bueno verte, hermano, deja que busque a Mafalda!" Y desapareció.

Había muchísimas personas. Súbitamente me sentí avergonzado y fuera de lugar. Quizás estaba demasiado elegante. Me deslicé hacia una esquina del recibo y miré a mi alrededor. Había cintas de papel crepé colgadas del techo y sobre la puerta doble del salón, donde decía:

¡FELIZ QUINCEAÑERA ANDREA!

La casa estaba llena de globos de diferentes colores. De vez en cuando alguno estallaba y sonaba como un disparo. Había docenas de niños que corrían golpeando los globos. El recibidor estaba tan lleno como la cocina.

Andrea apareció con una mujer que pensé era Mafalda. Era bastante regordeta. Muy, muy regordeta. Incluso gorda. Estoy siendo muy amable. Dios, aquella mujer era enorme. Antón sonreía radiante. "Mafalda, mi amigo Eric."

"Eric, ¡mi tía Mafalda!"

"Encantado," dije.

"Mafalda está visitándonos de México," dijo Antón. "Es soltera."

Debe estar loco, pensé para mis adentros. *¿Está tratando de conseguirme una pareja?*

Mafalda se inclinó hacia mí, y pensé que quizás quería que le besara la mano, cuando comprendí que me ofrecía un vaso de tequila. Lo tomé y lo bebí rápidamente. *"Gracias"*, dije, limpiándome la boca con la manga. Andrea, quien había presenciado todo esto, se echó a reír. Reía como Antón, con una mano en el estómago. Recordé haber pensado que parecía tener menos de quince años. Súbitamente, se puso de pie y dijo: "Iré a cambiarme de traje." Y, con esto, despareció y quedé a solas con Mafalda.

Podía escuchar la música de Santana en el salón, "Oye como va." Mafalda me miró. Tenía ojos café claro, labios rellenos, grandes mejillas redondas, grandes pendientes de aro y su cabello recogido en un desordenado moño. Tenía doble papada. Quizás triple. Llevaba un vestido blanco bordado de flores. Flores grandes, brillantes, voraces. Tropicales. Como un jardín botánico. Se lamió los labios y me miró como si yo fuese una especie de bizcocho suculento.

"Antón me ha hablado mucho de ti."

"¿Verdad?"

"Sí. Me dijo que eras peruano. Que eras un escritor. A propósito, me agradan mucho tus zapatos. Gamuza, ¿verdad? Muy sensual. Me fascina leer, sabes. No hay nada que me guste más."

"¿Sí? ¿Qué te gusta leer?" Pregunté.

"Libros," respondió.

Y luego Mafalda se echó a reír. Era algo extraña, aquella risa suya. Comenzaba con varias exhalaciones poderosas y rápidas, como un tren de vapor alcanzando velocidad; luego se quedaba en silencio, con la boca abierta pero sin emitir ningún sonido; su prodigiosa carne temblaba, los ojos fuertemente cerrados por la alegría, sus regordetas manos levantadas en el aire y todos los dedos agitándose como anémonas marinas. Luego, como si alguien hubiera elevado el volumen, un ruido comenzaba a salir de su boca. Primero era débil, pero gradualmente se tornaba ronco, salvaje, incontrolable. Una tremenda carcajada primitiva. Casi podía jurar que el piso se estremecía. Estaba al lado de un volcán. Dejó de reír, me miró, sin aliento, y dijo: "Entonces, universitario, ¿te agradan las mujeres mayores?"

La miré por un instante, atónito. Entonces apareció Antonio

con otro vaso de tequila. "Vamos, Eric, ¿qué sigues haciendo aquí? Debo presentarte a todos. Mafalda puede esperar."

Bebí todo el tequila.

Mafalda hizo lo mismo.

Antón me tomó del brazo y me llevó al salón.

"¿Qué hay con tu tía?" pregunté.

"¿Mafalda? Es fantástica, ¿verdad? Una loca. Una belleza. No te preocupes, tendrás tiempo suficiente para conocerla. Relájate. Déjate llevar. Ya lo verás."

Antón procedió a presentarme a los padres de Andrea. Yo estaba un poco perplejo por sus comentarios, pero pronto me distraje con las presentaciones y me olvidé de ellos. Casimero Domínguez era un hombre delgado, de ojos tan oscuros y brillantes que las pupilas parecían canicas negras con una chispa adentro. Tenía un bigote, una cara de rasgos marcados, cabello grueso de indio con canas en las sienes, una ancha espalda y un aspecto humilde y digno. Luego conocí a su esposa, Ángela, bastante fuerte y de aspecto feroz, que llevaba un brillante chal español bordado que caía por debajo de la cintura. No querría enemistarme con ella.

"¿No te parece bella nuestra Andrea?" Preguntó.

"Sí," dije sonriendo. "Luce maravillosa."

También conocí al hermano de Andrea, Ramón, un tipo alto y serio, con cierta actitud desagradable. Antón me había contado en Fruitvale que Ramón había estado involucrado con la pandilla local y era por eso que se habían mudado. Y luego había varias de las amigas blancas de Andrea, que se mezclaban con los invitados sin ningún propósito específico, y otros amigos latinos de la escuela, y todos parecían muy jóvenes. La música era principalmente vieja, con un poco de Prince aquí y allá. Todos los adultos bebían cerveza y tequila apiladas en la cocina. También flotaba por ahí un ponche color rosa.

Muchos de los invitados se encontraban en el jardín, me dijo

Antón, así que me abrí camino por entre los globos y me dirigí a la parte de atrás de la casa. Andrea estaba ahí con una cámara de video, filmándolos a todos. Llevaba vaqueros y una camiseta, y pasaba de un grupo a otro. Llegó hasta donde me encontraba y dijo: "Este es Enrique, que trabaja en construcción con Antón, y a quien invitamos para que salga con la tía Mafalda, a quien le gustan los vatos *jóvenes*." Y luego se echó a reír de nuevo. "Ay," dijo. "Qué fiesta más tonta. Creo que me iré pronto. Realmente no quería una fiesta, ¿sabes? Mamá me obligó. ¿Te gusta mi cámara de video? Papá me la regaló; sabe que me agrada el cine y el año pasado asistí a un curso. Fue la bomba. De todas maneras, este fue su regalo, ¿sabes? Pero me lo dio ayer para que pudiera filmar la fiesta. Fantástico, ¿verdad? Pero estoy aburrida, todos los adultos se están emborrachando y todas las niñas se están embobando. Me marcho."

"Pero no puedes dejar tu propia fiesta," protesté.

"¿Ah sí? Mírame."

"Espera."

Me miró seriamente. "Sabes, todo este asunto de la quinceañera es una locura, quiero decir, se supone que debo pasar de niña a mujer... y ahora, presuntamente, puedo salir con chicos. Pero los chicos son estúpidos, tratando de ser duros, comprando las zapatillas correctas. Son tontos. Son tontos por vivir en el gueto. En verdad. Yo no soy así. Quiero salir de aquí. Nunca me he enamorado siquiera de un chico. ¿Puedes creerlo? Quiero decir, todo esto del amor y todas esas canciones sobre cómo éste no puede vivir sin aquella. Todo es basura, hombre. Todo eso."

"Vamos..."

Giró y desapareció en la muchedumbre.

La gente comenzó a bailar. Mafalda se me acercó, me tomó por la cintura y, antes de que lo supiera, estábamos moviéndonos al ritmo ranchero. No lo llamaría bailar; era más como estar atado a una enorme boya cuando está por desatarse una tormenta, cuando las olas son cada vez más grandes, el cielo se nubla y el viento azota, y se escucha el sonido distante del trueno que se acerca cada vez más y no sabes qué hacer, estás indefenso, muy lejos de la tierra...

Inhalé discretamente. Olía bien. Como a duraznos maduros. Me lanzó una mirada cargada y declaró: "Adoro los Estados Unidos." "¿De verdad?" pregunté. "De verdad," respondió. Para entonces yo estaba un poco ebrio y su cuerpo era grande y cálido. Nunca había sentido algo así. Luego dijo: "Quiero permanecer aquí. No quiero regresar a México."

"¿Cómo llegaste?" pregunté.

"En avión, pendejo."

"Ah."

"Adoro los Estados Unidos y no me quiero ir. ¿Eres soltero?" dijo Mafalda.

Antón apareció con más tequila. Bebí uno para no tener que responder. "¿Disculpa?" pregunté después de beber.

"Eres soltero."

"Sí. ¿Y qué?"

"Entonces cásate conmigo, cariño."

Farfullé, perdí el equilibrio, retrocedí. Ella me sostuvo. "Espera un momento," dije, sonriendo educada pero firmemente. Ella se disponía a decir otra cosa, pero escapé. *Debo tener cuidado*, pensé. *No quiero ofender a nadie. Debo ser diplomático, mantener las cosas bajo control.* Regresé al jardín donde algunos niños trataban de romper una piñata con bates de béisbol. No parecía muy seguro. Los padres miraban alegremente. Andrea estaba allí, bailando con su cámara de video. Me agradó. Mucha energía.

Hallé un lugar cerca de una estatua de cemento de un conejo. Me recliné sobre el conejo. Tomé mis gafas de sol. Hay ocasiones en las que me siento como una estrella de cine, especialmente después de cuatro tequilas. Una suave brisa soplaba desde la bahía. Mi nueva camisa azul cielo con el motivo de gaviotas brillaba y se agitaba al viento. Entablé una agradable conversación con una amable señora de Fruitvale, quien me dijo que se dedicaba a los viajes astrales. También me dijo que su primo había ingresado recientemente a California por la ruta del desierto cerca de las Chocolate Mountains, y que todo lo que podía salir mal había salido mal. Lo mordió una culebra, cayó de un acantilado, fue asaltado por bandidos y atrapado por la patrulla de la frontera. Pero, de alguna manera, había llegado finalmente y ahora se encontraba en casa de ella, recuperándose del viaje. "*Tiene un ángel de la guarda,*" dijo, convencida.

Un fantástico ángel de la guarda, pensé.

Los recuerdos se hacen más vagos en este punto. Hablé con Casimero, el padre de Andrea. "Porque, ves," dijo, "Andrea es diferente. Ella es diferente, y eso es bueno. Hay todo tipo de gente, ¿verdad? Irá a la universidad, será médica o directora de cine, o cualquier cosa. Pero irá. Estoy orgulloso de ella. Verdaderamente orgulloso. Es una chica fuerte. Tiene espíritu. Endiabladamente obstinada."

Conseguí un cigarrillo del tío Diego. "¡Disfrútalo!" dijo, ahogándose. Yo nunca fumo. Antón se me acercó. "¿Qué hay, hermano? ¿Te diviertes?" Me miró detenidamente. "¿Te diviertes? ¿Quieres que busque a Mafalda?"

"¡No! Quiero decir, sí, la estoy pasando muy bien. ¡Tanta gente nueva por conocer!" Antón guiñó el ojo. Yo me paseé un poco. Había gente en el salón bailando Joe Arroyo. Había una mesa enorme con comida. Tamales, enchiladas de pollo y de carne, arroz salvaje, papas fritas, guacamole, y mazorca asada. Una buena cantidad. Sorprendentemente, no tenía hambre. Bebí más bien un vaso de agua.

Antón bailaba con una amiga de Andrea, con gran entusiasmo.

Antón me guiñó el ojo. Me sentí extrañamente desconectado de aquello. Como si no fuera parte de la fiesta, sólo la presenciara. En realidad, no estaba seguro de por qué me encontraba ahí. Quiero decir, por qué me habían invitado, ¿qué tenía todo esto que ver conmigo? Me dirigí al recibidor y me disponía a abrir la puerta del porche de la entrada cuando escuché un gruñido. Bruno estaba acostado delante de la puerta. Ahí estaba Mafalda. Intenté mostrarme despreocupado. Ella me guiñó el ojo. Vi a Andrea que bajaba las escaleras. También me guiñó el ojo y salió al jardín. *¿Qué estaba sucediendo?*

Me dirigí al pasillo y comencé a hablar con alguien, no sé con quién. Quizás era su hermano menor. Sí, eso fue, Ramón. Tenía unos pantalones descaderados y llevaba un pañuelo rojo. Ramón era un buen chico que intentaba sobrevivir en un vecindario difícil, una escuela difícil y, en aquella edad en la que todos los jóvenes tratan de ser duros. Súbitamente se volvió hacia mí y preguntó: "Oye, hermano, no eres sureño, ¿verdad?"

"¿Qué?"

"¿No eres sureño, verdad?"

"No. Soy de Berkeley."

"Sólo quería estar seguro."

"¿Seguro de qué?"

"De que no fueses uno de ellos."

Ahora bien, yo había oído hablar de aquella gran división entre los norteños y los sureños, pero nunca la había tomado en serio.

"¿Y qué sucedería si fuese un sureño?"

"No lo sé, hombre, pero no sería bueno." Sonrió, me hizo una señal.

"Hombre, debes tranquilizarte," dije. "Eso es para idiotas..."

"No me agradan los *scrapas*, *vato*, ¿qué puedo decir? Lo llevo en la sangre."

"Mira, soy mitad peruano, esta pelea entre los norteños y los sureños no me interesa."

"Está bien, hombre, sólo preguntaba. Hablas como un blanco, *vato*, ¿alguna vez te lo dijeron? No resbalas."

Me disponía a responder cuando escuché que alguien me susurraba al oído. "Cariño, debes probar mis tamales, son los mejores del mundo." Miré a la derecha. Era el volcán. Luego escuché otra voz. "¡Díselo a la cámara, tía!" Apareció Andrea con su cámara. "¡Díselo a la cámara!" La estaba pasando bien. A pesar de fingir que la fiesta de quinceañera era estúpida y haber amenazado con marcharse, realmente la estaba disfrutando.

Mafalda miró a la cámara, se humedeció los labios y dijo: "Tienes que probar mis tamales, son los mejores de todo el mundo." Y luego se humedeció los labios de nuevo y sacudió un poco las caderas. La habitación tembló.

Traté de seguir el juego y tomé un tamal. Le quité la cubierta de maíz. Johnny Chingas cantaba "Se me paró." Probé el tamal. Súbitamente, una intensa sensación de placer me invadió, mi boca se inundó de muchedumbres que ovacionaban, mis papilas gustativas florecieron en bellas orquídeas delicadas, un árbol de baobab surgió de la coronilla de mi cabeza, un curioso cosquilleo se esparció por mi cuerpo, y casi podría jurar que levité a varios centímetros del piso.

"Está muy bueno," dije. "Muy, muy bueno. Soberbio. Extraordinario."

"Lo sé," dijo ella. "Te lo dije, ¿verdad? Debías probar mis tacos algún día, universitario..." Luego se inclinó hacia una mujer que estaba a su lado y susurró, lo suficientemente alto para que yo pudiera escucharla: "Mi prometido."

Me volví hacia Andrea, quien continuaba grabando todo con su cámara, y dije: "Maravilloso, extraordinario."

"Estás loco, Enrique, loco." Y luego giró y comenzó a bailar con Antón.

El apretado moño que llevaba cuando la vi por primera vez se había deshecho. Su grueso cabello negro caía como una cascada por la espalda, y se agitaba mientras bailaba. Estaba en aquella edad en la cual el mundo es una vasta extensión, un lugar salvaje, loco e infinito, una magnífica conspiración diseñada para traer risas, alegría, éxitos. Estoy seguro que, de haberla conocido cuando yo tenía quince años, me habría enamorado perdidamente de ella y ella me habría ignorado. Esta es una cruel verdad, y me vi tan afectado por ella que se me llenaron los ojos de lágrimas. Pero sólo por un instante.

Se oía una conmoción proveniente del salón. Estaban sacando la torta. Era una enorme cosa blanca, con una gran rosa de azúcar en la mitad. La gente se reunió en torno a ella. Alguien bajó el volumen a la música. Andrea se dirigió al frente del salón y dijo: "Gracias a todos por su presencia..." Se mostró calmada y compuesta, pronunció su discurso primero en español y luego en inglés, no utilizó notas, su mirada recorría las caras de los invitados, una a una. Sonreía. Esta chica llegaría lejos.

Todos aplaudieron y cantaron "Cumpleaños feliz." Andrea sopló las velas. Más ovaciones. "¡Belleza! ¡Guapa! ¡Divina!" Su madre lloraba. Los ojos de su padre brillaban. Andrea se dirigió a ellos y los abrazó. Se escuchó una lenta balada, y Andrea bailó con su padre. Era una chica afortunada. Yo no había visto a mi padre en años. Entré a la cocina, bebí un poco de agua y probé el guacamole.

Pedí a alguien un cigarrillo y procedí a fumarlo. Aquel era el segundo de la tarde. Habitualmente no fumo, pero hay algunos momentos en la vida en los que se hace necesario. Ese era uno de aquellos momentos. Vi a Ángela, la mamá de Andrea, y ella me preguntó si la estaba pasando bien. Respondí afirmativamente y sonreí. Me recliné contra la pared, sosteniendo el cigarrillo en los dedos, y fumé. Miré a mi alrededor. Nadie estaba hablando conmigo. Súbitamente, sentí el deseo de hablar, y nadie me hablaba. En aquel momento, las cosas comenzaron a ponerse borrosas. Como si alguien hubiera oprimido el botón de "rápido hacia delante." Recuerdo fragmentos de conversaciones, algunas caras. Creo que uno de los invitados se llamaba Ezekiel (puedes llamarme "Easy"), un hombre grueso y calvo de Chihuahua, quien me dijo que era un astronauta. Sus pies se movían en pequeños pasos al ritmo de la música mientras hablábamos. Era muy suave, muy frío. Podía imaginarlo en la luna con facilidad, pasando el tiempo, apoyado en su Chevy Impala.

"Muy interesante" dije "Creo que a Michael Jordan también le luciría un afro. No, pero en realidad, esta epidemia china en el campo es realmente aterradora. Quiero decir, ¡la cabeza de la gente literalmente explota! Imagina que estás hablando con alguien y, súbitamente, ¡su cabeza explota!"

Easy me miró, perplejo.

"Entonces, ¿desde cuando eres un astronauta?" pregunté.

"¿Quién dijo que yo era un astronauta?"

Lo estaba poniendo nervioso. Salió al jardín. Me encontré tratando de abrirme camino en el atestado pasillo otra vez. Me empujaron contra la pared, atrapado en una esquina por el exorbitante trasero de Ángela, quien hablaba con una pareja a la que no me habían presentado. Luego conocí a una mujer llamada Carmen, y hablamos acerca de la reciente invención de las sandías cuadradas. Comenzaba a pasarla bien. Ella arrugó la nariz. Olía a humo. Sí, ciertamente había humo. Ah, sí, lo había. Cada vez era más denso. Había olvidado que tenía un cigarrillo en la mano. Miré hacia abajo. Catástrofe. Mi cigarrillo había abierto un hueco en el chal de Ángela, que ahora humeaba de una manera alarmante.

Siempre he tenido muy buenos reflejos y, sin pensarlo, comencé de inmediato a golpear el fuego. De hecho, estaba azotando el prodigioso trasero de Ángela con grandes palmadas enérgicas. Formidable Ángela. Esto, desde luego, ocasionó una reacción bastante fuerte; ella gritó y giró sobre sí misma, pero lo hizo a tal velocidad que el fuego se avivó de nuevo—y ella gritó otra vez. ¡Dios mío, qué desastre! ¡Estaba azotando el trasero de la madre de la quinceañera! Horrorizada, Guadalupe me lanzó su ponche y luego Ángela me golpeó. Y, hombre, me golpeó fuerte, momento en el cual alguien gritó: "¡FUEGO!" Paco lanzó una cerveza sobre ella y Ángela quedó empapada, destilando cerveza, y se podían ver sus enormes bragas rosadas por entre el vestido. Mientras me tambaleaba por el golpe, levanté la vista justo a tiempo para ver un puño borroso que viajaba por el aire y *¡BAM!* Directo a la mandíbula. Eso es lo último que recuerdo. Al parecer, me desplomé.

Desperté en los brazos de Mafalda, con la cabeza contra su tremendo pecho. Estaba rodeado de gente, todos disculpándose por la gran confusión. Mafalda sostenía una bolsa de hielo contra mi mandíbula; Joey, el hombre que me había golpeado, me había traído un vaso de tequila. Una persona muy considerada. "Lo siento, compadre, es que no hablo inglés, no sabía que hubo un incendio, ¿sabes? Pensaba que estabas metiendo mano..." Sacudió la cabeza compungido. Le entregó el tequila a Mafalda y, antes de que pudiera protestar, ella lo vertió en mi boca.

Me desmayé otra vez. Desperté en el sofá, y la fiesta estaba en su apogeo. Me habían olvidado por completo. Tenía la mandíbula adolorida. Sentía la cabeza como si alguien la golpeara repetidamente con un martillo. Luché por pensar coherentemente. Después de varios minutos de dolorosa reflexión, decidí que había llegado el momento de salir discretamente. Así que me puse de pie con dificultad, me dirigí a la puerta principal, la abrí y salí al porche. Estaba atardeciendo. Bruno se abalanzó sobre mí. Caí y me arrastré hacia la casa. Bruno estaba en el modo de ataque frontal, gruñendo y pelando los colmillos. Intenté alejarme. Comenzó a morder la bota de mi pantalón. Conseguí entrar a la casa. Cerré la puerta de un golpe. Pero, de alguna manera, con tanta emoción, olvidé que mi tobillo estaba en la puerta.

Fue un dolor asombroso. Grité. Sentí como si me hubiese roto el tobillo en muchos lugares, como si hubiese quedado atrapado en la puerta. Bruno mordía el pantalón, atacó mi pie, destrozando mi zapato de gamuza blanca, sacudiendo la cabeza hacia un lado y otro. Quizás creía que mi zapato era una especie de animal salvaje, como un conejo, o algo así. Aquella bestia devoraría mi pie. Grité otra vez. Estaban cantando "Las mañanitas." Yo cantaré también, pensé. Tengo buena voz. Sí, una voz extraordinaria, muchas personas me han felicitado por la belleza de mi voz, pero es sólo porque sienten envidia. Yo, yo no soy envidioso. Bruno continuaba destrozando mi zapato. Nadie escuchaba mis gritos. No podía entrar el pie a la casa ni abrir más la puerta, pues temía que Bruno se me abalanzara a la cara. Tenía un miedo mortal de Bruno. De sus colmillos.

Casi me echo a llorar. *Quizás tenga que sacrificar mi pie*, pensé. Quizás sea el momento. Le entregaré mi pie a Bruno. Leí en el diario hace algunos días que los científicos habían inventado un chocolate que no se derrite y pensé: *Eso ya estaba inventado. Se llama plástico marrón*: también leí que cada vez más osos polares nacían hermafroditas. Luego, con un horrible gruñido, Bruno arrancó mi zapato. Estaba libre; el perro estaba allí, masticando uno de mis zapatos y babeando sobre él. Entré el pie, cerré de un golpe la puerta, caí al suelo y sostuve mi tobillo. *No puedo más, estoy acabado. Dios mío*. No puedo soportar más castigos, pensé, llorando para mis adentros. Mi zapato blanco de gamuza había sido digerido. La bota de mi pantalón azul cielo estaba destrozada. Mi camisa azul cielo con las gaviotas estaba manchada de ponche. Mi mandíbula estaba muy inflamada. Sentía un terrible dolor de cabeza.

Mafalda se aproximó con un pedazo de torta.

"Mi amor," dijo, "te he traído un poco de torta."

O, Dios, ven a mí, Mafalda, ven a mí.

Luego vi a Andrea que bajaba las escaleras. Se aproximó, abrió la puerta. Justo antes de salir, se volvió y puso un dedo en los labios, *"Shhhh."* Me sentí confundido. Pensé para mis adentros, ¿por qué abandona su propia fiesta?

Todos estaban en la cocina, bailando, hablando, riendo. Yo era invisible para todos, excepto para Mafalda. Se sentó en el sofá y dio unas palmaditas en su regazo. "Ven acá, universitario," dijo. Y debo admitir que eso era lo que yo más quería. Que me abrazaran. ¿Alguna vez se han sentido así? ¿Sólo quieren que los abracen?

Sentía el tobillo destrozado. *Puede estar roto*, pensé. Estaba a punto de llorar. Me levanté del piso y cojeé hasta el sofá para poner mi cabeza en su cálido pecho. Eso era lo que más quería, verme envuelto en Mafalda. Estaba cansado y todo me dolía. Mafalda me dio torta. Era una diosa. Yo ni siquiera tuve que moverme. Sólo abría la boca. Me dolía al masticar, pero lo hice de todas maneras. La gente se movía a mi alrededor, bailaba, coqueteaba, reía. La fiesta continuaba. Yo comía mi torta.

Debí desmayarme otra vez. Varias horas más tarde, desperté de mi estado catatónico al escuchar el sonido de una llave en la puerta principal. Estaba mareado. Me asomé por el borde del sofá. Era Andrea. Entró en puntillas al salón, tomó la cámara de video de su bolso, me miró y dijo: "Mira." Conectó la cámara a la computadora. Mafalda roncaba como una tormenta. Miré el reloj. Eran las once de la noche. Eydie Gorme cantaba "Piel Canela." Andrea oprimió "devolver." Una pantalla azul. Luego comenzó el video. Yo deliraba.

Me vi al comienzo de la fiesta antes de que terminara tan golpeado. Lucía bien. Sano. Vi toda clase de gente, los padres de Andrea, alegres y sonrientes, diciendo: "Te quiero, te queremos, Andrea," y otras personas que decían: "Linda, guapa, preciosa." Vi a Bruno que miraba feliz a la cámara, babeando—sus colmillos eran afilados, brillantes, amarillos. Vi al tío Diego quitándose su tanque de oxígeno, a Antón bailando salsa con Mafalda. Bailaban muy bien juntos. Luego vi a Mafalda diciendo: "Cariño, tienes que probar mis tamales, son los mejores del mundo." Y sacudiendo la cadera. Andrea enfocó sus senos. Asombroso.

Luego me vi otra vez, y luego otras imágenes. La piñata, los niños golpeándola con los bates de béisbol, la torta. Me vi tratando de apagar el fuego, recibiendo una bofetada, un puñetazo y bañado en ponche rosado. Esa fue una escena fantástica. Andrea estaba sentada con las piernas cruzadas sobre la silla al frente de la computadora, muerta de risa. Devolvió la cinta para que yo pudiera ver el puñetazo de nuevo. O, ¡ese Joey! ¡Te dio duro! *¡Bam!* (Más tarde, Antón me dijo que había sido un boxeador semiprofesional.) Luego vi cómo me desplomaba, inconsciente. "Dios mío," gritaban las mujeres, mientras que los hombres me llevaban al sofá. Más imágenes de la fiesta. Los invitados bailando, su hermano haciendo señas de pandillero. Luego me vi con el pie en la puerta, gritando y siendo atacado por Bruno. (¿Dónde había estado? ¿Por qué no me había ayudado?) Escuché su risa en la grabación cuando Bruno me mordía el pie. Devolvió la cinta para que pudiera ver aquella parte de nuevo. Luego Mafalda despertó y miró también el video. Ambas reían incontrolablemente. Era muy divertido. Estábamos felices. Andrea cayó de la silla de tanto reír.

La cámara nos llevó a la puerta principal. Andrea dejó la fiesta, y giró para grabar una última toma de la casa. Luego llegó un ómnibus y partió. Vi desfilar a Oakland. Esta parte de Oakland es un poco triste: casas abandonadas, proyectos, lotes vacíos y tiendas de empeño. Bajó del ómnibus, con la cámara encendida, y entró a un café. Parecía estar en Lakeshore, una zona más bonita, situada a veinte minutos de distancia. Parecía que su cámara estuviese en el bolso, o algo así, porque en ocasiones el lente se cubría parcialmente y ella tenía que ajustar la abertura. Había un hombre delgado que hablaba con una mujer de ojos verdes y un cabello rizado y salvaje. Era una conversación intensa. Se miraban a los ojos. Quizás algún tipo de discusión. Luego una larga mirada. El hombre estiró su mano sobre la mesa. Una pausa. La mano de ella en la suya. Qué bien.

Luego enfocó a un chico de unos dieciséis años. Leía un libro en una mesa al lado opuesto del café. Tenía gruesas cejas y un aspecto concentrado. Cada cierto tiempo tomaba algunas notas. Miró hacia la cámara. ¿La habría visto? Regresó a su libro. Tomó unas notas más, no, aguarda, está dibujando algo. Pero ¿qué? Después de un rato, miró a la cámara y luego apartó la mirada. Ahora salía de perfil. Un perfil agradable, altos pómulos, una cara fuerte, el cabello en desorden. Llevaba una camiseta y una chaqueta de cuero de segunda mano. Sostuvo su dibujo en alto. Era un ojo enorme. La cámara se sacudió. El chico se levantó y caminó hacia la cámara, hasta que la obstruyó por completo.

"Hola," dijo, "me llamo Marco. Estás en mi clase de historia, ¿verdad?" La cámara se apagó.

Luego se encendió de nuevo. Era Marco otra vez. En primer plano. Hombros y cara. Estaba reclinado contra la pared. Parecía que se encontraba todavía en el café. La voz de Andrea: "Dilo de nuevo."

"Hola, me llamo Marco, y creo que eres muy extraña y bella."

Estaba salvajemente ruborizado.

"¡Dilo de nuevo!"

"Hola, me llamo Marco y dije todo lo que tengo que decir."

"¡De nuevo!"

Marco se limitó a mirar a la cámara y no dijo una palabra. Estaba completamente sonrojado y tenía una mirada de determinación. Andrea oprimió "Pausa" y devolvió la cinta. *Dilo de nuevo. Hola, me llamo Marco, y creo que eres muy extraña y bella.* Y luego Andrea se volvió hacia nosotros y declaró solemnemente: "¡Creo que me he enamorado!" Y Mafalda dijo: "¡Qué bien, mi amor!" Y se echó a reír. "Conocí un chico," dijo Andrea, sonriendo.

Ahora bien, yo no soy ningún experto en el amor y nunca podría sostener que lo fuese, pero había algo alarmante en todo aquello. ¿Qué era el amor a los quince años? Intenté recordarlo, pero mi cabeza latía excesivamente. Me sentí al borde del desmayo. Había una terrible confusión en mi cabeza, un dolor que no cejaba. ¿Qué es el amor a los quince años? Intenté recordarlo. El amor es un campo enorme cubierto de hierba salvaje y, en la mitad del campo, hay un matorral y debajo del matorral hay una única flor tropical arrancada del vestido de Mafalda y al lado de la flor hay un único pétalo que ha caído y debajo de ese pétalo hay una llave, pero ¿la llave de qué?

No lo sé, pero el amor a los quince años es encontrar esta llave y sentirse asombrado, agradecido y feliz por haber encontrado la llave y esta llave—estamos seguros, debe ser la llave de la felicidad. Sí, sostenemos con fuerza la llave. Entre tanto, bandadas de garzas vuelan sobre las colinas cubiertas de amapolas rojas. Las olas rompen en playas tropicales a la caída del sol. Los delfines saltan. Hay manos que toman otras manos en oscuros cines. Sí, a los quince años, el amor es así.

Más tarde, quizás, descubrimos que esta cosa para toda la vida es un largo pasillo serpenteante a través de un paisaje, y este pasillo tiene muchas puertas y la llave que encontraste abre unas puertas y otras no, y es posible que aquellas que abre no lleven a la felicidad. Pueden abrir a mundos de penas de amor. Pueden abrir a decepciones. Ciudades destruidas. Pero cuando tienes quince años, no lo sabes. No sabes nada. Ni siquiera sabes lo que es el amor. O quizás sí lo sabes. Maldición, me duele la cabeza.

Miré los ojos brillantes de Andrea. Estaba completamente despierta. Quizás más despierta que nunca. "¿He estado enamorado alguna vez? me pregunté. *Sí, pero siempre ha terminado en un cataclismo*. Aquel fue mi último pensamiento antes de perder el conocimiento de nuevo.

A la mañana siguiente desperté destruido. Mafalda dormía en el otro sofá. Entré al baño y me lavé la cara. Mi cuerpo dolía horriblemente. Era hora de ir a casa. Yo era un desastre. Un solo zapato, la cara hinchada, la camisa manchada. Todo eso. Me asomé por la puerta principal. Bruno no estaba a la vista. Estaba a punto de irme cuando advertí que había olvidado algo. Regresé al lugar donde se encontraba Mafalda y le di un beso en la cabeza. Sus ojos se abrieron un instante y susurró: "Adiós." Sonrió y cerró los ojos de nuevo.

"Buenos días," escuché que decían a mis espaldas.

Me volví. Era Antón. Parpadeó dos veces, entrecerró los ojos.

"¿Disfrutaste la fiesta?"

"Sí, creo que sí," respondí.

Luego salí y, de la nada, apareció Bruno, se abalanzó sobre mí y me derribó. Yo no grité. No, esta vez, lucharía por mi vida. Me tenía atrapado. Sus colmillos estaban a unos pocos centímetros de mi cara. Lo empujé con todas mis fuerzas. Pero en lugar de arrancarme la nariz de un mordisco, me lamió la frente, peló los dientes en una sonrisa, y se alejó. Me sequé la cara con la manga, me puse de pie y salí. Mi motocicleta no se veía por ninguna parte.

Pateé el zapato que me quedaba. Sentía fresco el asfalto en mis pies descalzos. Era domingo. No tenía idea qué hora era. Comencé a caminar hacia mi casa. Sólo tenía una leve cojera. Una banda de gorriones voló por el cielo. Seguí caminando. Después de media hora, pasé al lado de la Iglesia Apostólica de la Liberación. Estaban cantando canciones gospel. Me hizo sentir bien escuchar a todas aquellas personas cantar. Se despejaban los últimos retazos de niebla. Encontré un pequeño prado entre la vereda y un lote vacío. Creo que era el único prado en toda la zona. Me detuve, inhalé y olí la brisa salada que venía de la bahía de San Francisco. El sol ya estaba alto sobre mi cabeza. No proyectaba ninguna sombra. Estaba vestido todo de azul. Azul sucio y manchado, pero azul. Azul cielo.

Cerré los ojos y me mecí hacia adelante y hacia atrás sobre la hierba, toqué el planeta con los dedos de los pies. La gente cantaba. Estábamos sobre una enorme roca redonda viajando por el espacio, y había gente cantando.

Una chica de quince años se había enamorado aquella noche. Alguien conducía mi motocicleta. De un Oldsmobile color crema que pasaba por la calle se escuchaba música hip-hop. Al otro lado de la vereda, una gota de rocío cayó de un cable eléctrico y aplastó el ala de una mariposa. La vida es cruel e injusta. *Debo tratar de ser más sincero*, pensé. *Debo tratar de ser una mejor persona.*

Sí.

Lancé un suspiro y seguí caminando.

Damas y Chambelanes
Reticentes

Gracias, pero No Quiero una Fiesta de Quince

Por Bárbara
Ferrer

"Ay, mami, ¡me duele!"

"Ay, mija, cálmate, no duele."

"Sí duele. Mucho."

"Bah. Estás exagerando."

Nooooo... que te halaran el cabello en una media cola de caballo tan fuerte que Joan Rivers no podría competir contigo en el departamento de alisamiento de la piel no dolía nada. Como tampoco dolía que el resto de mi largo cabello terminara en rulos fantásticamente grandes y cubierto por una chillona pañoleta. No me refiero tampoco a chillona al estilo elegante de Emilio Pucci. Esta era sencillamente horrible. En mi pantalón corto y mi camiseta rosa fuerte, parecía una esposa cubana en miniatura que sale el sábado a la tienda.

Miniatura porque yo tenía cinco años de edad, y ya me preparaban para un rito de paso cultural. No, no me disponía a tomar por asalto la fortaleza que era Winn Dixie y luchar por el único carrito sin la llanta descompuesta, sino que me disponía a hacer mi debut como dama en una fiesta de quinceañera. Había sido invitada a formar parte de la "corte" para cuando la mejor amiga de mi prima hiciera su transición de Una Buena Chica Cubana a Una Buena Dama Cubana.

Y, para esto, dediqué todo un día, comenzando con la visita temprano en la mañana al salón de belleza, donde mi cabello hasta la cintura, que era una masa lisa, se transformaría en preciosos rizos. Hay un hueco en la capa de ozono con mi nombre de toda la laca que utilizaron para mantener mi cabello en su lugar. Luego estaban las medias blancas de encaje, la camiseta y la enagua con un aro que se inflaba hasta mis orejas si no me sentaba bien. Sólo después de todo aquello, finalmente llegué a ponerme aquella tiesa cosa de encaje y tul color rojo encendido que componía el vestido. ¿Quién podría saber que lucir como una dama exigía tanto esfuerzo?

Para terminar el atuendo, zapatos de charol negro y guantes blancos que me hacían sentir alternativamente como Mickey Mouse y como Cenicienta.

O, está bien, admito que los guantes me gustaron. Quiero decir, yo tenía cinco años y era la más niña de todas—pasé horas admirándolos, flexionando los dedos y sosteniendo la mano extendida para que algún Príncipe Azul la besara.

En general—todo aquello parecía tan... excesivo. Vestirte de esta manera para la misa especial de quince, las fotografías después con la quinceañera y el resto de la corte—siete parejas de su edad, y una "corte menor" compuesta por siete parejas de niños, todos de cinco a seis años de edad. Aún puedo escuchar el *oooooooo* colectivo que sonó cuando entramos y nos dirigimos hacia el altar, las niñas aferradas a sus pequeños cestos de rosas muy rojas en una mano, los niños que eran nuestros escoltas en la otra.

Luego, después de las fotografías en la iglesia, a casa de mi tía, para que pudiéramos "descansar" antes de la gran fiesta. Me quitaron el vestido rojo y colocaron de nuevo los Rulos Gigantes de la Perdición para mantener todos aquellos rizos. Unas pocas horas y suficiente laca para destruir otra capa de ozono después, estaba en camino al salón de recepciones donde debía comenzar la *verdadera* diversión. Más fotografías, la procesión, la entrada triunfal de la quinceañera, y *más* fotografías. Y, si recuerdo correctamente, un baile con la corte. Luego, al haber agotado mi utilidad, fui liberada de mis deberes y pude relajarme y observar. Sentada en una mesa, mientras mis padres conversaban con otros invitados y bailaban, me quité los zapatos y devoré un recipiente de Cheetos color naranja fosforescente que mancharon para siempre los dedos de mis amados guantes blancos. Nadie me había dicho que era una buena idea quitártelos *antes* de sumir los dedos en la comida.

En general, mis recuerdos de aquella noche son borrosos, en el mejor de los casos, pero aquello que recuerdo lo recuerdo muy vívidamente. No podría decirles cómo era el vestido de la quinceañera, únicamente que era inflado y blanco, pero recuerdo que mi madre llevaba una túnica larga, negra y blanca, y mi padre un traje azul. Recuerdo la extraña mezcla musical de las primeras épocas del disco y salsa clásica, y la división de las generaciones en la pista de baile, dependiendo de la música que sonaba.

Puesto que el tema del color era el rojo, recuerdo una absoluta sobreabundancia de él—los vestidos de las damas, los enormes corbatines, de comienzos de la década de 1970, que llevaban los meseros con sus trajes negros, las flores, el tul que vestía las mesas y el escenario del salón, las velas puestas en todas las superficies concebibles que no estuviesen cubiertas de comida.

Y la comida. Ay, Dios, la comida la recuerdo perfectamente. Mesas que gemían bajo el peso de *croqueticas*, emparedados de jamón, *pastelitos de guayaba y queso* y *cangrejitos* (bizcochos dulces, glaceados, llenos de picadillo), ordenados a la pastelería cubana del vecindario. Había bandejas de quesos y empanadas, y langostinos helados. Y había la comida para picar—la "merienda." Porque también debía haber "comida de verdad," saben. Paella y arroz blanco con fríjoles negros, y arroz con pollo y plátanos maduros. Como concesión, había también pollo frito con papas a la francesa porque era necesario tener, suspiraban las mamás, "comida americana para los niños."

Luego el gran final, la torta de la quinceañera, toda blanca, con muchas conchas y arabescos en el color de la fiesta. (¿Lo recuerdan? Rojo camión de bomberos. Sí, exactamente tan horrible como suena.) Deben comprender también—¿una torta cubana para celebrar? No hay nada como eso en el mundo. Olvídense de los especiales del supermercado. Las tortas que se consiguen en una pastelería cubana tradicional le dan un nuevo significado a la palabra "exceso." Capas de torta amarilla bañada en caramelo, llena de crema y relleno de fruta, y con aquella singular cubierta que se prepara con tanto azúcar que puedes en realidad *escuchar* cómo se aplastan los gránulos entre los dientes al masticar. Y toda esta chabacana confección lleva encima una muñeca de plástico que representa a la celebrante. Dios tenga piedad—si mi memoria es correcta, estas muñecas eran tan feas que hacían lucir bien a los figurines de "Precious Moments."

En retrospectiva, aquella celebración en particular—mi única participación en una fiesta de quince años—fue auténticamente singular. No sólo por las idiosincrasias de mi cultura—para mí, éstas son normales. Sino más porque ahora puedo verla no sólo como una transición para la chica del cumpleaños, sino como una transición para una cultura entera. La mayor parte de los adolescentes que se encontraban allí aquella noche de 1972 habían nacido en Estados Unidos o bien habían llegado de Cuba a tan temprana edad, que no tenían recuerdo alguno del país ni de la cultura que esta celebración representaba. Obviamente, se hacían concesiones a la dicotomía—la música disco y el pollo frito junto con Tito Puente y el arroz con fríjoles. Pero el corazón de la celebración era—y sospecho que aún lo es—cubano.

Finalmente, sin embargo, lo que creo recordar con mayor claridad de aquel largo día y aquella larga velada, además de los Rulos Gigantes, fue la sensación de asombro que sentí. Que toda esta agitación y extravagancia—la comida, las decoraciones, los parientes maravillados (y, en el caso de algunas viejitas, criticando)—eran sencillamente para celebrar que una chica cumplía quince años.

No lo comprendía.

Adelantemos rápidamente a 1982. Ya no eran los años pastel, con trajes italianos de *Miami Vice*, y aunque Cristo aún no había envuelto las islas de la Bahía de Vizcaya en kilómetros de tela rosa fuerte, Miami se encontraba definitivamente en alza. Aún no habíamos llegado al punto en que South Beach se convirtiera en la meca de alguien excepto para personas jubiladas con ingresos fijos y drogadictos, pero al menos comenzábamos a salir lentamente de las sombras de los disturbios de Liberty City y del cargamento del Mariel con el que la ciudad había inaugurado la década.

En mi pequeño rincón de Miami, yo tenía catorce años y estábamos solas mi madre y yo, pues algunos años antes mi padre había incurrido en el cliché más común imaginable y había sufrido una crisis de la edad madura, que lo llevó a abandonar a mi madre, vaciar su cuenta bancaria conjunta y conseguirse una novia y una camioneta rojo encendido. Sí, fue tan triste como suena.

Para él, esto es.

Sin embargo, honestamente, no me preocupaba demasiado por él y su pequeña camioneta roja, pues estaba excesivamente ocupada al sumirme profundamente en el Mundo de la *Peor* Adolescencia. Sí, sí, sé que todos nos hemos sentido así, ¿pero cuántas personas pueden decir que el chico más apuesto de secundaria—aquel por quien suspiraban todas las chicas porque era idéntico al joven Rick Springfield actuando como el Dr. Noah Drake en la telenovela *General Hospital*—se le acercara en el pasillo y dijera: "Saldría contigo en un segundo porque tienes un cuerpo fantástico, pero tendremos que cortar tu cabeza porque parece la de un perro."

No, no lo estoy inventando totalmente. Pequeño imbécil grosero. Pero, de cualquier manera, ¿qué chico de noveno grado es diferente? Si hay un Dios justo, ahora estará gordo y calvo. Pero, infortunadamente para mí a los catorce años, no estaba completamente equivocado. Acné durante días y la piel brillante que lo acompaña. Cabello liso y sin vida, tan grasoso que sólo el detergente para lavar la vajilla lo controlaba y, para completar la imagen, aparatos. Mi única gracia salvadora del cuello hacia arriba, era que los anteojos, tan gruesos como una botella de Coca-Cola y de marco plástico, habían sido abandonados por lentes de contacto.

Del cuello hacia abajo, era el reloj de arena clásico—una figura que ahora celebro. Pero en noveno grado, era sólo una cosa más que me hacía diferente: hombros y caderas en un mar de chicas con figura de lápiz y sin caderas. ¿Qué no habría dado por llevar un par de Sergio Valentes, pero *noooo*... estaban diseñados para las chicas jóvenes y sin caderas. Nada habría podido interponerse entre Brooke Shields y sus Calvins, pero mis caderas se interponían *gravemente* cuando intentaba subir aquellos vaqueros más arriba de mis muslos.

Estoy segura también que el desdén del Chico Grosero no estaba reservado únicamente para mi apariencia más allá del cuello. Pero yo estaba asimismo, horror de horrores, obsesionada por la banda de música. Yo no lo encontraba horripilante—para mí, la música era, y siempre ha sido, mi gracia salvadora. Pero ¿en términos de puntos en secundaria? No muchos. Algunos se habrían podido salvar si hubiera tocado un instrumento delicado y femenino, como la flauta o el clarinete, como la mayoría de las chicas de la banda. Pero ¿yo? ¿Hacer algo como las demás? No. Tocaba la trompa y la trompeta—ambos instrumentos históricamente reservados para los hombres, así que, además de todo lo anterior, la mayor parte de mis amigos eran chicos. En la sociedad del mismo sexo, dominada por grupitos, obsesionada por la apariencia, que era la secundaria, yo estaba obsesionada por la banda y solía pasar el tiempo con los chicos.

Aun cuando creía que deseaba desesperadamente adaptarme, había algo en mi naturaleza, incluso entonces, que me impedía tomar las opciones convencionales.

Rasgos que se pronunciaron, una vez más, durante mis catorce años.

Todo comenzó con una escena bastante corriente: yo, acostada en el sofá del salón, leyendo lentamente el *Miami Herald* del domingo, de principio a fin, como solía hacerlo, mientras mi madre trabajaba en la habitación contigua. En algún momento después de la página de deportes y la columna de Edwin Pope, encontré un artículo sobre la extravagancia cada vez más grande de las celebraciones de quinceañeras. Esto atrajo mi atención porque, oye—el próximo cumpleaños, aunque aún faltaban varios meses, sería el decimoquinto.

"Oye, mami, hay un artículo en el *Herald* sobre las fiestas de quince y no podrás creer lo que dice."

"¿Qué dice?"

"Pues, por ejemplo, que la gente gasta cerca de diez mil *dólares* en estas fiestas."

Levantó la vista del diseño del vestido que estaba transfiriendo de papel para calcar a un cartón para patrones. "Oye, ¿esos cubanos están locos o qué? De cualquier manera, ¿en qué pueden estar gastando esa cantidad de dinero?"

Pues bien, los salones de baile del Eden Roc o el Fountainbleu, para comenzar, con fiestas atendidas por banqueteros de la nueva cocina cubana. No un sencillo arroz con pollo, servido en recipientes de aluminio desechable—no, ahora teníamos un completo puerco asado exhibido en hojas de plátano y cortado por un tipo con gorro de chef, servido con chips de yuca y con el mojo vertido de salseras de plata. Para parafrasear a *The Jeffersons,* estábamos escalando. Pero no todo había cambiado. Las tortas de las pastelerías cubanas seguían siendo, para tranquilidad nuestra, las mismas—igualmente dulces, chabacanas y cubiertas de azúcar... sólo que más grandes.

Podíamos olvidarnos también de las sencillas procesiones del pasado. Por aquellos días, las chicas hacían su entrada en medio de luces que giraban, anunciadas por los DJs más famosos de Miami. Llegaban a los salones de baile en carrozas de Cenicienta motorizadas y esculpidas, arrastradas por caballos de espuma o en elegantes convertibles. Luego había un relato que nunca he olvidado, hasta el día de hoy. La chica que bajó del techo en una enorme concha que se abría, revelando gradualmente a la celebrante en su brillante vestido blanco, como la joven perla de feminidad que era. Lo juro, recuerdo que así lo describieron en el diario—o, al menos, es la imagen con la que quedé.

Mientras leía el artículo, comencé a reír a carcajadas.

"¿Qué dice ahora?" preguntó mami.

"Bien, están describiendo esta chica a la que bajan del techo en una enorme concha de espuma que se abre lentamente. ¿Qué habría sucedido si se atasca en la mitad del aire, a medio abrir? Quiero decir, ¿te imaginas?"

"Bueno, mija, al menos sería algo memorable."

"¡Especialmente si le teme a las alturas! ¡O tiene claustrofobia!" Prácticamente me atragantaba con mi Coca-Cola, al pensar en una delicada chica, con un vestido completamente inflado, tratando desesperadamente de salir de la concha, con fragmentos de espuma cayendo sobre la corte y los invitados reunidos abajo. O quizás liberándola mediante el tratamiento de piñata: todos los invitados recibirían palos para golpear la concha hasta que la rompieran y la chica saliera tropezando de ella.

Ya, deja de pensar en eso. Soy tan malvada. Aquel enorme vestido inflado podría servirle de paracaídas. O al menos acolchonar la caída.

"Y, ¿qué más dice el artículo?" preguntó mami.

"Casi me da temor decirte."

"¿Por qué?"

"Porque, conociéndote, vas a perder la cabeza."

Probablemente piensan que esto suena como una extraña conversación entre adultos y no una conversación entre madre e hija ¿verdad? Quizás lo era, pero mami nunca había sido una persona que me endulzara las cosas, ni siquiera cuando era una niña. A los catorce años, aun cuando todavía era su "niñita" en muchas formas importantes, como usar faldas excesivamente cortas y tener una hora de llegar a casa, me consideraba sin embargo como igual a ella intelectualmente.

"Sabes, no lo entiendo. Son padres de clase media, ¿verdad? Gastar todo ese dinero, ofrecer a sus hijas la fiesta de su vida—su momento de ser una princesa."

Y, como lo explicaba el artículo, en muchas de las familias cubanas de Miami, cuando nacía un hijo, sus padres abrían una cuenta de ahorros para pagar su universidad. Cuando nacía una hija, se abría una cuenta de ahorros para su fiesta de quince.

"Quiero decir, es *absurdo*." En cuanto más pensaba en eso, más irritada me sentía. "Si entiendo correctamente, ¿a un chico se le da la oportunidad de cuatro años de educación superior que podrían llevar a una carrera profesional y una chica recibe *una fiesta*? Porque, de acuerdo con su cultura, ¿se convierte en mujer? ¿Están hablando en serio?"

"Son cubanos," respondió impasiblemente mi madre.

"Pero... ¿y qué hay de la universidad?"

No se molestó en levantar la vista de su trabajo mientras respondía, "¿Qué universidad? Se espera probablemente que la mayoría de estas chicas se case en cuanto terminen la secundaria. O al menos que trabajen un par de años para ahorrar para su matrimonio."

Realmente no lo entendía. Se trata de algo como *La dimensión desconocida;* era tan ajeno a lo que yo había llegado a conocer como los roles masculinos y femeninos en mi mundo.

Lo ven, vengo de una familia poco tradicional y muy matriarcal. Una de mis tías abuelas fue una de las primeras mujeres que obtuvo un título de abogada en Cuba, y llegó incluso a representarse a sí misma en su demanda de divorcio. Y ganó. Aún recuerdo a la tía Nena, aquella indomable anciana, con el cabello gris peinado en un moño, imponente incluso cuando llevaba su bata de flores de estar en casa. Fumaba cigarrillos negros mientras discutía sobre arte y música. Incluso tenía algunas teorías sobre política mundial que no se centraban en el momento en que Castro desapareciera. ¡Hablar de ser revolucionario! La hermana de la tía Nena, mi abuela, era una de las personas más cultas que he conocido. Para el resto del vecindario, era la vieja loca que tenía una cantidad de perros y gatos pero, para mí, era sencillamente la Abuela, la única persona que podía igualar mi pasión por la lectura y la narración, con pilas enormes de libros en el salón (un hábito que heredé de ella y del que aún no he podido deshacerme). Con una memoria como una trampa de acero y una lengua que destilaba ácido, no era de sorprender que mi madre se inquietara cada vez que uno de mis otros parientes me comparaba con mi abuela.

Mi madre es otro sólido eslabón de esta cadena. Se graduó de secundaria en Cuba a los quince años y, cuando llegó a Nueva York ya adulta, se matriculó en una escuela nocturna de secundaria para poder aprender el idioma, obtener un título y poder asistir a una escuela de comercio. Luego, con más de cuarenta años y divorciada, optó por matricularse en una escuela superior de la comunidad y luego asistir a la universidad para obtener un título en humanidades, mientras continuaba trabajando como fabricante de patrones de alta reputación en la industria de la moda.

Así, pueden comprender por qué la idea de que el *chico* fuese quien recibía el dinero para ir a la universidad era un poco... desconcertante para mí. Y ninguna de mis parientes cercanas, incluida mi hermana mayor, había tenido una fiesta de quince. Casi era un concepto ajeno para mí.

Además de lo extraño del concepto, estaba el hecho de que, a pesar de haber crecido como hija de inmigrantes cubanos en el Miami de las décadas de 1970 y 1980, me sentía más estadounidense. Era culpa de mis padres, pues habían hecho algo que, para los cubanos de entonces, era una elección radical: se habían mudado a un suburbio decididamente no cubano del norte de Miami, en lugar de vivir en Hialeah o cualquier otro de los suburbios dominados por latinos del sudoeste del condado Dade. Sentían que asimilarse era más importante que vivir en lo que, sin duda, habría sido un enclave más familiar y, sin embargo, en última instancia, más insular, con otros inmigrantes y sus hijos de primera generación que crecían hablando inglés con un leve acento.

Lo cual no significa que no mantuviésemos nuestra cultura en casa. Lo hacíamos—de mil pequeñas maneras. Por ejemplo, yo estaba más familiarizada con el *picadillo* que con el rollo de carne, y sabía quién era Celia Cruz antes de conocer, por ejemplo, a Dolly Parton o The Carpenters. Pero aunque comprendía el español perfectamente y podía leerlo bastante bien, mi primera lengua era definitivamente el inglés, y mi identidad primaria la de una joven estadounidense. Debemos recordar, también, que identificarse como "cubana-americana" no era algo común en aquella época. Se era lo uno o lo otro. Así, en mi mente y con el acicate de mis padres, yo era total y completamente estadounidense. Como tal, tenía todos los sueños y expectativas de una chica norteamericana—iría a la universidad y me convertiría en una música profesional o en profesora y, en algunos momentos de locura, incluso contemplé convertirme en una patinadora olímpica. "Oye, todos podemos soñar, ¿verdad?"

Para la familia de mi padre, muchos de los cuales, como era de esperarse, se habían radicado en Hialeah o Little Habana y únicamente hablaban español, incluso después de veinte años en Estados Unidos, yo era, pues... rara. O, al menos, vagamente divertida. Me daban palmaditas en la cabeza y decían: "Desde luego", y sacudían la cabeza, persuadidos de que algún día entraría en razón y finalmente me casaría con un buen chico cubano.

Ay, por favor—como si fuera tan simple.

Mi futuro en la educación superior nunca había estado en duda. Yo tenía un fondo para la universidad que acumulaba intereses en el banco. Al ser identificada pronto como dotada para la academia, mis padres me matricularon en el Programa para Talentos del sistema escolar de Dade County, reconocido en todo el país, y hubo alguna discusión sobre el ingreso a un programa acelerado de estudios para graduarme de secundaria antes, aun cuando, finalmente, opté por una experiencia escolar más tradicional.

También tenía talento para la música; mi principal instrumento era el piano. Y, puesto que mis padres eran de aquellos que buscaban lo mejor para sus hijos, no me limitaba a tomar clases—me enseñaba el piano clásico un antiguo prodigio, famoso en toda América Latina como el mejor intérprete de la música del compositor cubano Ernesto Lecuona.

¿Una fiesta de quince? Ni una señal en el radar. Para nosotros, era algo que hacían los *otros* cubanos. Aquellos que se aferraban a las tradiciones cubanas como mi madre se aferraba a una ganga en Macy's, creyendo honestamente que aún tenían la oportunidad de regresar a la isla, algún día.

Sí, yo era tan altanera y detestable como lo implica todo lo anterior. Y, como la vida tiene sus caminos, caí de mi elevado pedestal de la forma más estruendosa. ¿Recuerdan la crisis de mi padre? ¿Cómo abandonó a mi madre y vació su cuenta en el banco? (Está bien, no completamente—nos dejó, generosamente, $80.11 dólares.) Pues bien, aquella cuenta conjunta incluía también el fondo para la universidad y los intereses acumulados. (Me pregunto si fue el dinero que usó para aquella horrible camioneta roja.) De cualquier manera, una de las raras veces que lo vi después de separarse de mi madre, confesó que no se arrepentía de haber tomado el dinero porque, en realidad, yo no iría la universidad. De hecho, probablemente quedaría embarazada a los quince años. ¿De qué serviría entonces haber guardado el dinero?

En otras palabras, sólo aparentaba creer en el enfoque moderno de la paternidad.

Un encanto, mi padre. Influyó en mis sentimientos hacia los hombres latinos en su conjunto durante largo tiempo, pero esa es otra historia diferente.

Entonces, para recapitular: yo era la última de una larga línea de mujeres cubanas que, de un modo u otro, eran inconformes (para decirlo educadamente). Había sido educada en un ambiente decididamente no cubano. Había crecido con expectativas que no eran habituales para la mayoría de las chicas cubanas de mi edad. En realidad, no frecuentaba chicas de mi edad en general, menos aun chicas cubanas, así que no era probable que estuviese rodeada por compañeras para quienes la fiesta de quince fuese algo que aguardaban con ilusión.

También tenía todavía algunos recuerdos de mi única experiencia como dama, que no me llevaban a desear repetir aquella actuación, y menos si yo era la protagonista. Ahora bien, no me interpreten mal. A pesar de pasar la mayor parte de mi tiempo con chicos y estar obsesionada con la banda, era tan femenina como lo había sido a los cinco años; experimentaba con el maquillaje y me fascinaba vestirme bien. No obstante, la idea de arreglarme el cabello en un salón de belleza y la tortura del vestido para que la gente pudiera contemplarme y aplaudir por llegar a la maravillosa edad de quince años me dejaban más que intranquila.

Saben, sé que suena bastante extraño, me sentía incómoda con la idea de recibir esa intensa atención. Especialmente viniendo de alguien cuyo gran sueño era incendiar los escenarios de Broadway al convertirme en la siguiente Barbra Streisand. Por aquella época, no podía articular la diferencia—hoy en día, reconozco lo que es. No tengo problemas en ser el centro de atención en un papel de teatro, o como artista, ni en aceptar el crédito por algo que haya logrado. Pero, ser el centro de atención ¿sin ninguna razón?

Prefiero ocultarme aquí en el rincón, gracias.

Comprendan sin embargo que, si yo hubiera querido una fiesta de quince, mi madre hubiera movido cielo y tierra y posiblemente algunos otros planetas para ofrecérmela. Habría sido un evento elegante en uno de los hoteles de la playa con una fuente de champaña rosada ("porque, mija, eso sería tan chabacano"), y ella habría confeccionado mi vestido, lo cual hubiera sido fantástico, pues es una fabricante de patrones y costurera incomparable.

En verdad, para ser sincera, creo que ella de alguna manera hubiera querido darme una fiesta, así fuese sólo para decir a mi padre, "¡Vete al diablo, Luis Ferrer, yo puedo velar por nuestra hija y darle todas las cosas que tú no le darías!" Quiero decir, piénselo— apenas cuatro años después de su separación, y no sólo estábamos todavía en la casa en la que yo había crecido (casa que juró, a la manera de un dramático hombre cubano, que la obligaría a vender), sino que de nuevo vivíamos de una manera relativamente cómoda. Si conservar nuestra casa era la imagen de un matador agitando un capote rojo delante del toro, algo como una fiesta de quince habría sido la proverbial estocada.

¿He mencionado que las mujeres de mi familia ocultan un rasgo algo malicioso y carecen de sutileza? Es posible que la celebración no fuese chabacana, pero ella ciertamente habría puesto un aviso en el *Herald*, en las ediciones en inglés y en español, y se hubiera asegurado de que mi padre las recibiera. Múltiples copias. Quizás incluso con una fotografía.

Pero tengo que reconocérselo a mi madre—para ser una madre cubana, siempre ha sido buena para no entrometerse ni tratar de controlar mi vida. Desde luego, te dice lo que estás haciendo *mal*, y tampoco deja de ver *Los hombres más buscados de Estados*

Unidos para asegurarse de que el último chico que sale con mi hermana no está entre ellos, pero saben... no puede evitarlo.

"Entonces, mija... ¿lo has pensado?"

Levanté la vista de las fotografías que acompañaban el artículo del *Herald*. "¿Acerca de qué?"

"Una fiesta de quince."

"¿Si quiero una fiesta?"

"Sí."

"Mami, ¿te sientes bien? ¿No tienes fiebre, ni nada?"

"Eso fue lo que pensé. Sinvergüenza."

Entonces, sí, básicamente dije que "no," y ella se mostró extraordinariamente conforme con eso.

"Pero..."

Sabía que había sido demasiado fácil.

"¿Qué?"

"¿Estás segura de que no quieres al menos las fotografías?"

Esssssstá bien.

Esto, comprendí, era en realidad el código para, "Me agradaría mucho que te tomaras unas fotografías para conmemorar al menos este momento—y darme algo para atormentar a tu padre."

Recuerden que yo *odio* las fotografías. Siempre he sido así. Se me ha dicho más de una vez durante estos años que emano una vibración especial en las fotografías, como si dijera, "acércate más y te asesino." Incluso de bebé, lucía algo solemne, cuando no francamente descontenta, en la mayoría de las fotografías. Agregándolo al hecho de que mi adolescencia no se desarrollaba con gracia en lo que respecta a la apariencia. Bien, sólo digamos que la idea de pasar horas en las que alguien me dijera, "Sonríe, mi vida—como una supermodelo," no era una de las prioridades de mi lista de Cosas por Hacer.

Mamá sabía que me estaba pidiendo mucho. Pero yo sabía también que significaría mucho para ella, así que acepté, siempre y cuando "no tenga que llevar un vestido de volantes que me haga lucir como un merengue desquiciado." Negociamos. Ella me confeccionaría un vestido blanco corto, elegiríamos algunos otros atuendos elegantes, y comenzaría la sesión de fotografías.

Este es el momento en que probablemente esperan que diga que me alegro realmente de haberlo hecho; que las fotografías me captaron realmente en un momento decisivo, en la cúspide de la juventud, bla, bla, *bla*. Piénsalo de nuevo, Kemo Sabe. La sesión de fotografías se desarrolló bastante bien, supongo. Hicimos los retratos obligados de estudio, con mi vestido blanco, fuimos al obligado parque de Coral Gables donde creo que toda quinceañera desde el alba de los tiempos se ha hecho fotografiar. Al menos en Miami. En cuanto a las fotografías mismas...

Ya está claro que mi adolescencia no se desarrollaba sin tropiezos, ¿verdad? Recordemos también que era 1982, mucho, *muchísimo* antes de que existiera la fotografía digital, el Photoshop, y todas estas maravillosas técnicas que me hubieran permitido lucir, saben, humana. Quiero decir, un enfoque suave tiene sus límites. Sin importar cuántos polvos me aplicaba, mi cara era tan brillante que habría podido competir con un reflector.

Luego estaba el problema del sombrero. No estoy segura de quién fue la idea—lo he reprimido—pero era esta cosa blanca, de anchas alas, como los que llevan las beldades sureñas, y digamos tan solo que llevo los sombreros con la misma gracia con la que aparezco en las fotografías. Pero mi madre estaba feliz; más feliz aún cuando llegaron las fotos. Y luego... sucedió.

No sé cuántos de ustedes conocen el fenómeno del Gran Retrato. Saben, cuando los retratos de estudio, habitualmente aquellos que conmemoran un gran momento (como una Primera Comunión, una boda, o... saben, una quinceañera) se agrandan al tamaño de un cartel de cine. Y, si eso no fuese suficiente, están puestos en un marco aun más grande y muy elaborado, digno de un museo, usualmente dorado—y colgados donde cualquiera que entre a la casa pueda verlo. Desde luego, eso fue exactamente lo que tuvo mi retrato. Mi gran error fue permitir que mi madre eligiera la fotografía que debía ser agrandada para el Gran Retrato. Porque, como de seguro lo saben, con infalible habilidad, se centró en aquella que yo odiaba más que todas las demás. Agrandada a una proporción de 24 por 28 pulgadas, era la materialización de todas las pesadillas que he tenido en la vida. Pueden escuchar a mi madre ahora, ¿verdad? "Ay, mija, no seas tonta. Es un retrato bellísimo."

Seguro, mami.

Durante un instante, tuve la esperanza de que planeara enviarlo a mi padre. Saben, como una tortura. Pero aquella esperanza duró poco cuando, después de recibirlo, fue colgado en el sitio de honor en el comedor, donde procedió a atormentarme durante años. Y continúa torturándome hasta el día de hoy. La primera vez que llevé a mi esposo a Miami cuando todavía éramos novios, entró a la casa de mi madre y, debido a su especial ubicación, lo vio casi de inmediato.

"¡Qué retrato más *bello*!" fueron prácticamente las primeras palabras que pronunció. La respuesta inmediata de mi madre fue: "Pues bien, si algún día se casan, se lo regalaré."

Es un milagro que ambos no estén ahora en el fondo de la Bahía de Vizcaya. Él por decir semejante estupidez, y mi madre por hablar de "matrimonio" cuando yo apenas lo conocía hacía seis meses. Pero, a pesar del hecho de que él tuviera una bocota y de lo inoportuno de mi madre, nos casamos y, fiel a su palabra, mi madre nos regaló el retrato. El horrible marco se rompió durante el traslado, lo cual despertó en mí la breve esperanza de nunca tener que colgar aquella cosa, pero mi esposo me miró y dijo: "O eliges un marco que te guste o dejaré que tu madre lo haga."

Sí, es malvado. Pero mi parte del trato era que yo elegía dónde colgarlo. Él aceptó, siempre y cuando no fuese su alacena. (*Maldición.*)

Antes, sin embargo, hablamos acerca de lo que significaba el retrato—además de ser un momento particularmente horrible de mi adolescencia, y me encontré describiendo la locura que es una celebración cubana de los quince años a mi muy gringo esposo. Siendo judío, comprendió muy bien la parte del rito o celebración para señalar una transición, pero como estudiante de filosofía, eran los matices lo que más le interesaba. Y, para entonces, habiendo aceptado tanto mis raíces cubanas como mi educación estadounidense, creo que conseguí expresarlo razonablemente bien.

De muchas maneras, remitía a la fiesta de quince en la que había participado a los cinco años. De otras maneras, también, era tan representativo de una cultura en transición, que adaptaba tradiciones apreciadas de un viejo y amado estilo de vida, mientras se asentaba, aunque con reticencia en algunos casos, en uno nuevo. Y la razón por la cual creo que estas celebraciones comenzaron a difundirse y sofisticarse tanto guarda más relación con el carácter generoso y abierto de los cubanos que sólo con la oportunidad de ostentar. Nada nos agrada más que compartir nuestra generosidad... con todos.

Por otra parte... permítanme enmendar lo anterior. De cierta forma, sí era una oportunidad de ostentar, así fuese sólo porque aquellos orgullosos padres habían llegado de Cuba con poco más que lo que llevaban. Muchos de ellos habían sido profesionales altamente educados que, al llegar a los Estados Unidos, se habían visto obligados a comenzar de nuevo, en muchos casos en empleos mal remunerados de ínfima categoría, mientras conseguían reanudar su profesión o se adaptaban a nuevos empleos, porque lo más importante era ganar dinero para alimentar a sus familias.

Y ahora podían ofrecer aquella espléndida celebración a su familia y a sus amigos. Sinceramente creo que no era sólo para honrar a sus hijas, sino también para honrar sus logros; una oportunidad de levantar la copa y brindar por su éxito. Y siempre habría de ser un brindis teñido de tristeza, pues todas las familias cubanas que conocí cuando crecía no sólo llevaban consigo los recuerdos de un modo de vida perdido, sino los recuerdos de aquellas personas a quienes habían dejado atrás. Seres queridos que no podrían estar ahí aquella noche especial—así que el brindis era también un recordatorio agridulce de lo afortunados que eran.

¿Lamento no haber tenido una fiesta de quince? No. No realmente. Y, aun cuando la celebración habría servido también para honrar los logros de mi madre que había sobrevivido a un divorcio devastador, con el beneficio adicional de "herir" a mi padre, no creo que ninguna de nosotras sintiera esa necesidad. Habíamos sobrevivido con gracia y aplomo y, ¿cuál es aquel antiguo refrán? La mejor venganza es vivir bien. Estamos maravillosamente bien, gracias, y seguimos estándolo. Mi abuela *sí* puso un anuncio sobre mis quince años junto con una de las fotografías menos horrendas en el *Diario Las Américas*, y se aseguró que mi padre recibiera un ejemplar. Sí, allí está aquel rasgo no tan sutil.

Desde luego, por cosas del destino, tengo una hija que se describe a sí misma como "medio dulce, medio salsa," y cuyo apodo en casa es La Diva. Pueden adivinar que no tiene ningún problema con ser el centro de atención—aunque sea sin ninguna razón. ¿Apostamos que decidirá que quiere una fiesta de quinceañera?

Bien, al menos estaría siguiendo la tradición familiar de mostrarse inconforme.

El Chambelán Perpetuo

Por Michael
Jaime Becerra

Nunca le había temido a las chicas. No lo ponen nervioso, ni es tímido en lo más mínimo. Eddie aprecia a las mujeres desde que puede recordar. Se enamoró de su profesora de preescolar, de la cajera rubia de Lucky's, de una chica filipina que tenía casquillos de plata en los dientes. También se enamoró de una chica mayor del barrio donde vive. Para atraer su atención, pide ayuda a un chico mayor que vive al lado. Este le sugirió a Eddie que escribiera una carta, lo cual habría sido maravilloso si Eddie hubiera tenido edad de escribir. El chico mayor le dice lo que él cree que ella quiere escuchar, garabatea sus sugerencias y dobla el papel en dos. Antes de entrar a casa, Eddie deja la carta en la puerta de la chica. "Déjame invitarte a cenar," dice. "Vamos a McDonald's."

Eddie nació en 1985. Es el menor de dos hermanas mayores, que se llevan menos de un año. Cuando comienza el kindergarten, están todos juntos en la misma escuela católica. Allí conoce a otra rubia. Es un seductor, incluso a la edad de cinco años. Más tarde aquel año, durante el recreo, se casan en una ceremonia realizada por un amigo mutuo. Esta es su introducción a grandes eventos, vagamente religiosos.

A medida que su hermana mayor se acerca a los quince años, a ambas chicas se les da una opción—una fiesta de quinceañera o un viaje en el futuro—y luego, después de que se gradúen de la universidad, una gira de diez días por Europa. Así que su primer contacto con la fiesta de quinceañera lo debe a su prima. Tiene siete años y lleva un diminuto esmoquin y un corbatín verde oscuro, igual al de los otros chambelanes. Se ve adorable y, durante los años siguientes, pasa de mono a más mono hasta llegar a ser decididamente apuesto, con un poco de aquella delgadez desgarbada que llega con la adolescencia. No es de sorprender que una chica quiera que la acompañe en su gran día.

En 1999, tiene catorce años, está en octavo grado, su último año en la escuela secundaria. La hora del almuerzo es lo mejor del día. Durante el almuerzo, él y C—— se sientan en la misma mesa, lado a lado, en el uniforme blanco y azul oscuro que las monjas exigen. Antes, cuando su hermana mayor fue coronada como la Virgen María durante la misa de mayo de la escuela, tuvo que llevar una larga capa color turquesa con su vestido blanco. La capa tenía un borde de piel blanca y era tan larga que C—— debía llevarla atrás para que no se arrastrara por el suelo. Luego C—— entró al primer grado. Ahora es su novia, su primera novia.

Le agradan sus ojos. Son grandes y expresivos, de un marrón muy profundo y, cuando tienen la ocasión de estar a solas, la abraza y mira como ella lo mira. Ella es un año mayor, pero cuando se besan, debe empinarse.

En aquel momento, sus mejores amigos son un par de gemelos idénticos, quienes también tienen sus primeras novias. La madre de los gemelos trabaja en el jardín de la escuela durante el receso y la hora del almuerzo, y no le agrada la relación de estas chicas con sus hijos. Le informa a la madre de Eddie acerca de sus citas a la hora del almuerzo. A la madre de Eddie tampoco le agrada.

Una tarde hay un lavado de autos; los chicos del último grado quieren conseguir dinero para el baile de graduación. La hermana mayor de Eddie pasa por el restaurante de pizza donde se celebra y, mientras Eddie y sus compañeros lavan su Tercel, advierte que la novia de su hermano está siempre a su lado, ve la forma como se aferra permanentemente a su brazo. La hermana de Eddie recuerda a C—— por la coronación del mes de mayo. Ahora parece excesivamente aferrada e insegura. La hermana de Eddie la apoda "Chicle" porque la chica está siempre pegada a su hermano como goma de mascar. Cuando se lo cuenta a su otra hermana, ambas ríen tanto que siguen usando el apodo.

Él no se lo dice a C—— cuando conversan aquella noche. La mayoría de las noches usa el teléfono de la casa, aun cuando no debería hacerlo. Aguarda a que sus padres se vayan a la cama y luego llama al cine y deja que las opciones se repitan indefinidamente. Preferiría verla personalmente, pero vive al otro lado del pueblo. Al final, llega a memorizar los títulos de las películas—también la hora de las presentaciones—pero su tedio vale la pena, pues así el teléfono no timbra cuando ella llama. Aparece la llamada en espera y él contesta. Intercambian los habituales cotorreos de octavo grado. En ocasiones hablan durante algunos minutos, otras veces durante horas. Depende de cuándo despierta su madre para verificar la línea. No hay un teléfono de pago cerca de su casa, y aún no tiene un teléfono móvil.

El cumpleaños de C—— es sólo en agosto, pero ya se adelantan las preparaciones iniciales para la fiesta de quinceañera. Hay muchos temas de conversación entre ellos. Ella le pide que sea su chambelán de honor, y él acepta. Desde luego, acepta. No hay nada que pensar. Cree que ser un chambelán no es muy diferente de llevarla a bailar, algo que ya ha hecho. No es gran cosa.

A fines de abril, un brillante domingo de primavera, hay una barbacoa de familia en su casa. Mientras la familia está afuera, disfrutando de la tarde y aguardando que la carne y el pollo terminen de asarse, Eddie y C—— están en la habitación de Eddie. La excusa es que están en el mismo grupo de historia, que están trabajando en un proyecto, y es por esta razón por la que están solos y la puerta está cerrada, aun cuando no debiera estarlo. No está dispuesto a desperdiciar esta oportunidad. Ha alquilado una película de dibujos animados, que cree que será más interesante que cualquiera de los deberes de la escuela.

Cuando es hora de comer salen de la habitación y el lado derecho de su cuello tiene un mordisco—una mancha perfecta, morada, del tamaño de una moneda. Es una marca osada, territorial, y su falta de vergüenza acaba con cualquier posibilidad de una buena relación que tuviera Chicle con su madre, y también con sus hermanas.

La forma como Eddie recuerda la parte siguiente, los primeros ensayos para la fiesta de quinceañera son en casa de C———. Su hermana mayor se ha marchado a la universidad y la otra está trabajando, así que su madre lo lleva. Ella conduce un Pontiac verde y, camino a casa de C———, le reitera su desaprobación de esta chica y de que asista a su fiesta de quince. El resto del camino permanecen en silencio, y todo el tiempo él está completamente decidido: a pesar de lo que diga su madre, él será el chambelán de C———.

Llegan y su madre le dice que permanezca en el auto. Su tono es serio, duro y lo toma tan de sorpresa que lo hace vacilar. Ella entra a la casa y él se queda en el auto. Imagina la sorpresa que debe sentir C——— mientras su madre le explica que él no podrá asistir a su fiesta de quinceañera. Hay la esperanza de que alguien la haga cambiar de opinión, que salga con una sonrisa y le diga que le avise para venir a buscarlo.

Según la versión de su madre, ella encuentra a la madre de C——— entre los otros padres que llevan a sus hijos a la escuela. Se presenta y le dice que Eddie no será el chambelán de C———. Ella no está de acuerdo con el hecho de que estén juntos, y no vacila en decirlo abiertamente. No aguarda una respuesta. Incluso si le importara lo que pudiera decir la madre de C——, no tiene tiempo para discutir. En dos horas, los padres de Eddie aterrizarán en Las Vegas para pasar allí el fin de semana, pues es su aniversario de bodas.

Hay una tercera versión, la de la propia C——. Ella recuerda una llamada telefónica del padre de Eddie. Él le explica a su madre que Eddie no podrá asistir a la fiesta de quince. No le agrada la decisión de su esposa, pero es lo que ha decidido.

Aunque las circunstancias exactas son debatibles, el resultado final es el mismo. El asunto ha sido decidido—él no irá. Su madre está haciendo su papel, haciendo lo que cree mejor para su hijo, pero esto no hace que aquel momento sea menos incómodo para él.

Comprensiblemente, las cosas con C—— no marchan bien después de este punto. Ella va a una escuela secundaria pública, él a una escuela católica únicamente para hombres, y ambos se resignan a lo inevitable. Eddie comienza a comprender algunas cosas, y esta comprensión parece ser cada vez más cierta, más evidente y más obvia cada día. La opinión colectiva de sus hermanas tiene un gran poder. Ella no es lo suficientemente buena para mi hermano, el primer pensamiento de sus hermanas y, con mordida o sin ella, está convencido que su evaluación de C—— fue transmitida a su madre. Ella no es lo suficientemente buena para mi hijo. Habrá casos futuros como aquel de C—— y, para evitarlos, se decide por una estrategia defensiva. Quiere tener la oportunidad de llegar a sus propias conclusiones antes de escuchar las de los demás. Entre menos sepan, mejor.

También aprende otra cosa. Sin él, la fiesta de quince de C—— no será la que ella hubiera querido. Él la ha decepcionado. Este arrepentimiento lo acompaña durante tanto tiempo que crea un sentido de obligación con cualquier chica que lo invite a su fiesta de quince en el futuro. La obligación se alimenta de su profunda lealtad. En lo que se refiere a las fiestas de quinceañera, puede re-conocer la presión bajo la cual está la chica, las muchas vulnerabi-lidades y los inconvenientes que se exponen, la mortificación que con frecuencia llega con los vestidos blancos inflados y los chaba-canos zapatos blancos. Estas chicas deben considerar un sinnú-mero de cosas—las invitaciones y la ceremonia en la iglesia, y la recepción posterior. Y todo cuesta dinero. La comida y los maria-chis. El vestido. La tiara. Hay también muchos niveles de escruti-nio—sus padres, su familia inmediata, los parientes a quienes ve rara vez, incluso durante las fiestas, y aquellas personas que sólo la recuerdan de cuando era un bebé.

Todo lo que sucede en estas fiestas de quinceañera tiene el pro-pósito de decir: "¡Esta soy yo!" Pero Eddie sabe que, para muchas de estas chicas, esto no es verdad. Es como sus padres desean que ellas sean. Estas chicas no pueden negar a sus madres y a sus pa-dres, mucho menos cientos de años de tradición. Él simpatiza con ellas. Comprende el peso del juicio y sabe qué sucede cuando hay juicios importantes que no te favorecen. Si puede ayudar, lo hará.

Un año más tarde, Eddie y su padre están trabajando para ayudar en su antigua escuela primaria. Son guardias de seguridad y vigilan el estacionamiento durante el bingo de los viernes en la noche, aun cuando pasan la mitad del tiempo sentados en el Pon-tiac, conversando. Su padre le habla de su pasado—la época cuando trabajó en la cervecería Sol, cómo viajó a California—y a Eddie le fascinan estas historias, le fascina imaginar a su padre cuando era joven, pero ama a su padre incondicionalmente, sin embargo, no siempre le agrada cuando estas historias se mezclan con conversaciones sobre el presente, sobre la vida de familia, so-bre cómo ha crecido Eddie y lo poco que habla con su madre. To-dos los padres deben donar algo de su tiempo a la escuela, pero a

Eddie le paga otro padre para que ocupe su tiempo, incluso si pareciera que recibe una paga por estacionar el auto y escuchar.

También gana algún dinero vendiendo Twix—a un dólar cada uno—a los compañeros que son demasiado perezosos para caminar hasta las máquinas. Necesita dinero para los fines de semana, para sus citas con L———. Se conocen desde el verano anterior, pero sólo salen juntos desde febrero, cuando escuchó de un amigo de un amigo que a ella le gustaba. Antes de Eddie, ella salía con un chico con quien Eddie jugaba baloncesto. Aquel chico había tenido problemas con L——— y, durante una de sus discusiones, le pasó el teléfono a Eddie, desesperado. "Toma," dijo. "Habla tú con ella."

Durante los fines de semana, ocasionalmente después de la escuela, va a su casa en bicicleta, un viaje que lo lleva a lo largo de la ribera del río, por Rosemary Boulevard, subiendo y bajando por las colinas de Montebello. Le gusta tanto esa chica que no se da cuenta de la distancia. Cuando ella está enferma, le hace una tarjeta en forma de maletín de médico y viaja las veinte millas que los separan para entregársela personalmente.

A sus hermanas les agrada L———. A su madre también. Es bien educada, respetuosa. Hay otra barbacoa en su casa y, cuando ella llega, trae una torta hecha en casa. Cuando se marcha, no hay nada en el cuello de Eddie.

En diferentes conversaciones en casa, él exagera sus buenas cualidades. Tiene un aspecto maduro, incluso a los quince años y, con poco esfuerzo, puede imaginar como lucirá dentro de diez años, aun cuando su relación es tal que encuentra difícil ubicarse en cualquier visión del futuro que ella pueda tener. Ella tiene cierta frialdad que se manifiesta como indiferencia. Cuando Eddie se imagina con L———, se pregunta cuánto tiempo durará su relación.

En 2000, el verano entre su penúltimo y su último año de secundaria, le piden que asista a su segunda fiesta de quinceañera. Es para una amiga de L——, D——, y en esta ocasión las circunstancias son completamente diferentes. Él y L—— serán una de las catorce parejas de la corte de D——. En esta ocasión no hay objeciones por parte de su madre, no hay miradas desalentadoras cuando lo lleva a los ensayos o al centro comercial, donde pasa toda una tarde buscando un regalo donde aparezca Campanita, para ir con el tema de Cenicienta.

En la tienda de Disney encuentra un reloj de Campanita que otras personas también le regalarán a D——. Eddie es alto, está delgado por ejercitarse corriendo e ir en su bicicleta a todas partes. Se ha mandado alisar el cabello para poderlo peinar en una onda grande, alta, y echar el resto para atrás con fijador. En Mendoza, al oriente de Los Ángeles, alquila su esmoquin y, en su primera visita, un sastre toma sus medidas. Esta fiesta de quince será otra primera vez, la primera vez que Eddie y L—— se verán vestidos elegantemente. Los vestidos de las damas serán rosa—rosa Pepto-Bismol. Pregunta si alguien ha vertido una botella de este medicamento cuando ve a una chica sentada.

La misa es también al oriente de Los Ángeles. Después, la quinceañera y su corte se repartirán entre un auto de alquiler y una limosina negra. Se detienen en un cementerio, donde ella visita el mausoleo de su familia. La corte posa para las fotografías, aquellas que serán entregadas como recuerdos, y parten para la recepción. De comienzo a fin, todo es grabado en video.

Llegan al Hotel Dysneylandia, al Gran Salón de Baile, donde los aguardan los mariachis. El salón está profusamente decorado. Las mesas para la quinceañera y su corte se distinguen por tener centros de mesa con grandes carrozas de cristal, mientras que las otras mesas para los invitados están adornadas con sofisticadas decoraciones hechas en casa. Estos otros centros de mesa son estructuras altas, de hierro forjado, envueltas en enredaderas, flores y

luces blancas, con una muñeca con forma de bailarina en el segundo piso y una vela encendida encima. Para la cena, se ofrece
una comida de boda—pollo con vegetales y algún tipo de papa—
y, para el postre, hay una torta de seis pisos coronada por un casti-
llo. Más tarde, para animar el baile, el DJ comienza a tocar salsa,
disco para los de octavo grado, y una mezcla de nueva ola, una
combinación de "Escándalo," "Lookout Weekends" y "Just Can't
Get Enough." En un momento dado se escucha "Thong Song."
Más tarde aparecen Mickey y Minnie. Mickey saca a bailar a la
quinceañera, apartándola de su chambelán. Su chambelán de honor es uno de sus primos. Tiene diecisiete años y ha venido desde
Guadalajara para escoltarla aquel día. Únicamente habla español
y, en la ola de recuerdos de Eddie, será olvidado con rapidez.

Hasta aquel momento, la noche ha pasado sin grandes emociones. Eddie se ve distraído durante la cena, el vals y cuando cortan
la torta. Prueba el vodka por primera vez, pero no le da aquella
sensación de aturdimiento que sienten sus amigos. Durante semanas ha habido coqueteos en la corte de L—— y se hablaba de planear pasar juntos la noche, lo cual ha alimentado sus ensayos con
posibilidades románticas. La madre de L—— reservó habitaciones en un hotel—una suite para las chicas, una habitación contigua a la suite para un tío y una tía que cuidarán de ellas. Hay
también una habitación separada para los chicos, tan separada que
se encuentra en otro edificio.

Los padres de Eddie se encuentran entre los muchos otros padres que están en el salón, y no tienen la costumbre de permitir
que sus hijos pasen la noche fuera de casa. Esta noche será una
noche de alegría para sus amigos, y teme que llegue el momento en
que tendrá que dejarlos e irse a casa.

Pregunta de todas maneras si puede quedarse con ellos.

¡Sorpresa!

Sus padres dicen que puede hacerlo, y experimenta aquel alivio especial que se siente cuando se tiene quince años y te permiten hacer lo mismo que todos. Quizás sus padres hayan cedido a las convenciones populares. Quizás hayan bebido demasiado, o quizás su padre vio a todos los otros chicos y se siente mal por el suyo. Quizás es porque L—— no es C—— y, por esta razón, sus padres no están preocupados de que su hijo regrese a casa con las huellas de una parranda.

Tarde en la noche, después de que el DJ ha guardado sus luces giratorias y después de que el personal del hotel ha guardado todas las mesas y sillas, los chambelanes salen sigilosamente de su habitación, Eddie con sus calcetines, los pantalones del esmoquin, su arrugada camisa. El aire está embriagado de expectativa y de colonia aplicada apresuradamente y, sin embargo, no sabe qué esperar. Unas pocas horas atrás no pensó que estaría en la suite de las damas con L——. Además, sólo la ha besado hasta ahora. No está en él forzar a una chica más allá de lo que ella desea.

Al mismo tiempo, tiene la esperanza de algo más, aun cuando no esté seguro de qué podría ser. Cuando ha sido sincero con ella, se ha sentido como si lanzara una botella al océano. Cuando se ha esforzado por complacerla, como con aquel diminuto biper rojo que compró porque era el que ella deseaba, sus esfuerzos apenas suscitaron una respuesta. Después de esta noche, lo que haya entre ellos será diferente.

L—— todavía lleva su gran vestido blanco. Las otras chicas llevan también sus vestidos rosa. L—— lleva la chaqueta de su esmoquin sobre el vestido y está callada, super callada. En realidad, las chicas parecen nerviosas. Nadie quiere problemas, así que a cualquier chico que no estén esperando no le permiten entrar. Eddie y L—— se sientan en la parte de delante de la suite, sobre la enorme cama. Todas las otras parejas se dividen entre la cama y un sofá plegable, todas con excepción de una. Son una pareja establecida y se apoderan de la parte de atrás de la suite, el lugar que es más privado, pues se sabe que esta noche necesitarán esta privacidad.

A la larga, las conversaciones se apagan y las parejas comienzan a besarse. Eddie se acerca a L——. Su improbable momento ha llegado, y ella se escabulle rápidamente. Deja la cama y camina hacia el otro lado de la habitación, al sofá donde dormirá otra chica, una amiga suya. L—— se le une y pronto duerme también.

Eddie está decepcionado, y no porque sus hormonas lo dominen. Reconoce más bien que esta es una noche que todos recordarán. Mira a su alrededor, a las otras parejas. Esta noche será un tierno punto de referencia para ellos, un hito, un recuerdo. Le duele que ella haya querido evitarlo, que lo haya dejado sin siquiera hablar al respecto, que de nuevo lo haya evitado en el proceso. ¡Qué diablos! Confundido, aguarda a que las otras parejas terminen. Sale del hotel. El amanecer es de un azul profundo, el sol se dispone a salir. Su decepción se prolonga aún después de que toma un baño y se cambia el esmoquin alquilado. Esta sensación se prolonga durante todo el mes, durante el otoño y el invierno. Aquella mañana no toma su desayuno y consigue que uno de los primos de L—— lo lleve a casa. Parten por la autopista a toda velocidad, con el sol saliendo a sus espaldas.

Su amigo A—— es hijo único. Su cumpleaños es en diciembre, y su madre desea celebrarlo con una misa y una recepción. Para A—— es una idea incómoda, pero su madre insiste. Explica que, según la tradición, originalmente eran los chicos quienes celebraban sus quince años, no las chicas. No obstante, es el año 2000 y ahora esta perspectiva le parece terrible. Ella le ofrece que sea únicamente la misa. Él desea complacerla. Él piensa en la tradición, y la idea de su madre comienza a tener sentido. Si han de hacer una misa, piensa, pues podrían hacer también una fiesta.

A—— y Eddie son amigos desde sus días de las bodas en el

kindergarten y de jugar baloncesto en los recreos. Un día, después de la escuela, la madre de A——— se le acerca. Al frente del gimnasio, le dice que A——— quiere celebrar su cumpleaños. Pregunta si Eddie desea participar. Los quince años de Eddie fueron un cumpleaños habitual, pizza y helado en casa con su familia. Con la misa y la fiesta, el cumpleaños de A——— le parece a Eddie más como una fiesta de quinceañera, de quinceañero, para ser exactos.

Su experiencia con C——— le ha enseñado cómo es no ser bien acogido. Desde entonces, ha hecho un esfuerzo, especialmente cuando se trata de los padres de alguien. Porque A——— no tiene hermanos, es claro que este rito de paso es importante. Sabe que los otros amigos de A——— se burlarán de él, pero él no será el idiota que se niegue.

Hay cinco chicos en la corte de A———, cuatro amigos y un primo, ninguno de los cuales está acompañado por una dama. Cada uno alquila un traje negro en Friar Tux, en San Gabriel, así como zapatos de charol y grandes sombreros de fieltro. Comienzan a ensayar en el garaje de A——— la rutina de baile que habrá de ser el momento estelar de la fiesta. La madre de A——— ha contratado a una coreógrafa, y ella ha coordinado los pasos para una mezcla de canciones que ha elegido. Practican los martes y los jueves en la noche, aprendiendo el patrón de los pasos, marcando el ritmo e intentando deslizarse adecuadamente. Practican durante seis semanas.

La misa de A——— es en la vieja escuela primaria. Eddie conoce al sacerdote desde la época en que era monaguillo los domingos. Durante el sermón, el sacerdote habla sobre la importancia de convertirse en un hombre, sobre cómo los jóvenes deberían tener una celebración semejante a esta para acogerlos en el mundo de los adultos.

La recepción es en Corvina, en un salón de alquiler en VFW Post 8620. Es un salón viejo y oscuro, las paredes están hechas de bloques de hormigón y decoradas con retratos de soldados y placas que conmemoran sus recuerdos de guerra. Los chambelanes de A—— están dispersos por el salón. Eddie se sienta en la parte de atrás con sus amigos, aun cuando sus padres y sus hermanas también se encuentran allí.

Los chicos parecen una banda masculina cuando se reúnen en la pista de baile y la música de "A Little Bit of Mambo" llena el salón. No puede negarse que es algo cursi, pero A——, Eddie y los otros cuatro chicos neutralizan esta cursilería al entregarse al espectáculo. La canción cambia a "Shake Your Bon Bon," luego a "Diamond Girl," luego a "Spin It" y, todo el tiempo, los chicos sonríen, caminan al ritmo de la música y se esfuerzan por reproducir lo que aprendieron en el garaje. Se dispersan, caminando hacia las mesas de los invitados, haciendo chasquear los dedos. Sus zapatos tienen suelas resbalosas, el tipo de suela que es buena para bailar, para hacer giros rápidos y precisos. Se reagrupan de nuevo para "Staying Alive," divirtiéndose con el ritmo, sacudiendo las caderas y haciendo girar revólveres imaginarios—el primer chico, el segundo, luego un movimiento en cadena hasta que llegan a A——, al final.

Todo termina con "My Girl" y, para esta parte final del espectáculo, los chicos representan la letra de la canción. Eddie gira, baila y se desliza, lo hace muy bien, aun cuando esta parte de la coreografía le parece doblemente irónica, puesto que no se la canta a ninguna chica en particular, y L—— no está ahí.

Todavía siguen juntos, pero no recuerda que ella lo acompañara aquella noche. Dado que ha dejado de hablar con sus hermanas, ellas no saben qué ocurre. No saben acerca del vacío que siente con ella, no saben de los rumores que se difunden recientemente sobre L——, quien al parecer coquetea con un viejo amigo de la escuela primaria. Eddie tiene solo quince años, pero sabe que el amor—incluso si es el amor en el último año de secundaria—

debe ser algo más que un asunto unilateral, no vale hacerle tarjetas a nadie y hacer largos viajes en bicicleta para nada. *Deja de tratarlo como basura*, le han dicho a ella sus amigas. *Te va a dejar*, le han dicho.

En abril lo hace.

Maldición. Deja de importarte, deja de estar disponible. Deja de esforzarte porque, al final, no les importará.

Obtiene su permiso de conducir, luego su licencia y un Nissan negro que era de su padre. También obtiene toda la libertad que conlleva conducir. Trabaja en un cine después de la escuela cuando no está trotando o jugando baloncesto. Tiene nuevos amigos, chicos privilegiados que viven en grandes casas cerca de las colinas, el tipo de chicos que reciben un BMW nuevo para su cumpleaños. Comienza a beber. Comienza con cualquier cerveza que tenga en la mano, hasta cuando descubre el vodka de nuevo. Experimenta con otras cosas. Hay una tarde ocasional cuando despierta y escucha sermones sobre haber dejado las llaves en la cerradura.

En 2001 es chambelán de honor en una fiesta de quinceañera de una prima distante, una prima que ha visto el Día de Acción de Gracias, en las fiestas de otros primos. Técnicamente es una prima política y, antes de esto, nunca ha conversado con ella—*nunca*. Los ensayos no parecen ser muy productivos. En realidad no conoce a nadie y el jardín de su casa en tan pequeño que no hay espacio para practicar todo a la vez. Pero está bien. Para aquel momento, ha sido chambelán tantas veces que no tiene por qué preocuparse. Al final todo saldrá bien, piensa. Deberían divertirse.

Entretanto, sale con docenas de chicas, tantas que, con el tiempo, su reputación lo precederá en otras escuelas. Niñas de Ramona y de la Misión, las de LaSalle y San Pablo. Sale con chicas del círculos de amigos y, finalmente, deja atrás el círculo de las escuelas católicas. Le agrada a estas chicas porque creen que se parece a Morrisey, porque tiene un bonito cabello, porque lleva camisetas de Smiths, porque necesitan una pareja, porque escucharon decir a una amiga que él era agradable. Se encuentra con ellas en estacionamientos, en centros comerciales, en teatros de cine vacíos, en sus habitaciones cuando sus padres no están en casa. Es sincero con ellas. Les dice desde un principio que sólo les ofrece esto.

En su mayoría, lo aceptan sin problema. Y, a medida que cada encuentro se torna cada vez más intenso, más y más físico, las chicas comienzan a significar cada vez menos para él. En algún momento, la palabra "novia" sale de su vocabulario y, finalmente, hay aquella cuyos nombres no puede recordar, aunque desearía hacerlo.

Sus hermanas sólo llegan a conocer unas pocas de estas chicas. Su madre conoce a dos. De hecho, su vida en casa ha sido reducida al mínimo. Sus padres son bastante fáciles de omitir—están dormidos cuando sale en la noche, y ya se han ido a trabajar cuando regresa en la mañana. Omite también a sus hermanas. No es demasiado difícil de hacerlo con aquella que vive en Westwood y luego se muda a Oakland. Pero su hermana mayor aún ocupa su habitación de siempre en el segundo piso. Se preocupa por él y, cuando se preocupa demasiado, le envía cartas explicando sus inquietudes. Cuando encuentra estos sobres en su almohada, suspira y se pregunta qué habrá hecho ahora.

En 2003, se gradúa de secundaria. Sigue viviendo en casa, aun cuando contempla la idea de marcharse, la idea de comprar una casa con algunos amigos, pagarla entre todos y luego venderla y repartir el dinero. Comienza la universidad en el otoño. Aunque mantiene sus diversos círculos de amigos, cuando está en la universidad está solo. Ahora, cuando bebe, bebe mucho. Habitualmente sólo lo hace durante los fines de semana, pero hay una época en la que bebe bastante también durante la semana. Es fácil de hacer. Está lleno de esta nueva confianza que le da el estar solo y tener éxito. El ciclo de chicas no se ha detenido.

Tiene diecinueve años, veinte, veintiuno y las ofertas de escoltar a otras chicas siguen llegando. La quinceañera de la hermana menor de una amiga de su hermana, una chica a la que ha visto pero que en realidad no conoce. Otra quinceañera para una prima. Aunque estos eventos finalmente no se realizan, hay muchos otros para reemplazarlos. No son muy diferentes—una fiesta de dieciséis, un baile de graduación en las colinas, la fiesta de gala para el Desfile de las Rosas. Asiste a todos ellos, sonriendo para las fotografías, incluso en aquellas en las que sabe que está ejerciendo aquella antigua lealtad con C——, que sólo existe en su mente. En la primavera de 2006, un amigo le pide que lleve a una de sus primas a un baile de graduación. Ella vive en Orange County, a una hora de distancia, pero seis años antes lo vio en una fiesta de cumpleaños y no lo ha olvidado. Él no quiere ser *ese* chico, la pareja de la chica recién graduada que es tan mayor que podría comprar las cervezas de todos los demás. Pero si él es su única esperanza, verá qué puede hacer.

Se pregunta cuándo dejarán de pedirle estas cosas, cuándo advertirá el resto del mundo que él está demasiado viejo como para ir del brazo de una chica adolescente. Al mes siguiente se muda a un apartamento de dos habitaciones en Whittier. Descubre que echa de menos su hogar—a sus hermanas y a sus padres—un poco, pero no realmente. Quizás es porque se está haciendo mayor. Quizás es porque ellos se están haciendo mayores. Ahora, cuando les habla de su vida, ellos confían en que él sabe lo que hace.

Una noche de verano está en el centro de la ciudad con sus amigos, sus hermanas y los amigos de ellas, y todas las otras personas a quienes envió un correo electrónico para que recorrieran los bares. Se encuentran en medio de los más elegantes rascacielos de

Los Ángeles, y cuando se marcha del segundo de los cuatro bares programados para la noche, él y sus amigos tropiezan con una joven en la acera. Es soltera, diez años mayor que él, y hasta entonces ha estado mirando a los otros chicos, midiéndolos, sopesando las opciones para la noche. Él se presenta, y presenta a los dos amigos que lo acompañan. Todos están un poco ebrios, aun cuando la ebriedad de ella le da una apariencia predatoria que puede confundirse con confianza. Es una abogada de finca raíz, y él le dice que trabaja también en finca raíz, en ventas, lo cual es verdad pues hace poco ha comenzado a mostrar casas. Uno de sus amigos dice que está en la universidad, estudiando medicina, y el otro le dice que trabaja para la compañía de gas. Describe lo que hace y ella, escéptica, le pregunta qué cargo desempeña. Eddie se inclina hacia su amigo el médico. Eddie comprende lo que ella desea saber realmente. *Aquí llega el momento de la tarjeta de negocios*, susurra y, en efecto, ella se la pide. El amigo de la compañía de gas saca su billetera y, antes de que pueda darle nada, Eddie se interpone, llegando al grano:

"¿Por qué no le preguntas cuánto dinero gana?"

Todos se echan a reír, una risa nerviosa de parte de la mujer, quien se dirige a otro lugar.

Más tarde, aquella misma noche, todos se reúnen en Suehiro, en Little Tokio. Ahí ordenan dos rollos de sushi y, después de que la mesera lleva la orden a la cocina, la habitación comienza a girar y todo dentro de él le anuncia que pronto se desvanecerá. Su hermana mayor le ayuda a llegar al baño y, dado que no regresan, su otra hermana va a buscarlos. Se aseguran de asear el baño, limpiar su camisa, sus pantalones y sus zapatos. Cuando regresan a la mesa, pone su cabeza sobre ella. Su vida es un proceso, como la de todos los demás. La fotografía de su barrachera está en la pantalla de la computadora de su hermana.

Aunque no controla algunas cosas, ya domina otras. En agosto, tiene la oportunidad cuando su madre cumple cincuenta años. Es un lunes, una noche de trabajo, así que la familia se reúne el domingo para la cena habitual de cumpleaños: helado, pizza y jalapeños al lado. Su hermana lo llama al último momento y, por esa razón, no puede llegar. Tiene una cita y, durante toda la función de cine, la culpa por haberse perdido la cena lo atormenta como nunca antes.

Al día siguiente, compra comida costosa en una tienda gourmet y la lleva a casa, a la casa de sus padres, de sus hermanas. Prepara una ensalada—vegetales con queso azul, agraz seco y almendras acarameladas—y pasta con pimientos asados y salchichas italianas. Prepara también bruschetta de entrada y hornea una torta para el postre—mango dos leches. Es la primera vez que utiliza el horno. Sigue la receta, marina el mango en puro ron, humedeciendo la torta con leche azucarada. Prepara todo sin ayuda de nadie y ha preparado tanta comida, que no cabe toda en la mesa al mismo tiempo. Cuando su familia se sienta a cenar, se contenta con mirarlos.

El Vestido Picaba Demasiado

NOTRE DAME
HIGH SCHOOL

SAN JOSE, CALIFORNIA

1974-1975

STUDENT BODY CARD

Mónica Palacios

Name

2061 Cinderella Lane

Address

POR Mónica
Palacios

*M*e sentí mal al decirle a Tony que no podía asistir a su fiesta de quinceañera. Era una buena amiga, pero ¿yo? ¿Llevar un vestido? ¿*Aquel* vestido? Diablos, ¡no! Era una enorme falda de aro, saben, como la de Pastorcita, inflada por todas partes—con toneladas de encaje y de tela que picaba. Cómo se llama eso—¿fibra de vidrio?

Antonia no era mi mejor amiga, pero era agradable. No permitía que todos la llamaran Tony—así que era un gran honor. Éramos estudiantes de primer año en Notre Dame, una escuela privada católica sólo para chicas en el centro de San José, y no había muchas chicanas, así que yo quería responder a todo "sí se puede" por "la raza," pero aquel vestido me daba náuseas.

"No puedo asistir a tu fiesta de quinceañera porque soy alérgica al vestido." Fue así como le di la noticia a Tony. Sonaba absurdo, pero tenía que escapar de ello y pensé que si llegaba con una enfermedad, ella lo comprendería. "¿Te hace estornudar?" preguntó confundida como Gladis Kravitz de *Hechizada* cuando Samantha intentaba explicarle que había un elefante en la cocina.

"No, pica demasiado. Me irrita la piel, la enrojece y debo rascarme. Luego sangra."

"Ya veo, eres muy sensible." Sentía pena por mí.

"Sí, también sufro de insolación con facilidad y me mareo en los autos." Pensé agregar estas cosas para que sonara verdaderamente patético. "Pero si necesitas ayuda con algo como preparar la salsa de mole o inventar un peinado para ti, sólo déjamelo saber."

Sacudió la cabeza y sonrió un poco, pero yo sabía que estaba decepcionada. Quizás suponía que nosotras, las chicas de California, teníamos aquellas ceremonias todo el tiempo, como lo hacían en Dallas, de donde Tony y su familia se habían mudado un año antes. Hubiera deseado que al menos me hubiera dado el crédito por intentar aquella disculpa del vestido.

Unos pocos días más tarde, incluso escandalicé a mi madre cuando le dije que había llegado incluso a probarme el vestido. "Así Tony verá que estoy haciendo un esfuerzo. Que realmente me importa."

"¿Para qué? No te importa," dijo, reclinando la cabeza en el lavamanos, los ojos cerrados para que no se le entrara la tintura que se estaba aplicando en el cabello. El tono era Castaño de Nice 'n' easy, el color predilecto de todas las chicanas de clase obrera en 1974.

"¿Por qué nunca les diste una fiesta de quince a tus hijas?" pregunté, masajeando su cuero cabelludo con mis guantes de caucho, intentando que fuese como en el salón de belleza. Me imaginaba con un delantal color rosa y un letrero con mi nombre que decía "Cookie."

"Son ridículas," respondió mi madre. "¿Por qué hacer una boda para una chica de quince años?"

"Sí, tienes razón," dije. "Yo les hubiera pedido más bien toda esa cantidad de dinero."

"Qué cantidad de dinero ni qué nada," dijo.

Apenas hubo terminado de aplastar mi solicitud financiera, saltó de la silla. "¡Ay, los fríjoles necesitan agua!" Corrió a la cocina, sin advertir la tintura que le corría por la frente. "¡Te dije que miraras los fríjoles! ¡Se están quemando!"

Vi cómo ponía agua en los fríjoles.

Sí, le hubiera debido prestar más atención, pero tenía razón, no me importaba.

Aquel día, cuando fui a probarme el vestido, hice que mi amiga Lola me acompañara, pensando que simpatizaría conmigo. "¿Has visto lo mal que lucen los chicos cuando usan vestidos de mujer?" preguntó Lola.

"¿Sí?" dije, mirándome en el espejo por el frente, por detrás, por el lado, tratando de decidir si me veía como una papa asada o como mi tía Cuca.

"Pues esto es lo mismo. Exactamente lo mismo," dijo señalando mi reflejo.

Era verdad. Parecía como un travesti, pero ella habría podido ser más amable al respecto. "Lola, ¿alguna vez has pensado que podrías herir mis sentimientos?"

"Sí, supongo que sí—pero tengo razón ¿verdad?" dijo, dividiendo la palabra en dos sílabas.

Asentí.

"Y nunca habías pensado asistir a esta pachanga de todas maneras."

Comencé a rascarme el cuello. "Lo sé, pero estoy tratando de portarme con elegancia."

"¿Elegancia? Nunca usas palabras así cuando hablas de mí."

Había aquel asunto de los celos que sentía Lola por Tony, que era tonto, porque yo era más cercana a Lola que a Tony. Lola y yo éramos amigas desde el kindergarten, donde de hecho le pegó un puñetazo a Joe Vanotti, el único "italiano" (como diría mi padre) de la clase, durísimo en el estómago, porque él me arrebató una bolsa de M&Ms de la mano. Supe en aquel mismo instante, en medio del patio de juegos de las escuela primaria de Mayfair, parada con los chocolates que caían a mi alrededor, que seríamos amigas de por vida. Cuando aquella piquiña en el estómago me llevó de vuelta a la realidad.

"¡No te quedes ahí parada, ayúdame a sacarme esta miserable cosa de encima! ¡Mi panza está ardiendo! ¡Rápido, rápido! ¡La cremallera!"

"Está bien, quédate quieta." Luchó con la cremallera, haciendo toda clase de gestos.

"¡Maldición, Lola, ayúdame! ¡Me estoy muriendo!"

"¡Calla, tonta! Y ¡deja de moverte!"

Finalmente, el vestido se abrió y salté fuera de él, rascándome por todo el cuerpo. "Ahhh, ay, aaahhh…"

"Maldición, Mónica, la asistente del vestuario va a creer que estamos teniendo sexo aquí dentro."

Aun cuando parecía una contorsionista rascándome la espalda y las piernas, conseguí decir: "Qué más quisieras."

Me golpeó el hombro. "Al menos no soy una perra de escuela católica," dijo, saliendo del vestuario.

Asomé mi cabeza por la puerta. "Tú eres la puta de la escuela pública." Me miró furiosa y ambas nos echamos a reír.

Lola y yo siempre bromeábamos sobre nuestras diferentes escuelas. Mis padres me sacaron de la escuela pública después del cuarto grado porque mi profesor, el señor Hammer, les recomendó con insistencia una institución privada para una chica inteligente como yo. La familia de Lola no tenía dinero suficiente para cambiarla a la escuela primaria de San Patricio, que luego llevaba a Notre Dame. Podrían pensar que eso nos había separado pero, de alguna manera, nos unió más.

Tres semanas después de haber comunicado la mala noticia a Tony, aún trataba de evitarla en la escuela como podía. Pero aquello era una estupidez, pues la escuela era tan grande como una caja de zapatos y porque siempre nos cambiábamos a nuestra ropa de gimnasia al mismo tiempo.

"Entonces, ¿cómo va todo?" Intenté sonar alegre mientras desabotonaba la blusa blanca del uniforme.

"Mmm, bien—supongo. Mis padres están peleando sobre si deben limitar el presupuesto a mil ochocientos dólares."

"Esas son muchas tortillas," dije en broma, como si no fuese nada importante, pero seguía pensando: *Podría comprar un Porsche con ese dinero y aún me quedaría bastante.*

Tony permaneció en silencio, cambiándose a su pantaloneta y camiseta blanca delante de su casillero. Se sentó en la banca para ponerse las zapatillas de deporte.

"¿Es sólo que no querías asistir?" Se anudó el cordón de la zapatilla izquierda y luego me miró directamente a los ojos. "Porque si es eso…"

"No, quiero decir, sí. Quería asistir, desde luego que quería hacerlo. Sabes que puedes contar conmigo, pero aquel vestido iba a ser imposible." Le enseñé mi antebrazo. "Mira la alergia que tengo todavía." Ella estiró el cuello, tratando de ver la enfermedad del vestido. "¿Ves qué rojo está?" Por suerte mi gato, Copo de Nieve, me había rasguñado aquella mañana antes de salir para la escuela.

"Parece un rasguño," dijo, sospechando. "De un gato."

"Pues este es el problema, ves. Esta alergia se parece a tantas cosas. Ojalá fuese sólo el rasguño de un gato. Esos no pican." Definitivamente, iba por el Oscar. "Pero esto"—agité el dedo sobre el rasguño de Copo de Nieve—"esto es maligno. Estoy tratando con todas mis fuerzas de no rascarme." Ella se lo creyó. Yo sabía que si me refería a la picazón, ella sentiría pena por mí.

"Sí, lo siento. Marcia decía también que el vestido le molestaba, pero lo soportará. ¿Crees que el vestido es demasiado anticuado?"

"¿Crees que lo es?" Mi profesor de periodismo me había dicho que para salir de una situación incómoda durante una entrevista debía siempre devolver la pregunta.

"Pues, en cierta forma sí, pero a mi madre le encantó y, realmente, estoy haciendo todo esto por ella. Si dependiera de mí, tendría una fiesta muy sencilla y me iría a Hawai."

Me sentí mejor al saber que ella no estaba tan entusiasmada. Supongo que habría podido decirle que odiaba el vestido, pero estaba tratando de ser amable, saben, de portarme con elegancia.

Ahora bien, yo sabía que las quinceañeras existían; sencillamente, nunca me pasó por la mente hacer una fiesta de quinceañera. Aquellos rituales absurdos eran para chicas que habían nacido en México, no para chicanas como yo. Saben, las costumbres del Viejo Mundo que promovían la virginidad, el cabello largo, la gran torta. Aquel asunto de la virginidad era tan estúpido. "Tiene que ser una virgen a los ojos de Dios para que él pueda bendecirla y enviarla al mundo," le escuché decir a una amiga de mi madre una vez en el pequeño café que hacía parte de nuestra iglesia, donde estas señoras cocinaban y vendían *menudo* los domingos. Lo que realmente me irritó fue que esta misma señora dijo luego: "La señora Sánchez no permitió a su hija hacer una fiesta de quinceañera porque ella había perdido su..." la mujer trató de hablar en un susurro mientras vaciaba una lata de hominy en el gran caldero, "virginidad." Qué horror. Recuerdo haberle lanzado una mirada enojada y haberme alejado.

No era justo. Los chicos tenían sexo todo el tiempo y se los trataba como reyes. En el minuto en que una chica tenía sexo con *un tipo*, era una puta. Al menos las chicas que yo conocía tomaban anticonceptivos. Todas caminaban juntas las cuatro calles que habían desde la escuela hasta la oficina de Paternidad Planeada. Ah, sí, las desventajas de asistir a una escuela católica. Aquella ceremonia religiosa apestaba a basura anticuada. A mí me interesaba estar a la moda, ser la chica hip de mis amigas. Y siempre estaba haciendo alguna declaración de moda a mi manera sutil, con mi actitud de chico. Como aquella vez que tomé mis 501, abrí las costuras de los lados y les cosí una tela de flores estilo hippie, creando así mis super pantalones bota campana—¿celosas? Sí, yo imponía las tendencias, así que fue sólo un asunto de tiempo antes de que cortara mi largo y grueso cabello de chica mexicana en capas cortas y fui a Macy's porque quería que quedara bien. David, el peluquero de moda que llevaba una permanente me preguntó: "¿Quieres el corte Fonda?" Sabía que se refería al corte que llevaba Jane Fonda en *Klute*—yo conocía sus maneras de chico *in*. Pero ciertamente no me agradó que me cortara el cabello mientras sostenía un cigarrillo encendido entre los dedos todo el tiempo—¡loco!

La abundancia de capas le dio a mi cabello más rizos, y eso me agradaba. Pero cuando llegué a la práctica de baloncesto aquel lunes, las chicas de mi equipo me miraron y declararon: "No te preocupes, pronto crecerá." "Ustedes son una idiotas," respondí, "No tienen ningún sentido del estilo." Haciendo girar el balón en el dedo índice, me alejé de mi grupo de jugadoras profesionales. No quiero jactarme, pero yo era la única chica de primer año en el equipo.

Mientras trotaba hacia el otro lado del campo haciendo rebotar el balón, advertí que Tony también estaba en el gimnasio con las otras porristas. Estaban ensayando para un partido importante que se realizaría dos días más tarde. Aprecié su entusiasmo, pero había límites a lo que podían hacer con un equipo llamado The Gremlins. Aunque me gustaba verlas ensayar aquellos splits y toda aquella basura, Tony se me acercó: "No dejes que te molesten. Me agrada tu cabello." Sonrió mientras lo miraba, como si yo tuviese un gato sentado en la cabeza vestido como Peter Pan. "Está bonito." Levantó la mano, como tocando mi cabello con las puntas de los dedos. "Gracias. Quería cortarlo ahora para que creciera un poco para tu fiesta." Esa no era la verdadera razón, pero yo me esforzaba por agradarle y, saben, adularla.

Luego el entrenador Dixon gritó: "¡Palacios!" Se escuchó como un sargento de Gomer Pyle. Tuve que regresar al campo, corriendo. Me encogí de hombros y Tony asintió. Regresé haciendo rebotar el balón.

Al día siguiente era domingo y, por lo general, ayudaba a mi madre a planchar. Mientras colocaba la blusa que ella acababa de planchar en un colgador, le pregunté por qué no había aceptado la invitación a almorzar de la madre de Tony. Finalmente se habían conocido en el otoño durante el Almuerzo de la Cosecha para Madres e Hijas. Siempre me pregunta: "¿Cuando viene tu madre a almorzar a mi casa?" Y, habitualmente, respondo alguna tontería, como: "Cuando aprenda a conducir." Así que: "¿cuándo vas a llamarla, mamá? Eso fue hace seis meses."

Supe, por la expresión impasible que tenía y por la forma como sostenía con fuerza el asa de la plancha, que hubiera preferido hablar de enchiladas: "La señora Esparza trata de ser más joven de lo que es realmente." Me entregó la blusa y comenzó rápidamente con otra.

"¿Trata de ser más joven?"

"Debe tener cerca de cuarenta y cinco años y se comporta como si tuviese treinta."

"Siempre parece comportarse de acuerdo con su edad cuando yo la veo. ¿Qué hizo para que pensaras eso?"

"Llevaba una falda corta y demasiado maquillaje."

"Mamá, en aquel almuerzo llevaba un traje pantalón. Incluso dijiste que se parecía al tuyo azul, ¿recuerdas?"

"O, sí. Pero llevaba demasiado maquillaje. Parecía una chola."

La contemplé fijamente durante un momento. "Y ¿es por eso que no quieres almorzar con ella?"

Permaneció en silencio y continuó alisando los pantalones de mi padre sobre la mesa de la plancha, como lo había hecho desde los años cincuentas. Me hubiera gustado abrirle el cerebro para ver qué pensaba realmente. No se mostró alentadora cuando comencé a contarle acerca de la ceremonia de Tony meses atrás. "Entonces ¿nunca quisiste que asistiera a la fiesta de quinceañera de Tony porque pensaste que *yo* me iba a convertir en una chola?" Creo que ella pensaba que la señora Esparza ostentaba su condición de clase media *baja*, mientras que nosotros existíamos silenciosamente en nuestro ámbito de clase baja *alta*. "¿Crees que la señora Esparza ostenta demasiado al dar a su hija esta costosa fiesta? ¿Te irrita que no podamos pagar una fiesta como ésta?"

"¡¿Cómo que no podemos pagarla?!" Sabía que aquel tema la enojaría. "Sí podemos pagarla. Tu padre y yo no creemos que sea necesario botar todo ese dinero." Luego cambió de tema. "Tráeme otra lata de almidón."

Me levanté y me dirigí a la alacena de la entrada para buscar otra lata de Almidón Niágara. Estaba enojada, pero no podía hacer nada al respecto.

"Mamá, para que lo sepas, a las cholas les fascina usar almidón. Así que, técnicamente, eres una chola, señora Palacios."

"Ay qué la... Sal de aquí." Golpeó el aire con la plancha—esta chica era feroz. "¡Anda a hacer tus deberes!"

"Son sólo las nueve de la mañana," protesté.

"Entonces, ¡anda a hacer unos panqueques!"

Antes de que lo advirtiéramos, el año escolar terminó y los cálidos días de julio habían comenzado. El tiempo vuela cuando estás evitando ser católica. El mes de las quinceañeras había llegado finalmente. La fiesta estaba fijada para el catorce, y el fin de semana anterior mis padres habían decidido salir de la ciudad. Así que Lola y yo vimos *El graduado* en mi casa hasta las dos de la madrugada, disfrutando nuestra versión de la buena vida: ponche hawaiano con vodka. Yo ya había visto esta película tres veces, y pensaba que la señora Robinson era sensual. Lola no creía que lo fuese.

"Eso es perverso, acostarse con el novio de la hija. Si mi madre hiciera eso, renegaría de ella." Lanzó un puñetazo al aire.

"Si mi madre fuese la señora Robinson, me casaría con ella."

"Eso es enfermo."

"Sólo quiero decir... que es realmente bella. Pues, si mi madre fuese una estrella del cine—yo no estaría con el problema de la fiesta de quinceañera."

"Ay, ¿por qué siempre tienes que hablar de eso? Y... ¿por qué siquiera eres amiga de ella?" Sabía que esta pregunta no tardaría en llegar.

"Es mi amiga de la escuela. Tú eres mi *amiga* amiga. Tú y yo nos conocemos desde hace mucho tiempo, chica. Tengo una relación distinta contigo."

"Ella se comporta como si fuese blanca. Intenta ser toda buena y esa basura." Lola lo dijo sacudiendo la cabeza, como si realmente le importara.

"¿Se comporta como blanca? ¡Va a hacer una fiesta de quinceañera y habla en español con sus padres! No me parece que actúe como blanca. No te veo a *ti* hablando en español con tus padres."

Lola me sacó su lengua, completamente roja.

"Verdaderamente madura, tonta. ¿Crees que yo me comporto como blanca?" pregunté. No pensaba que lo hiciera.

Se encogió de hombros. "No lo sé... quizás... algunas veces. Quiero decir, desde que vas a Notre Dame, pareces un poco diferente." Sorbió su gasolina para cohetes.

"¿Te parece que me comporto como blanca porque voy a una escuela privada? Eso es una tontería, chica. Suenas como esas tres estúpidas cholitas de mi clase que siempre me preguntan: oye, Palacios, ¿por qué nunca estás con nosotras? ¿Somos demasiado mexicanas para ti? ¿Por qué tienes amigas blancas? Ni siquiera pronuncian mexicana correctamente."

"Y ¿por qué no estás con ellas?"

"Porque son *punks*. Parecen pandilleras y lo único que hacen es tratar de portarse mal y acosar a las otras chicas. Ese no es mi estilo."

"Y ¿por qué tienes amigas blancas?" preguntó defensivamente.

"Lola, no puedo creer que me estés preguntando eso. Tú tuviste un novio blanco. Yo nunca he tenido un novio blanco."

"¡Tú nunca has tenido un novio!"

"¡Maldición, sí he tenido novios!" Tomé una almohada del sofá y se la lancé. Ella se inclinó y su movimiento hizo que derramara el cóctel sobre su camisa de Mickey Mouse.

"¡Cabrona! ¡Mi camiseta favorita!"

"Deja de llorar y quítatela." Lola se sacó la camiseta y descubrió que había dos Cheetos atascados en la diminuta flor que había en la mitad de su sostén. Ambas nos sorprendimos, pero nos echamos a reír como locas. Cada cierto tiempo, Lola y yo teníamos estas discusiones, nos enojábamos y luego, minutos después, reíamos histéricamente. Yo nunca me he reído así con Tony.

No había manera de evitarlo; debía asistir a la función. Y, aun cuando mi madre hubiera preferido que yo no respondiera a la invitación porque "Eres demasiado joven… ¡habrá licor y muchachos feos!" tuvo que dejarme ir. Y aunque Lola formó un gran problema y dijo que no iría conmigo, finalmente sí lo hizo. Sí, decíamos todo el tiempo que no queríamos ir, pero esta sería nuestra primera fiesta de quinceañera y, ahora que había llegado el día, estábamos entusiasmadas.

Mi madre dejó muy en claro que no podíamos ir solas, así que mis dos hermanas mayores, Eleanor y Marty, se ofrecieron a acompañarnos. Pero el verdadero trato era que nos dejarían en la fiesta y se irían a una cita doble con sus novios buenos para nada o, como los llamaba mi madre "greñudos."

"Lleva un vestido. Por una vez, luce como una dama." Mi madre intentó persuadirme de ir en contra de mis políticas, pero fracasó—una vez más. Llevar pantalones era algo muy natural para mí, incluso cuando era niña. Y, de nuevo, conseguí armar un atuendo especial: mi cabello sensual en capas, pantalones campana descaderados—lila con gruesas rayas verticales color marrón—enormes zapatos de plataforma y una blusa lila, brillante y con volantes en el cuello y en las mangas. Marty dijo que parecía un miembro de la banda Paul Revere & The Raiders. Y tenía un fantástico cinturón marrón con una hebilla grande que había comprado recientemente en Mervyn's con el dinero que había ahorrado de cuidar niños. Realmente quería impresionar a la concurrencia llevando un esmoquin, pero sabía que la gente se aterraría y que me confundirían con uno de los chambelanes. Lola, por su parte, lucía como Cher, con su delgada figura y su delineador eléctrico. Llevaba una minifalda negra, una blusa sin mangas de cuero negro y unas horribles botas go-go de gamuza. Pensándolo bien, supongo que lucía como Sonny. No importa, era nuestro estilo.

No asistimos a la ceremonia de la iglesia. Yo siempre iba a la iglesia para asistir a la escuela y a la misa los domingos con mis padres, así que la idea de ir a misa cuando no era necesario me parecía terrible. Nos dirigimos directamente a la recepción en el bello Salón Azteca, uno de los lugares más elegantes de San José. Creo que se encontraba al lado de una prisión. Hice que Eleanor nos dejara en el Der Wienerschnitzel al otro lado de la calle. Mi plan era comer un perro caliente y una Coca-Cola—tener algo en el estómago antes de que comenzáramos a beber. Y no quería arriesgarme comiendo mole en la recepción porque la última vez que lo hice el pollo parecía un caucho y me enfermó. Lola y yo nos sentamos en una de las mesas de afuera, con nuestros elegantes atuendos, mirando a la gente que llegaba a la recepción mientras comíamos nuestros perros calientes.

Vimos que llegaba un cholo de cabello largo en un Impala descapotable, rojo manzana acaramelada, con un timón de cadena. Aparcó, salió del auto ostentando su esmoquin blanco, pasó al lugar del pasajero, abrió la puerta y ayudó a salir a Tony.

"Qué bien, un convertible." Estaba sorprendida, pero, debo decirlo, era impresionante.

"¿No es su primo?" preguntó Lola mientras mordía su perro caliente. Una vez habíamos entrado a una fiesta cerca del Mercado de las Pulgas de San José, donde conocimos a aquel chico y a otros primos de Tony.

"Sí, Pepe." No creí que sus padres le permitieran andar en un convertible. Toda la corte de Tony, siete parejas, comenzaba también a salir de sus autos en aquel momento.

"Oye, Lola, ¿ves a aquella chica de cabello corto?"

"Sí," dijo Lola.

"Tuvo un aborto. Tony no lo sabe."

Me lanzó una mirada de preocupación mientras bebía su Coca-cola con una larga pajita.

"Pancha se lo contó a todos. No se lo digas a nadie," dije con firmeza.

"Sí, como si fuera a correr al otro lado de la calle y gritar, ¡Asesina de bebés!"

Suspiré y la miré como si dijera: "no seas estúpida." "Sólo te lo digo, Lola, si Tony se enterara—Pancha no estaría ahí tan alegre y luciendo ese vestido."

"Hombre, ¿a quién le importa? Pancha tomó la decisión correcta para ella. La gente debe abrir su mente," dijo, tratando de sonar como Miss Profundidad.

"Estás tratando de parecer adulta y tienes mostaza en tus narices—¡qué absurdo!"

"No, no es verdad," exclamó, golpeando ligeramente la mesa con ambos puños.

Saqué mi espejo compacto de mi bolsa hippie de cuero y lo puse en su cara. "Mírate, esa."

Lola arrancó el espejo de mi mano y, en efecto, encontró mostaza en su nariz. Se echó a reír, y me hizo reír a mí también. Luego se levantó y comenzó a bailar con la mostaza en la cara. "Sí, seré toda mala y basura y bailaré con esta mostaza en la nariz." Comenzó a bailar como una loca, lo cual me hizo reír aún más.

"Lola," dije ahogadamente, "no más, ¡por favor!" Ahora no podía hablar de la risa y emitía unos sonidos tan agudos que sólo un perro podría escucharlos. Luego sentí que me orinaba. "Me estás haciendo orinar. ¡Detente!"

"¡Entonces ponte un Kotex en los pantalones!" dijo canturreando, y lanzó un alarido como James Brown. Y seguía repitiendo esta frase y gritando, mientras inventaba el baile *Ponte un Kotex en los pantalones,* fingiendo que deslizaba una toalla higiénica "en sus pantalones." Para entonces yo lloraba de la risa; era tan divertido. Me doblaba en dos sosteniendo el estómago, tratando de apretar las nalgas para no orinar. Y funcionó.

Mientras permanecía allí sentada recuperando el aliento, secándome las lágrimas con la servilleta manchada y asegurándome que no estaba sentada en un pozo de orina, miré al otro lado de la calle y pensé: *habría podido ser yo en aquel enorme vestido amarillo bebé, que pica como un diablo.* Pero todos parecían felices de estar ahí en el estacionamiento, con sus parejas, mirando los atuendos de los demás, asegurándose que todo estuviese en su lugar. Qué bueno para ellos—pero me alegraba no ser uno de ellos. Y en cuanto Lola salió del baño, nos dirigimos a la recepción.

Entramos y la banda de diez mariachis comenzó a tocar mi mezcla favorita de mariachi "La Negra." El lugar estaba lleno de gente y había niños que se deslizaban por el suelo a nuestro lado. Era como un Woodstock mexicano: viejos, jóvenes, veteranos de la guerra, mujeres que daban a luz en la parte de atrás, los bellos y los que estábamos a la moda—esos seríamos Lola y yo—muchísimas patillas, muchos rizos, toneladas de pestañas artificiales. Y me llegaban tantos aromas diferentes: Old Spice, chorizo, Aqua Net, Pine-Sol, Jean Naté, detergente, tequila—no vi ninguna botella de José Cuervo, pero estoy completamente segura de que la olí.

Antes de darnos cuenta, la locura de los mariachis se convirtió en un vals, y Tony se dirigió del brazo de su padre a la pista de baile. Esto hizo que todos los invitados se sentaran, con excepción de las damas y los chambelanes que permanecieron de pie, a un lado de la pista. El salón quedó en silencio.

"Rayos, está tan silencioso," susurró Lola.

"Lo sé, ¿verdad? Conseguir que toda esta *raza* cierre la boca— un milagro."

***

Permanecimos hipnotizadas como todos los demás, mirando a Tony y a su padre bailar el vals. Esta parte de la fiesta de quinceañera es probablemente el gesto más simbólico de la ceremonia porque el padre entrega a su hija, hecha ahora una mujer, a la sociedad. Otra tradición estúpida, pensé. El señor Esparza trató de mostrarse estoico, pero terminó sollozando, probablemente al darse cuenta de cuánto este Bar Mitzvah mexicano le estaba costando.

Tony lucía bellísima—radiante, de hecho, en su vestido de novia blanco. Seguía informándole a todos en su habitación que estaba haciendo aquello por sus padres, pero *la señorita Esparza* ciertamente estaba disfrutando el momento—le agradaba ser el centro de atención. Era buena para eso. Era presidente de la clase, la mejor estudiante, y porrista. Había representado a nuestra escuela en la Conferencia de Primavera de la Organización Cristiana de Jóvenes. Tony era una chica buena y una buena amiga, pero no tenía fuego en sus ojos como Lola, la chingona, que estaba a mi lado, con los brazos cruzados, sacando la cadera, la cabeza inclinada hacia atrás con su actitud de "quiero ser chola." Pero Tony estaba disfrutando aquel baile con su padre, y eso era lo importante. Hubo un enorme aplauso y su corte saltó a la pista de baile. Los chicos llevaban cautelosamente a las chicas: la mano izquierda con la derecha, sostenida al nivel de los ojos, mientras caminaban lado a lado. Era bonito pero yo seguía pensando: *Nunca verías esto en* Soul Train.

Mientras todos tomaban fotografías y admiraban el baile, Lola me preguntó, "Oye, ¿por qué están bailando vals y no cha-cha-cha?"

"Todo se remonta a cuando los españoles conquistaron a los aztecas y los obligaron a hacer la basura que hacían en España. ¿Sabes por qué lleva una corona?" Pensé que continuaría impresionándola con mis brillantes conocimientos. Sí, yo era una intelectual—tenía una tarjeta de la biblioteca.

Lola negó con la cabeza.

"Es una reina a los ojos de Dios."

"Qué absurdo," dijo Lola. Nos miramos y dijimos al mismo tiempo, "Ojalá estuviéramos solladas." Eso nos hizo romper a reír, y la viejita al lado de nosotros nos lanzó una mirada asesina, así que buscamos otro lugar.

"¿Cómo sabes estas cosas?" preguntó Lola, mirando a un apuesto chico que estaba al otro lado de la pista de baile, y que la miraba a ella de arriba abajo.

"Tony nos estaba contando estas cosas unas semanas atrás, durante la hora del almuerzo."

El chico invitó a Lola a que salieran afuera y se fumaran un porro, todo a través de un lenguaje de signos.

"Oye, aquel chico apuesto acaba de..."

"Lo sé, lo vi. ¿Me dejarás tan temprano?" pregunté. Lola siempre atraía a los chicos cuando salía. Era como la canción: alta, bronceada, joven y bella.

"No chica. Pero encontrémonos más tarde con él ¿está bien?"

"Está bien," respondí, y vi cómo Lola le decía, con las manos y los ojos, que nos encontraríamos más tarde. Él aceptó. Era como mirar una sensual película muda, con primeros planos y todo.

En cuanto la banda de mariachis terminó de tocar el vals, la estruendosa banda que se encontraba al otro lado del salón comenzó con "Oye como va" de Santana, y la muchedumbre enloqueció, inundando la pista de baile. El grupo de música, integrado en su mayoría por chicanos y un negro, se llamaba Vida y Salvación. El nombre estaba en el tambor y las palabras vibraban mientras los tocaban. Aquellos chicos tenían también la apariencia de Santana: la adoración del cabello: barbas, bigotes, perillas, cabello largo, afros. Llevaban cuero, mezclilla sucia, muchos brazaletes de cuero, botas de motocicleta y ridículos zapatos de plataforma. Y recuerdo que todos tenían sensuales ojos oscuros. Sí, lucían peligrosos y nos fascinaban.

Lola y yo bailamos cuando llegamos a la pista, gritando *oye como va* cada vez que la banda lo cantaba, y la gente nos miraba—irritada.

"¡Creen que estamos borrachas!" le grité a Lola.

"¿Pachas?" respondió Lola gritando.

"No, chica, ellos," dije señalando a la gente, "¡creen que estamos borrachas!"

Sin dejar de bailar, Lola levantó las manos, agitó los hombros y sacudió la cabeza. Me le acerqué y grité en su oído: "¡CREEN QUE ESTAMOS BORRACHAS!" Ella me apartó y gritó: "¡CABRONA!" Todos se volvieron a mirarnos, así que comenzamos a movernos por la pista. Mientras nos desplazábamos, nos encontramos con Tony y su grupo. Cuando me miró sonrió y yo me acerqué mientras Lola se iba en dirección contraria.

Me paré frente a ella con una enorme sonrisa, mientras ella bailaba con su primo. Tony se detuvo y me abrazó, ahogándome en su vestido esponjoso y erizado. *Esto es lo que se debe sentir al hacer el amor con un puercoespín*, pensé. El polvo de la tela se introdujo en mi boca, junto con su nube de perfume Chanel No. 5. Volví educadamente la cabeza, tosí y luego aspiré una bocanada de aire fresco. "Me alegra tanto que hayas venido," me gritó al oído. Rompimos nuestro abrazo y le dije: "Gracias por invitarme." Me volví hacia su primo Pepe e hice un movimiento cholo macho, él hizo lo mismo—era un chico fantástico. Agité la mano para despedirme y me abrí camino entre la muchedumbre, buscando a Lola, quien se encontraba al lado de la fuente de champaña sosteniendo un vaso de plástico, haciendo señas para que me acercara y saciara mi sed.

Floté hasta ahí con mis ágiles pasos de baile y ella me entregó un vaso lleno.

"Bebe, Mónica, porque esta es tu noche de suerte, nena. Nos vamos de fies-ta."

Con eso, chocamos los vasos y bebimos todo su contenido; la velada se hizo más interesante.

Mientras permanecíamos prácticamente debajo de la fuente (de esta manera nuestros vasos siempre estaban llenos), la señora Esparza pasó a nuestro lado. "Mónica, gracias por venir, mija." Me agradaba que me llamara "mija." Rápidamente le di mi vaso a Lola y le di a la señora Esparza un respetuoso beso en la mejilla. Estaba preparada para que me riñera porque estaba bebiendo, pero en lugar de hacerlo, dijo: "Mija, come bastante para que la champaña no te haga daño. Anda a traer un plato de comida." Señaló hacia las mesas del buffet.

"Así estamos bien, señora Esparza. Esta"—halé a Lola del brazo mientras ella sostenía los vasos—"es mi amiga, Lola Sandoval."

"Mucho gusto, mija." La señora Esparza saludó a Lola y miró los dos vasos, me miró, miró de nuevo a Lola y otra vez a mí. "Mijas, busquen algo de comida." Luego una mujer que llevaba un horrendo vestido azul brillante que le quedaba estrecho, comenzó a hablar con la señora Esparza y ambas desaparecieron entre la muchedumbre. Una vez que la madre de Tony desapareció, Lola permaneció ahí con una sonrisa y dijo: "Gracias, señora Esparza. Fue un placer conocerla. Es una fiesta maravillosa. Estupendo el esquema de colores."

"Basta de felicitaciones astutas, Eddie Haskell. Ya se fue, esa."

"Uff, eso estuvo cerca, y realmente se portó muy bien," dijo Lola. "Mi mamá ya me hubiera lanzado una chancla."

"Es por eso que debemos mantenernos educadamente ebrias— ¿está bien? No te quites la blusa en la mitad de la pista de baile."

"Será difícil, pero creo que lo conseguiré."

"Vamos a buscar un plato de comida sólo para aparentar, y luego lo dejamos y continuamos con nuestra dieta líquida," dije, actuando de jefe—como solía hacerlo.

Buscamos nuestro plato de comida, nos acercamos a un lugar donde pudiera vernos la señora Esparza, y fingimos comer. Hicimos contacto visual con ella y luego desaparecimos de su vista y le entregamos nuestros platos al ejército de pequeñas tías con delantales que servían las mesas del buffet. No perdimos tiempo. Cada una tomó uno de esos vasos de plástico de cerveza de dieciséis onzas y los llenamos de champaña. Luego la banda comenzó a tocar la versión instrumental de "Grazing in the Grass" de Hugh Masakela, que siempre le agradaba a *la raza*, y no pudimos impedir encontrarnos de nuevo con las masas en la pista de baile.

Mientras bailábamos en medio de aquel momento watusi mexicano, comprendí súbitamente que la quinceañera era en realidad una introducción a las fiestas chicanas de familia. Quiero decir, ahí estábamos, bebiendo y bailando música hip hop, en medio de tías y tíos, abuelitas, madres y padres, cholos duros... Incluso vi al sacerdote bailando el twist. Era un espectro divino de orgullo marrón—y me fascinó formar parte de él.

Vida y Salvación continuó tocando mis tonadas predilectas. "Who's That Lady," "Suavecito," "Come and Get Your Love," "Evil Ways" y "Sex Machine"—para mencionar sólo unas pocas. Lola y yo bailamos y bebimos durante cerca de una hora sin parar, y luego comencé a chocar con la gente, lo cual confirmó que estaba oficialmente ebria. Como pude, me abrí camino entre la muchedumbre y me dirigí hacia afuera. Antes de salir, miré hacia atrás y vi a Lola que continuaba agitándose.

Salí al estacionamiento y encontré un Volkswagen escarabajo sobre el cual reclinarme. El aire fresco se sentía bien en mi cara y mis pulmones. Cerca de cinco autos más allá, vi a un grupo de hombres que bebían y fumaban, pero también podía sentir el olor a marihuana. Aunque crees que puedes hacerlo, es imposible ocultar su olor. Un chico vestido todo de negro gritó: "Oye, mami, ven acá y comparte un porro con nosotros." La verdad que era lo último que quería. "No gracias, estoy bien," grité. El chico de negro dijo algo a sus amigos y luego se acercó a mí. "Oye, bonita, mi nombre es Víctor." Me tendió la mano. Yo levanté la mía y la agité.

"Vamos a algún lugar tú y yo y fumamos esto." Sacó un porro de marihuana del bolsillo de su chaqueta. "Es buena mota, nena."

"Ahora no quiero, gracias."

Comencé a alejarme de él, sintiendo vértigo.

"Oye, no he terminado contigo, chavalita." Me asió por el brazo y me acercó a él. Podía sentir su dureza a través del pantalón. Quizás porque estaba ebria, no sentí temor. "Vamos, nena, vamos de rumba. Sabes que lo quieres."

Me sostenía con fuerza, pero eso no me intimidó, y le dije: "Escucha, Víctor, no me agrada tu pene contra mi pierna, y si no te marchas ahora mismo, vomitaré sobre tu lindo vestido."

Me soltó en un segundo; yo me volví y trasboqué en un pozo cerca de la llanta del auto. Podía escuchar a los otros chicos burlándose de Víctor—misión cumplida. Milagrosamente, no me ensucié—la práctica. Sintiéndome mucho mejor, me dirigí a los baños para echarme agua en la cara y buscar a Lola. Al mirar el reloj, vi que ya eran las 10:30 y que mis hermanas vendrían a buscarnos a las 11.

Busqué en todos los rincones del Salón Azteca y no encontraba a Lola. Salí, busqué por todas partes y le pregunté a todos, incluyendo al estúpido de Víctor y a sus amigos. No me atemorizaban, pero lo que me aterró fue que quizás tuvieran a Lola en el maletero del auto. Dijeron que no, pero para asegurar que me tomaran en serio, les dije: "Mi tío Ramiro, el señor Esparza, tiene conexiones con la mafia y si están mintiendo, les juro que los perseguiremos."

"¿Es tu tío?" preguntó Víctor, auténticamente preocupado.

"Sí, así que no busques problemas conmigo." Me alejé. Mi actuación había estado realmente buena.

Cuando me disponía a entrar de nuevo al salón, llegaron mis hermanas. Maldición. Caminé hasta su auto. "Mm, estoy buscando a Lola. No la encuentro. ¿Se divirtieron?"

Eleanor no estaba de humor. "Estacionaré el auto y vendré a ayudarte a buscarla. ¿Está ebria?" Asentí con vacilación. "¿Estás ebria tú?" preguntó, señalándome con el dedo.

"Ya no," dije, tratando de ganar puntos, pero creo que perdí cerca de mil.

"Mónica, tendrás un problema tan grande cuando se entere mamá, y nos culpará a nosotras."

"Entonces no se lo digas—por favor," rogué, aunque sabía perfectamente que se lo diría a mamá, y que ella patearía mi trasero hasta Zacatecas y de regreso.

"Estacionaré el auto. Nos vemos adentro."

Maldición. *Lola, ¿por qué?* Caminé de nuevo alrededor del enorme salón y cuando estaba a punto de echarme a llorar, vi a una de las tías de delantal en un rincón detrás de las mesas, que parecía estar tratando de levantar a alguien del suelo. Y luego vi la cara ebria de Lola inclinada hacia atrás contra la pared. ¡Gracias, Elvis! Corrí hacia allá y vi que Lola era un desastre.

"Estaba debajo de la mesa—dormida," me informó la tía.

"Lola, ¿por qué estabas dormida debajo de la mesa, chica?"

Para entonces, Lola lucía como Linda Blair en *El exorcista*—

estaba destrozada. Su cabello estaba enredado y húmedo, su rimel corrido, y tenía un rasguño sobre la ceja izquierda. Esperaba que la sopa de arveja saliera disparada de su boca en cualquier momento, pero por fortuna no hubo un vómito tipo proyectild.

"Cansada... cansada... no podía encontrarte... quiero regresar a Mimi's." Luego Lola se desvaneció hacia delante. Mientras intentaba levantarla, llegaron Eleanor y Marty y me ayudaron a levantar aquel peso muerto hasta ponerla de pie. "¡Auch, mi cabello! ¡Me están halando el cabello! ¡Ayyy—suéltenlo!" gemía Lola.

Las tres la arrastramos hacia fuera y, justo cuando salíamos, Tony pasó por ahí y se quedó mirando a mi idiota amiga. Intenté sonreír pero me sentía realmente incómoda. "Ella lo disfrutó mucho, y yo también. Nos vemos el lunes. Felicitaciones," dije.

"Chica, si fuera tú, no iría a la escuela el lunes—ni nunca más."

Marty siempre tenía algo astuto que decir.

Empujamos a la borracha en el asiento trasero del Falcon de Eleanor y nos marchamos. Para cuando llegamos a casa, Lola estaba completamente desmayada. Entré primero para asegurarme que mis padres estuvieran dormidos. Habitualmente se iban temprano a la cama. "No hay moros en la costa," susurré, y abrí la puerta. "Apresurémonos." Me clavé en el asiento de atrás y saqué a Lola mientras Marty y Eleanor sostenían sus brazos y sus piernas.

Antes de levantar su cuerpo, Eleanor declaró: "En cuanto esté adentro, nos vamos a pasar la noche a casa de Norma." Les di instrucciones que halaran cuando contara tres y, con eso, sacamos a Lola del auto. La pusimos de pie y mis hermanas pusieron sus brazos alrededor de sus cuellos, mientras yo me quedaba al frente para guiarlas. "Lola, ¡camina, mensa! Vamos, tienes que ayudarnos." En realidad Lola estaba consciente y movía las piernas, aun cuando su cabeza giraba como la de una muñeca de trapo. "Frío... tengo frío... ¡mis chi-chis están fríos!" exclamó, así que le tapé la boca rápidamente con la mano. "Lola, ¡calla y camina! Vamos, ya casi estamos ahí."

"Mantenle la boca cerrada," dijo Marty con un gruñido, depositando la bolsa de cemento en el umbral de la puerta.

Mis hermanas la ayudaron a entrar a la casa, y luego me la pasaron, colocando su brazo izquierdo en mi cuello y asegurándose que la sostuviera bien. Luego salieron en puntillas. Mientras Eleanor cerraba silenciosamente la puerta, sonrió y susurró: "Me alegro de no ser tú," se despidió con la mano y desapareció en la noche. "Te protegí cuando llegaste ebria a casa," dije malhumorada a la puerta cerrada. Sí, ¡se lo dije!

Permanecí allí algunos momentos llenándome de valor para poder llevar aquel bulto que olía a licor a mi habitación. Respiré profundamente y la moví hacia delante, queriendo que caminara, y me obedeció. Gemía y se golpeaba contra las paredes pero, aún así, estábamos consiguiendo que avanzara en la dirección correcta.

"Shhh," susurré. "Ayúdame, Lola, entra a mi habitación."

"¡Ay, mi cabello!" gimió.

"Lola," intenté cubrirle la boca, pero era difícil. "Calla y entra a mi habitación," le dije enojada al oído.

"Me duele el cabello... ayyyy... déjalo..." Quería golpearla para que perdiera el conocimiento y callara. Finalmente llegamos a mi habitación, que se encontraba al otro lado del pasillo de la de mis padres—¡gracias a Dios! Luego la tiré sobre mi cama, le quité las botas y la cubrí con un cobertor.

"No te despiertes, y no vomites en mi cama," le ordené. Pero se quedó dormida en el instante en que puso la cabeza en la almohada. Yo estaba agotada. Lo único que deseaba era dormir dos días seguidos.

***

La luz del sol me golpeó en los ojos cerrados como un remo sobre la frente. Cubrí rápidamente mi cara con el cobertor. "Está bien, chicas. Son las siete." Mi madre entró arrasando, abriendo todas las persianas. "Si tienen edad suficiente para emborracharse, entonces pueden también levantarse ahora mismo e ir a misa de nueve. No crean que van a dormir todo el día." Ah, el amor maternal.

Me tomó algún tiempo abrir los ojos porque los sentía como lijas y mi boca estaba seca como el desierto. Era la peor resaca que había tenido en mi vida. Me moría por un balde de Coca-Cola con hielo picado y limón. Asomé la cabeza: "Mamá." Sonaba como el Monstruo de las Galletas, así que me aclaré la voz. "Lo siento, pero no puedo ir a ninguna misa. Me siento realmente mal, y mira a Lola; todavía está profundamente dormida."

"Sabía que no debía dejarte ir. Tus hermanas me dijeron que las habían dejado durante cuarenta minutos para ir a comer una hamburguesa, y que cuando habían regresado ustedes estaban totalmente borrachas!"

"Pero mamá, Eleanor y Marty no..."

"¡Cállate! ¿Cómo se atreve la señora Esparza a permitir que beban unos chicos. ¡La llamaré en un rato y le diré lo que pienso!"

"Mamá, por favor, no me hagas pasar vergüenzas. Limpiaré todas las habitaciones de esta casa durante una semana—pero no la llames."

"¡Cómo que una semana! ¡Vas a limpiar esta casa durante un mes—quizás incluso un año!"

"Haré lo que quieras, pero por favor no la llames."

Me miró por un rato. Yo odiaba que lo hiciera. "No entiendo por qué tienes que ser tan irrespetuosa conmigo y con tu padre." Ah, también odiaba cuando me daba el sermón del respeto.

"Está bien, no tienes que ir a la misa de nueve, pero irán a la de

12:15 y te confesarás—¡y ya! Ya llamé a la madre de Lola y ella dijo que yo podía hacer lo que quisiera con ustedes—¡lo que quisiera!" Y cerró la puerta de un golpe. Un segundo después, asomó de nuevo la cabeza. "Ah, y tu padre les trajo pan dulce. ¡Así que será mejor que se lo coman!" Y golpeó la puerta de nuevo. De seguro había fuego en sus ojos.

Permanecí allí tocando a Lola en la mejilla para irritarla y para que despertara, pero no lo hacía. Se abofeteaba la cara y gruñía. Me pregunté cuál sería mi castigo completo. Me pregunté si todo aquello hubiera sucedido si hubiera llevado aquel vestido que picaba. En ese momento, la puerta se abrió de un golpe.

"¡Y no irás a la fiesta de graduación!" Luego aquella mujer enloquecida cerró de nuevo la puerta de un golpe. Dios, mamá. Faltan *dos* años enteros.

Está bien, pensé. De todas maneras, es algo para niñas.

Los Soñadores

Los Quince que Nunca Fueron

POR Felicia
Luna Lemus

Las máquinas de humo llenaban el oscuro salón de baile con tanto humo color lila que mis padres nunca vieron mi entrada triunfal. Llegué a mi recepción de quinceañera bajo un velo de oscuridad, mientras mi corte formaba dos filas y unían sus manos para que yo caminara bajo aquel puente. Salí a la pista de baile, sola y sin acompañante, en el momento perfecto, cuando el DJ comenzaba a tocar la canción que había elegido para mi primer baile—la "Marcha fúnebre" de Chopin. ¿Bailó mi padre conmigo el vals según la tradición de la fiesta de quinceañera? No. No me sentía cercana a él y no era el tipo de persona que baila con su padre; bailé sola, con los brazos flotando en el aire mientras giraba lenta y alegremente, con el cuello inclinado a un lado y otro.

Mi familia ni siquiera advirtió realmente que me encontraba allí hasta que tropecé accidentalmente con el borde del piso de parqué y caí sobre todos los que se encontraban en la mesa de honor. Mientras luchaba por recobrar el equilibrio, las uñas de los dedos rasguñaron el hombro de mi abuela. Asustada, gritó y levantó las manos para cubrirse el cuello, cinco gruesos dedos envueltos a cada lado para proteger su yugular. En aquel momento, sonreí especialmente para ella—siempre dijo que yo era demasiado melancólica, que sería bonita si sonriera—y las puntas blanco hueso de mis colmillos, alargados y afilados especialmente para la ocasión, reflejaron la luz de los candelabros y brillaron.

Mis dientes. Las chicas normales querían como regalos de quinceañera joyas, sofisticados equipos de sonido, o incluso un auto si eran realmente ricas. Yo no. Rogué para que me hicieran unos colmillos que el mismo Drácula envidiaría. Después de meses y meses de rabietas de pre-quinceañera y de coqueteos adolescentes, mis colmillos con casquillos brillaban como el accesorio perfecto para mi atuendo de quinceañera gótica; un vestido largo de seda negra digno del atuendo de luto de la Reina Victoria—con polisón completo, puños de encaje negro y un alto cuello rígido—complementado con botas de bruja de gamuza negra, super puntiagudas, hasta la pantorrilla y guantes de encaje en forma de telaraña.

Si hubiera ido a un salón de belleza a prepararme para la ceremonia, habría llevado conmigo mi cartel de Siouxie and the Banshees, "Through the Looking Glass," y habría dicho: "Quiero lucir así, pero más aterradora, por favor." No fui a ningún salón de belleza; mi preparación para el gran día la hice toda en casa, pero era perfecta. Los ojos delineados con rimel salían bajo un nido de cabello más oscuro que la tinta; un toque de lápiz labial rojo oscuro cubría mis labios y llevaba tantos polvos blancos en la cara que parecía una calavera de azúcar de las que adornan los altares el Día de Difuntos.

Las invitaciones impresas que había distribuido entre mis mejores amigos decían:

ESTÁ CORDIALMENTE INVITADO A MI FIESTA DE QUINCEAÑERA. POR FAVOR, DEJE SU ALMA EN LA PUERTA.

Al final de la misa que se celebró aquella tarde, me incliné delante de la Virgen de Guadalupe de nuestra iglesia y respetuosamente le dejé a Nuestra Señora un ramo de quince flores—caléndulas de un naranja profundo funerario y cautivadores claveles teñidos de negro, todos reunidos con una cinta de terciopelo gris acero. La Virgencita parpadeó con sus ojos de cera y susurró: "Come una tajada de torta por mí."

¿Quién era yo para ignorar semejantes órdenes? Durante la recepción, con el hielo seco ardiendo en el recipiente de cristal sobre la mesa del buffet cubierta de terciopelo negro delante de mí, corté dos tajadas de la torta de quince pisos cubierta de cereza negra para mí, mientras todos mis invitados me rodeaban, vitoreaban e intentaban fingir, para complacer a mi familia, que esta era la mejor fiesta de quinceañera a la que habían asistido. Con un bocado de torta cubriendo mi boca, miré a mi abuela y sonreí de nuevo. Para ser completamente honesta, silbé un poco entre dientes. Ella vio la mancha sangrienta de la cubierta de la torta en mis dientes y creo que, por un momento, pensó que finalmente había enloquecido y que había mordido a alguien en el cuello, porque antes de que yo supiera que sucedía, se había desvanecido. Los invitados se agolparon en torno a ella y la abanicaron con los abanicos de falsas plumas y comencé mi segundo pedazo de torta.

"¡Por nosotras, Virgencita!" Brindé con un sorbo de ponche rojo sangre.

Estar viva nunca había sabido tan dulce.

Cuando era niña, mi posesión más preciada era una delicada figurita de porcelana de un unicornio con un cuerno, cascos, y cuatro flores azules de aciano pintadas en el cuello. El unicornio era lo suficientemente diminuto como para sostenerlo en la mano, cosa que no hacía con frecuencia porque me aterraba romperlo. En lugar de esto, guardaba el unicornio en un pequeño joyero musical que me había regalado mi abuela. El unicornio vivía en el compartimiento principal del joyero, sobre una nube de copos de algodón que había robado de las cosas de los adultos que estaban en el baño. A diferencia de la mayoría de los niños, no se me permitía tener una mascota—el unicornio era mi confidente y mi consuelo.

Cuando una de mis mejores amigas del kindergarten, Jennifer, me preguntó, "¿Cuál es tu animal predilecto?" Respondí: "los unicornios," sin un momento de vacilación. Jennifer respondió que los unicornios no existían, así que no calificaban para la condición de animal favorito. "Tienes que elegir otro animal. Vamos, ¿cuál es tu animal predilecto?" Jennifer tenía el cabello rubio y sedoso y cantidades de pecas—rasgos que eran la definición de la belleza para nuestros compañeros y para la cultura dominante en general—y un nombre que se deslizaba con facilidad de la lengua del profesor. Jennifer nunca habría podido comprender la importancia que tenían los unicornios—aquellas criaturas aladas mágicas, bondadosas y exquisitas—para mí.

Los unicornios *reales,* desde luego, siempre permanecieron justo más allá de mi alcance. Mis esperanzas infantiles de poseer un unicornio vivo, que respirara, sólo para mí, llenaban mi pecho de una esperanza tan frenética que las radiografías pediátricas seguramente habrían revelado ondas eléctricas que centellaban como trillones de Pop Rocks masticadas donde habrían debido estar mis pulmones y mi corazón.

Regresando a mi tema. Mi fiesta de quinceañera bien habría podido ser un unicornio real.

No sólo mi familia *no* era católica, sino que se oponían acérrimamente a todas las cosas católicas—incluyendo las fiestas de quinceañera. Por consiguiente, nunca tuve realmente una fiesta de quinceañera. Pero *si* hubiera tenido una fiesta de quinceañera, sería correcto suponer lo siguiente: habría hecho campaña por el tema gótico, y mi abuela se habría desmayado en algún momento durante la celebración.

Para ponerlo de una forma educada, mi abuela no le gustaba especialmente mi estilo personal cuando yo era adolescente. En retrospectiva, no puedo culparla. Después de todo, nuestra familia tenía una imagen pública que mantener. Bien, al menos a la manera en que se mantiene en un pequeño pueblo. Desde principios de la década de 1900, mi familia había vivido en la misma calle de nuestro pequeño barrio del sur de California—la calle Ciprés de la Ciudad de Orange, para ser exacta—y era propietaria de la única tienda de abarrotes, así como de varias de las casas del vecindario. Quizás la influencia y posición de mi familia no eran gran cosa a nivel global, pero eran considerables en nuestro barrio tristemente abandonado.

En la década de 1980, cuando yo crecía en la calle Ciprés, los árboles y las hectáreas de altos cipreses, eran algo poco común, pero la OVC (Orange "V"arrio Ciprés) en los grafiti de los chicos pandilleros y las balaceras sí eran frecuentes. En general, la calle Ciprés era una comunidad muy unida. De niña, parecía que todas las personas que vivían en nuestra calle—parientes o no—eran tías, tíos o primos. Tomemos, por ejemplo, a mi "prima" Teresa.

Cuando yo era niña, Teresa vivía con su abuela, quien era la mejor amiga de mi abuela. En aquel momento de mi vida, yo, al igual que Teresa, vivía también con mi abuela. Mi madre, que trabajaba largas horas en un hospital universitario cercano para terminar su residencia médica, llegaba a casa habitualmente mucho después de que yo dormía y se marchaba antes de que despertara. Entonces mi abuela, con su brusco amor y supervisión exageradamente estricta, era el adulto que me preparaba para la escuela, me cuidaba en las tardes, me daba la cena y me decía que debía cepillarme los dientes antes de ir a la cama—me vigilaba de cerca desde el amanecer hasta el ocaso. Por lo tanto, cuando visitaba a su mejor amiga, siempre la acompañaba. Y si Teresa estaba en casa, nos enviaban a jugar a la habitación de Teresa.

Teresa era tres años mayor, bonita y compuesta, y yo la veneraba. Probablemente yo era el equivalente a una molesta niña a quien había que cuidar sin ser pagada por ello, pero siempre era amable conmigo. Durante una de nuestras visitas en particular—yo era una niña de cinco años, desaliñada, de cabello enmarañado y Teresa era una chica de ocho años, alta, de largas piernas y graciosa—mi "prima" debió sentirse especialmente caritativa hacia mí. De hecho, en realidad parecía disfrutar sinceramente pasar el día conmigo. Mientras mirábamos sus álbumes de adhesivos, intercambiando adhesivos de raspar y oler, Teresa cantaba al ritmo de su nuevo disco de Michael Jackson, *Off the Wall*.

You can shout all you want to
'Cause there ain't no sin in folks all getting loud.

Cuando le recordé que nuestras abuelas, contrariamente a la promesa de la canción, se enojarían mucho si gritáramos como nos lo decía la canción, ella rió y siguió cantando, agregando un movimiento de baile típico de Jackson a la actuación espontánea con perfecta facilidad.

Claramente, yo era una bebé babosa, pero sabía lo suficiente para advertir lo fantástica que era Teresa. El hecho mismo de estar cerca de ella me daba vértigo. Quería impresionarla tanto que, cuando terminó de cantar, le ofrecí páginas enteras de mis mejores adhesivos—hologramas de unicornios, adhesivos de raspar de algodón de dulce, gatitos peludos—a cambio de sus adhesivos más inútiles y sencillos, aquellos adhesivos gratuitos que solían venir con los libros que se adquirían en la escuela. Pero aun cuando yo estaba ciegamente dispuesta a intercambiar adhesivos en mi propio detrimento, Teresa era una buena chica, y se negó educadamente a aprovecharse de mí en la economía de los adhesivos decorativos. Nunca sabré las razones por las cuales hizo lo que hizo a continuación—quizás mi maravillada admiración inspiró una especie de generosidad recíproca en ella—pero puedo decirles que quedé absolutamente encantada cuando buscó debajo de su cama hasta que encontró un regalo especial para mí: una fotografía a color de su Primera Comunión.

Estoy segura de que esto no parece gran cosa. Quiero decir, las familias ordenan esas chabacanas fotografías de estudio por docenas, al igual que las fotografías anuales de la escuela, y le entregan una copia a todas las personas que conocen para jactarse del hijo tan bonito y educado que tienen, o al menos del hijo aceptable y bien peinado que tienen. Es probable. Pero considerando que mi familia era tan supremamente anti-católica, para mí la fotografía de la Primera Comunión de Teresa era un objeto de contrabando del tamaño de mi billetera. A decir verdad, más allá de la certeza instintiva de que mi familia no aprobaría que yo hiciera la Primera Comunión, en realidad no sabía qué era la Comunión. Teresa probablemente había mencionado algo acerca de ella en visitas anteriores, pero incluso con la comprobación visual de aquel acontecimiento, el concepto seguía siendo terriblemente abstracto para mí. Aun así, la fotografía firmada por Teresa en la parte de atrás con su letra cursiva y ladeada de niña, y un corazón en lugar de la "a" de su nombre, fue poderosamente intrigante.

Para añadir a la mística de todo esto, Teresa parecía pertenecer a la familia real en la fotografía. Posaba elegantemente de rodillas, con las manos unidas debajo de su barbilla en oración, sus grandes ojos marrón elevados soñadoramente hacia el cielo. Su expresión era angelical, serena y etérea, pero lo que más me impresionó del retrato era su atuendo: un vestido prístino y casi cegadoramente blanco, a la altura de la rodilla, de un satén brillante e inmaculado y enormes mangas abultadas adornadas con encajes, un velo de encaje asegurado en su cabello intricadamente trenzado a la francesa, guantes blancos de satén, medias tobilleras adornadas con encaje, y zapatos blancos de charol—el tipo de zapato que yo habría destrozado y manchado en media hora de uso pero que Teresa, desde luego, podría usar indefinidamente.

"Te ves realmente elegante, como una novia," dije.

"Las novias no rezan," dijo.

Nunca dejaba de maravillarme su conocimiento del mundo.

Como la ávida imitadora que era, me abrumó el deseo súbito de tener un día especial como aquel de Teresa captado en los retratos a color, todos con un enfoque suave y borrosos en los bordes, como pequeñas nubes. Mientras yo contemplaba fijamente la fotografía, Teresa me contó todo acerca de su Primera Comunión, cómo la había cambiado, cómo había sido bendecida por ella. Yo escuchaba atentamente y, aun cuando estaba segura de no querer dedicarme a Dios, honrar a la Virgen ni prometer que mantendría mi pureza, aunque no tuviera idea de qué significaba esto, sabía que quería hacer la Primera Comunión... junto con todas las guarniciones, desde luego. Después de ocultar el retrato en mi álbum de adhesivos, para que mi abuela no lo encontrara, Teresa dijo, "Si crees que mi vestido de Primera Comunión era elegante, espera a mi fiesta de quinceañera."

"¿Tu qué?"

"Mis dulces dieciséis años. Puedes formar parte de mi corte."

Habría podido estar hablando en marciano.

"La mejor amiga de mi hermana mayor acaba de hacer su fiesta de quince. El tema era Cenicienta."

Teresa se dirigió a su alacena y tomó una zapatilla diminuta de "cristal." Trajo el barato zapato de plástico y me mostró el paquete atado con un lazo que se encontraba en el hueco de la zapatilla. Halando delicadamente de la cinta de satén rosa que lo envolvía, Teresa reveló un pequeño puñado de algo que parecía un tesoro de pirata plateado dentro de él.

"Son almendras. Puedes tomar una."

Yo nunca había visto algo semejante. ¿Almendras *plateadas*? Increíble. Profundamente honrada, tomé una almendra del pequeño montículo brillante, la sostuve en la palma de la mano, y soy lo suficientemente humilde como para admitir que la acaricié suavemente mientras Teresa pasaba la siguiente hora contándome acerca de su fiesta de quinceañera soñada.

Su cara se ruborizó y su voz casi temblaba mientras me explicaba que el tema de su quinceañera sería *Flash Gordon*. Susurraba cuando me ofrecía la información clasificada de que su vestido sería exactamente como el de la Princesa Aura en la película—una sensual blusa tipo bikini, en lamé dorado, incrustada de diamantes, y una larga falda compañera, con una abertura tan alta que una de las piernas estaría completamente expuesta. Y, en lugar de una tiara como aquella que la mayoría de las chicas llevaban en su fiesta de quinceañera, Teresa planeaba llevar una corona alta, complicada, con toneladas de joyas y puntas hacia arriba.

¡Cielos! Podía imaginarlo todo; si entrecerraba un poco los

ojos e imaginaba a Teresa con un cuerpo un poco mayor, *era* la Princesa Aura. Olvídense de la Primera Comunión; ¡no podía aguardar a tener una fiesta de quinceañera como la de Teresa!

Desde luego, aunque entonces no lo advertí, había una trágica contradicción cultural en el sueño de quinceañera de Teresa. Las fiestas de quinceañera para los adultos de nuestro barrio eran la oportunidad para que las chicas nacidas en los Estados Unidos honraran sus tradiciones culturales que nosotras—con nuestras escuelas estadounidenses, refrigerios y televisores, para no mencionar nuestra lengua cada vez más pocha—corríamos constantemente el riesgo de perder. A los ojos de las chicas que hacían una fiesta de quinceañera, el evento era principalmente una fiesta extravagante celebrada en su honor. Teresa no era la excepción. La quinceañera con la que soñaba era el epítome de la cultura estadounidense materialista, egocéntrica e irreverente que nuestros mayores nos reñían por adoptar.

Más tarde aquella noche, cuando mi abuela y yo regresamos a casa, guardé la almendra plateada que me había dado Teresa en mi joyero musical, al lado de mi pequeña figurita de porcelana del unicornio, y soñé con el día en el que yo también podría ser una princesa.

La suerte quiso que, un año más tarde, yo fuera coronada princesa, pero de un tipo completamente diferente. Mi madre, quien se había divorciado hacía mucho tiempo de mi padre, contrajo matrimonio otra vez y, súbitamente, me encontré viviendo a varios pueblos de distancia, en una casa nueva que incluía una piscina, un jacuzzi y dos padres médicos que avanzaban en su profesión. Mi padrastro conducía un Porsche. Yo llevaba ropa de Esprit y de Guess. Mi madre me llevaba al salón de Vidal Sassoon, de Beverly Hills, a cortarme el cabello. Cada año recibía un pase anual, laminado y con mi fotografía como una diminuta licencia de conducir para ir a Disneylandia.

Aun cuando las apariencias de superficie brillante son a menudo engañosas, desde una perspectiva externa mi vida parecía llena de cosas nuevas, alegres y mágicas. Todo lo que había dejado atrás en mi viejo barrio—el cuidado vigilante de mi abuela, los juegos con Teresa, mi pequeño joyero musical con la figurita del unicornio y la almendra plateada—se convirtió en parte de mi pasado.

La ironía era que, para cuando cumplí doce años, el drástico cambio en mi vida se estableció firmemente y mis sueños prestados de una quinceañera como *Flash Gordon* no eran más que un recuerdo distante. Pero terminé deseando ávidamente de nuevo un rito de paso religioso... pero esta vez era un "Bat" Mitzvah. ¿Había encontrado mi familia la religión? No, pero, en cierta forma, yo sí lo había hecho. Como la mayor parte de las chicas estadounidenses de doce años, integrarme al grupo se había convertido en mi Dios. Y, para cuando estaba en secundaria, mis amigos—todos los cuales eran ricos y ninguno hubiera durado un día entero en mi antiguo barrio—incluía a un puñado de chicos que comenzaban a celebrar su "Bat" y Bar Mitzvahs.

Las ceremonias a las que yo asistía se realizaban siempre en templos reformados, y las recepciones en hoteles de lujo. Confiaba que, si se me daba la oportunidad, habría podido asistir a la escuela dominical durante un año y aprender una parte de la Torah, como lo habían hecho la mayor parte de mis amigos no practicantes. Pero, honestamente, más urgente que eso, era el hecho de que yo, al igual que mis más cercanos amigos, quería ser la chica que diera la fiesta de "Bat" Mitzvah mejor que todas las demás.

Sin bromear, cada recepción a la que asistía era idéntica en el sentido que toda la devota reverencia y el control adulto de la ceremonia que se realizaba en el templo se invertía completamente, mientras que nosotros—delgados, con aparatos en los dientes, mimados y llenos de hormonas—corríamos alocadamente en nuestros vestidos pastel de Jessica McClintock y trajes alquilados.

Al ritmo de "Wild Thing" de Tone Loc y de "Every Rose has its Thorn" de Poison bebíamos cantidades de licor, nos apiñábamos en los adornados baños de la recepción de los hoteles, nos ahogábamos al fumar cigarrillos mentolados que habíamos comprado en las máquinas de los pasillos, conseguíamos alquilar habitaciones en los hoteles sin que nuestros padres se enteraran, teníamos sexo como locos y aterrorizábamos a los inocentes huéspedes de los hoteles en los ascensores—en síntesis, *gobernábamos totalmente*.

¿Pueden culparme por decirle a mi madre que quería un "Bat" Mitzvah?

Por obvias razones—yo no era judía—mi concurrido y *très* memorable Bat Mitzvah nunca ocurrió. En lo que a mi respecta, no me importó en absoluto—mi calendario social estaba lleno con las celebraciones de otros chicos y nunca tuve que escribir notas de agradecimiento por los regalos ni avergonzarme enfrente a todos mientras tropezaba con el hebreo fonéticamente pronunciado en un templo como lo hicieron ellos. Durante un año entero yo y mis amigos la pasamos estupendamente bien. Habría incluso asistido a más fiestas si hubiera sabido lo fuerte que sería la transición durante los años siguientes.

A los catorce años, me había alejado muchísimo de todos mis amigos de secundaria, estaba de regreso en el barrio, durmiendo otra vez en el sofá de mi abuela. Mi madre, en medio de lo que se había convertido en un horrible divorcio de su segundo matrimonio, trabajaba la mayor parte del tiempo y me dejaba a cargo de mi abuela, como en los viejos tiempos. Yo no había vivido en casa de mi abuela desde que tenía seis años, pero ahí estaba, frustrada de nuevo por sus reglas estrictas y demostraciones "sensibles" de afecto. Habían terminado los días en los que mamá me entregaba billetes de cincuenta completamente nuevos y me dejaba en el centro comercial South Coast Plaza con mis amigas, donde íbamos de compras y luego pasábamos al otro lado de la calle a TGIF para coquetear con los meseros, quienes nos traían jarras de piña colada, preparada con más ron del habitual. Habían terminado las visitas sin supervisión a puerta cerrada con un chico patinador especialmente apuesto, que ponía sus manos en lugares que incluso a él lo hacían sonrojar.

A cambio de esto, vivir con mi abuela me puso de nuevo en los confines protegidos dentro de los cuales había habitado desde kindergarten; rogaba que me permitiera ir en bicicleta a casa de mis amigos, como lo hacían los otros chicos de forma tan natural como respirar. Dado que no me daba cuerda suficiente ni para ahorcarme, la queja más constante y concreta sobre mi presencia adolescente en su casa era que usaba demasiado el teléfono. Esto, desde luego, era sólo el problema superficial. Lo que realmente la enojaba era que, debido a desarrollos recientes, todos mis amigos de secundaria, al igual que yo, nos envolvíamos en ropa negra y teníamos por pasatiempo arrastrarnos melancólicamente por la casa, como los chicos depresivos con desequilibrio hormonal que éramos.

"Qué, ¿quieren parecer zombis?" preguntaba mi abuela.

No zombis exactamente... más como Bela Lugosi o Irma Vep.

Si yo hubiese sido la chica normal que compraba el anuario durante mi primer año de secundaria, habría podido abrir entonces aquel documento fotografías-periodístico y contarles acerca de la apariencia de mis compañeros vampiros con mordaz especificidad. Era 1989 y, si mi memoria todavía funciona, había cantidades de laca en aerosol... y lápiz labiales oscuros, polvos compactos de plástico con aspecto de carey en los tonos más pálidos posibles, delineador para dar forma de ojos de gato, aplicado con adornados toques, como pequeñas telarañas extendidas hacia nuestras entradas de viuda, vestimenta negra de la cabeza a los pies y botas puntiagudas de gamuza negras, con al menos cinco hebillas que llegaban hasta nuestros tobillos enfundados en medias de malla rotas. Pero aquello era solamente lo que nosotros—los góticos dramáticos y a menudo nerds, chicos y chicas por igual—llevábamos. En cuanto a los chicos normales—los deportistas, universitarios, porristas y chicos sencillos—tengo un muy vago recuerdo de cómo se adornaban. Pero como quiera que fuese, yo no era uno de ellos. Por lo tanto, mi abuela solía decir: "No, no me importa si la hermana mayor de tu compañera ha tenido su licencia de conducir durante *veinte* años, tú no irás al cine con esos demonios."

Sólo hacía lo que consideraba mejor para mí, pero me mataba que pensara que yo me había malcriado de esa manera. Había todavía una parte de mí que lo que más quería era complacerla, mostrarle que yo era una chica buena. Y cuando pensaba en los chicos buenos a los que aprobaba, recuerdos de mi prima Teresa como una dulce joven soñadora pasaban por mi mente. Debe haber sido esta combinación de estímulos lo que me llevó a decir a mi abuela que realmente deseaba poder hacer una fiesta de quinceañera.

"¡Ja!" respondió, mirándome detenidamente.

"Vuela, pequeño vampiro, vuela," se burlaba mi madre las veces que la atormentaba con esta idea.

Pero, a diferencia de mi abuela, podía ver algo en los ojos de mi madre que parecía registrar la sinceridad de mi pedido. No estaba segura sobre cómo lo conseguiría, pero esperaba que, de alguna manera, me diera una fiesta sorpresa de quinceañera.

Las familias más tradicionales de nuestro barrio contrataban mariachis para dar una serenata a sus hijas desde el jardín la noche antes de sus quince años. Me preocupaba que mi madre fuese tan anticuada como para contratar mariachis para mi quinceañera. Los mariachis se detenían en la mitad de "Las mañanitas," tomarían sus instrumentos y saldrían corriendo cuando me vieran.

Abriríamos las cortinas del salón para verlos cantar—luciendo más aterradores que Lily Munster antes de su café en la mañana. Mi preocupación perversamente esperanzada nunca tuvo ocasión de probarse porque, a medida que se acercaba mi cumpleaños, en lugar de traer mariachis al jardín, mi madre arregló para que Robert Smith—el cantante principal de The Cure y el más principesco amor gótico—me diera una serenata. Bueno, más o menos.

Está bien, permítanme retroceder un poco. Hablemos acerca de The Cure. Hasta el día de hoy, escuchar sus canciones libera en mi caja toráxica toda la aplastante intensidad, confusión y deseo que casi me abrumaba minuto a minuto durante todos los días de mi adolescencia. The Cure—los proveedores de las melodías más tristes, más azucaradas, más obsesivas. Seguro, de alguna manera se vendieron y se integraron a la corriente dominante. Sí, los góticos radicales dijeron que siempre habían sido demasiado pop para ser realmente góticos. Pero, como quiera que sea, The Cure era la banda que incluíamos con mayor frecuencia en la mezcla musical que grabábamos para nuestros amigos, su música era lo que se escuchaba en nuestros parlantes cuando llorábamos y lamíamos nuestros corazones a menudo rotos; sus canciones eran los salvavidas a los que nos aferrábamos cuando casi nos ahogábamos en nuestros más tormentosos anhelos secretos y vulnerabilidades. Básicamente, The Cure habría podido embotellarse en forma de tónico por la forma en que consumíamos sus canciones para aliviar nuestros dolores y males adolescentes.

De ahí el frenesí que se produjo entre mis amigos cuando KROQ—la estación de radio de Los Ángeles donde, a fines de la década de 1980, escuchábamos las canciones que a nosotros, los chicos "alternativos" más nos agradaban (KISS FM era para los perdedores de los diez perdedores del pop, K-Earth para los tontos a quienes les gustaban las canciones viejas, y KNAC para los metaleros)—anunció que The Cure estaría de gira para promover su más reciente álbum, *Disintegration*. Para completar nuestro delirio obsesivo, había rumores de que la gira de *Disintegration* ¡podría ser la última gira de The Cure! La sola mención de que The Cure pudiera desaparecer era suficiente para desencadenar ríos torrenciales de lágrimas negras, manchadas de rimel, sobre nuestras empolvadas mejillas colectivas.

"¡*Moriré* si se separan!" Nos turnábamos para sollozar en los pasillos de la escuela, reclinados contra los casilleros y atrayendo una cuota mayor de la normal de miradas asqueadas de nuestros compañeros cuando pasaban a nuestro lado.

"Puedo sentir que mi corazón se rompe completamente. En serio, ¡siéntelo!"

(Todo era una excusa para que un chico te tocara.)

Al mirarnos, se podría pensar que acogíamos la posibilidad de una muerte ocasionada por deseos no correspondidos, mas no. Mientras que la melancolía actuada hiperbólicamente era nuestra marca, por una vez nuestra desesperación e infelicidad eran reales. En lo profundo de nuestras anudadas tripas, ansiosos pulmones y ojos enrojecidos, sufríamos. Recuerden, había guerras. La gente moría de hambre. El SIDA eliminaba segmentos enteros de la población mundial. Sin embargo, para nosotros—los miopes, egoístas y afortunados habitantes de una existencia segura y cómoda—el pensar que nos perderíamos de lo que podía ser la última gira de The Cure nos hacía sentir que se extinguirían nuestras propias almas.

"Mamá, por favor, tengo que ir," gemía una y otra vez cuando regresó mi madre del trabajo tarde en la noche.

"¿Cuándo es el concierto?"

"Mamá, poooooooor favooooooooooooor."

"¿Cuánto cuestan los boletos?"

"Los padres de Alice la dejarán ir."

Ah, las encantadoras dificultades de la comunicación entre los adolescentes y sus padres. Haber mencionado a Alice en aquel momento probablemente sólo contribuyó a convencer a mi madre que Alice era exactamente el tipo de chica a quien no quería como amiga mía. Infortunadamente, las otras cosas que sabía mi madre acerca de Alice era que se le permitía conducir una motocicleta y llevar minifaldas de cuero peligrosamente cortas... a la iglesia— ¡donde su padre era pastor! Me preparé para el predecible sermón: "si una de tus amigas salta de un puente..." Pero mi madre realmente me sorprendió con su respuesta.

"Está bien, puedes ir."

¿Qué? Los datos no cuadran...

"Con una chaperona, Felicia. Y me refiero a uno de los padres."

¡El horror!

Ni siquiera me molesté en decir a mis amigos que podía ir al concierto. Me sentiría mortificada al explicarles que mi madre estaba tomando decisiones educativas con las que incluso mi super anticuada abuela coincidiría. Así, mientras mis amigos se apiñaban a la hora del almuerzo hablando acerca de cómo sería un sueño ver a The Cure, yo me mantenía en silencio. Dos días después de este dilema, mi madre me sorprendió con dos boletos para la platea— lo más cerca posible del escenario. Uno era para ella y el otro para mí, explicó.

"Dile a tus amigos que los puedo llevar a todos o que podemos encontrarnos allá."

Está bien, mi madre era sobreprotectora, pero desde mi nueva perspectiva adulta, puedo ver con claridad lo considerada y generosa que fue. Quiero decir, no sólo estaba dispuesta a sacar el tiempo de su día extraordinariamente largo para hacer fila en el infierno enloquecedor de TicketMaster, sino que también había conseguido un boleto maravilloso para mí.

Y ahora unas palabras de nuestro malhumorado patrocinador de catorce años, a punto de cumplir quince:

Yo no quería ir a ver a The Cure con mi *madre*.

"No te preocupes, mamá."

"Deja de ser tan mimada; será divertido. Además, no me darán de nuevo el dinero por los boletos."

Y resultó que, en efecto, habían sido muy costosos—como lo eran el resto de los boletos. Se agotaron antes de que mis amigos juntaran el dinero necesario para comprar los suyos.

Después de que me vestí y me preparé a la perfección para el concierto, reuní un atuendo adicional de ropa y zapatos, y lo puse en el salón al lado de las cosas de mi madre. No era muy sutil, pero ¿qué adolescente lo es? Como la criatura narcisista que era, esperaba que mi madre *intentara* al menos integrarse un poco al concierto. La idea de que llevara uno de sus trajes de ejecutiva con medias color piel y zapatos sin tacón bastaba para que sitiera escalofríos en la espalda. Milagro de milagros, se apiadó de mí y actuó su parte sin un tropiezo. De hecho, pareció disfrutar vestirse para su papel, como si se preparara para un excitante baile de disfraces. Una vez vestida con su atuendo asignado de vaqueros negros apretados, una blusa amplia negra de botones y botas de bruja, reuní todas las pinturas necesarias de mi caja de maquillaje y la llamé al baño. Ella deshizo el moño de su largo cabello negro y deshizo la trenza, de manera que caía por su espalda como un velo natural. El polvo blanco sobre su piel pálida, sus enormes ojos marrón pesadamente delineados con rimel, lápiz labial color vino tinto aplicado como en las películas mudas—mi madre lucía envidiablemente exquisita.

Durante toda la noche, simultáneamente adoré y odié ir al concierto con mi madre. La gente nos detenía para comentar lo espectacular que lucía. Hubieran debido ver algunos de los intrincados atuendos y maquillajes que había pero, aun así, mi madre causó una impresión memorable. Bajo mis polvos blancos, estaba verde de la envidia. Yo era solamente una adolescente típicamente insegura, consciente de todos mis movimientos potencialmente torpes. Ella era una mujer llena de confianza en sí misma, de treinta y ocho años, que parecía que apenas trataba de lucir bien. Está bien, yo también estaba impresionada. Mi madre era fantástica. Pero, ¿por qué tenía que ser *tan* fantástica?

Ah sí—el concierto. Fue espectacular, creo. A decir verdad, apenas recuerdo lo que sucedió en el escenario, pero sí recuerdo un grupo de chicos apuestos entre el público, cerca de nosotros, que cantaban al tiempo con la banda y bailaban admirablemente cerca de mi madre durante la repetición de "Why Can't I Be You?"

Everything you do is simply kissable
Why can't I be you?

Cuando terminó el espectáculo, cometí el enorme error de mencionar a mi madre que habría deseado que tuviéramos pases para los camerinos para asistir a la fiesta de la estación de radio.

"¿Necesitas un pase?"

"Claro, mamá."

Pase o no pase, al parecer mi madre no necesitaba un estúpido pase. Me arrastró, completamente mortificada—*¡No puedes entrar ahí sin un pase, Mamá!*—hacia la parte de atrás del escenario.

"Hola," dijo sonriendo confiadamente al guardia de seguridad: "Odio molestarlo, estoy segura de que está usted muy ocupado, pero me pregunto si puede ayudarme. Lo ve, mi amiga tiene nuestros pases, pero creo que ya está adentro. Mi hija puede aguardar aquí. Si tuviera la amabilidad de ayudarme, encontraré a mi amiga y le traeré nuestros pases..."

El guardia, que lucía feroz con sus músculos de gimnasio, sonrió educadamente, abrió la puerta y la dejó entrar. Debió pensar que nadie tan amistoso, articulado y racional como mi madre dejaría a su hija como rehén si no pensara regresar de inmediato. Y fue así como aguardé en la parte de atrás del Estadio Dodger, con el enorme guardia de seguridad vigilándome, durante una hora. Sin mentir. Mi madre se olvidó por completo de mí, o la estaba pasando tan bien que no quería salir. ¿No era esta la misma mujer que no me permitía ir al concierto sin una chaperona? A pesar de todo, el guardia se dio cuenta de que lo habían engañado y se negó a dejarme entrar para ir a buscarla. Y, dado que era la época en la que aún no existían los teléfonos móviles, no tenía manera de comunicarme con mi madre. Esperando que todo fuese un gran malentendido y que quizás ella estuviera buscándome, hallé nuestro auto en el enorme estacionamiento y la esperé.

Un grupo de nubes de tormenta, algo poco común en el sur de California, se reunió en el cielo en cuanto me senté en la capota de nuestro Jeep Cherokee gris. Con la barbilla en la mano, quejándome, quedé empapada cuando comenzó a llover. La reina del drama, ¿verdad? Bien, sí, tenía catorce años. La gente corría buscando sus autos y me preguntaba, preocupada, si me encontraba bien.

"Sí, gracias. Estoy bien. Completamente bien."

Me senté hasta que mi trasero huesudo no pudo soportarlo más y luego regresé al sitio donde se encontraba el guardia de seguridad para rogarle que tuviera piedad de mí. Cuando aún me encontraba en la entrada, dos camionetas blancas de vidrios opacos se detuvieron delante de la parte de atrás del escenario y se alejaron lentamente mientras grupos de fanáticos frenéticos corrían detrás de ellas. La banda. Ahí iba.. Adiós. Estaba empapada, agitada, hambrienta, y mi hora de ir a la cama había pasado hacía rato. Comencé a vociferar. El guardia me miró como si yo fuese la cosa más lastimosa que hubiera visto en su vida y, finalmente, me dejó entrar, más para deshacerse de mí que por cualquier otra razón, creo. Recorrí la parte de atrás del escenario llamando a mi madre, hasta que al fin la encontré. Me presentó a su nuevo grupo de amigos, que incluía a algunas de las personas más importantes de la música y la radio en Los Ángeles, y luego dijo: "Qué pena que te perdiste a Richard. ¡Qué coqueto!" Rió.

¿Richard? ¿Quién? Y luego, con el siguiente latido acelerado de mi corazón, me di cuenta que se refería a Robert Smith, el cantante principal de The Cure, ¡mi amor platónico! Desde luego, me lo presentaría, ¿verdad? Mi corazón latía y mis manos estaban húmedas de sudor nervioso. Pero luego recordé que toda la banda se había marchado en las camionetas de vidrios oscuros mientras yo permanecía en la entrada, ¡aguardando a mi madre! Contuve mis amargas lágrimas.

"*Robert*, mamá. Su nombre es Robert. Robert Smith," dije.

"Ah," dijo, y rió de nuevo.

Mi madre y sus nuevos amigos seguían conversando sobre cosas completamente desprovistas de importancia y súbitamente vi el mundo con una nueva claridad y comprensión. Advertí que, en el fondo, la única verdadera diferencia entre los adultos y yo era que ellos habían vivido más tiempo. Mi madre nunca dijo que el concierto era mi sorpresa de quinceañera, y es posible que no lo hubiera pensado exactamente así, pero, al igual que toda chica cuando cumple quince años, pasé por una transformación aquella noche. Me convertí en una mujer. Una cosa es segura, aquella noche con mi madre en el concierto de The Cure fue exactamente como hubiera deseado que fuera mi fiesta de quinceañera—melodramática, estrafalaria... y extrañamente maravillosa.

Más de una década después, cuando revisaba las cosas que había guardado en una bodega, preparándome para mudarme del sur de California a Manhattan, encontré el pequeño joyero musical que solía guardar en casa de mi abuela cuando era niña. Cuando abrí la tapa de flores azules, una suave música comenzó a sonar, y la bailarina de plástico que había en su interior comenzó a hacer rígidas piruetas. Allí dentro encontré tres joyas.

Un boleto amarillento para el concierto de The Cure, en el Estadio Dodger.

Una delicada figurita de porcelana con la forma de un unicornio.

Y una almendra plateada.

Intenté morder la almendra que aún brillaba como la tapa de un convertible, pero apenas arañé la superficie. Con polvo plateado en los dientes, renuncié a comerla. El joyero musical se rompió durante la mudanza. Perdí el boleto del concierto. Y algo más fuerte o con más hambre que yo se comió la almendra. Pero aún conservo la porcelana del unicornio.

De hecho, el unicornio se encuentra sobre mi escritorio mientras escribo esto, exigiendo atención desde mi visión periférica— exactamente como lo hacían los verdaderos unicornios en mi infancia, y la esperanza de una fiesta gótica de quinceañera en mi adolescencia. Es cierto que nunca tuve un unicornio vivo ni una quinceañera no muerta, pero ambos, sin embargo, han contribuido a definir la persona en quien me convertí. Y, en cuanto al unicornio de porcelana, si lo miras de cerca, verás que cada una de sus patas se quebró accidentalmente en un momento dado, y que fueron pegadas de nuevo. En ocasiones pienso que debería comprar un pequeño frasco de pintura dorada para retocar sus gastados cascos y su cuerno. No obstante, lo más probable es que deje el dorado gastado como un recordatorio de todo aquello por lo que ha pasado el unicornio.

Una Fiesta de Quince en Vaqueros

POR Berta
Platas

Crecí escuchando relatos sobre las más extravagantes fiestas de quince, la versión de los cubanos de clase media de los bailes de debutantes. En mi mente, las fiestas de las viejas épocas eran como los cotillones sobre los que leía en las novelas de Georgette Heyer que sacaba de la biblioteca pública de Nueva York. Sin embargo, no había minuetos ni valses escandalosos: mi visión estaba invadida del ritmo infeccioso de la rumba, y las mujeres iban vestidas como aparecía mi madre en las fotografías teñidas a mano de los años cincuentas, que ella había llevado consigo al exilio.

Me imaginaba llevando uno de aquellos vestidos de baile de seda, de enormes faldas, que estaban en boga en todo el mundo cuando ella era una adolescente, gracias a diseñadores como Givenchy y Balmain, y bailando con un apuesto joven vestido con un esmoquin.

El verano de mis trece años, los deseos soñados se convirtieron en seria planeación durante una reunión de familia en una cálida noche de Miami. Quizás era mi anhelo de aquella elegancia perdida lo que me puso tan irritable mientras permanecía en medio de dos tías políticas, mientras ellas discutían la fiesta de quince que se aproximaba de mi escuálida prima Mirta.

Me estremecía ante sus chabacanas ideas, sabiendo que la fiesta de quince perfecta era un momento para recordar siempre. No debí sorprenderme ante algunas de sus extrañas sugerencias; su gusto para la decoración incluía forros de plástico transparente para los muebles.

Eran sólo las diez de la noche—no era tarde—y yo sudaba, habiendo terminado una maratón de merengues con mi tío. Faltaban horas para la medianoche y, con ella, el final de nuestra fiesta de familia. La policía siempre acudía, llamada por los estirados vecinos al otro lado de la calle que, como de costumbre, habían rechazado la invitación de mi abuelo de unirse a nuestro ruidoso clan. Era como un ritual, llamar a la policía.

No recuerdo cuál había sido la ocasión para esta fiesta veraniega (lo cual significa que probablemente no había ninguna, excepto una oportunidad de reunirnos), pero sí recuerdo que aún faltaban dos años completos para mis quince años.

Estaba sentada en la mesa del comedor, que había sido arrastrada hasta el patio cubierto de baldosas de concreto, y cubierta con platos de bocaditos—diminutos emparedados—así como de grandes recipientes de hielo llenos de camarones hervidos y rodeados de recipientes más pequeños con la picante salsa de cóctel que preparaba mi abuela.

Mordí un bocadito y subrepticiamente olí mis axilas para asegurarme que mi desodorante no me había abandonado. Más tranquila, me recliné para escuchar a mis tías de amplias caderas hablar sobre mi cabeza, mientras miraba a mi pareja de baile predilecto, mi tío Manolo, bailando el boggie con mi madre.

Hay siete Manueles y cinco Manuelas en la familia, lo cual causa grandes confusiones. Fueron apodados Manolo, Manny, Manolito y Manuelito—y eso son sólo los hombres.

"Mijita, no puedes creer el vestido que encontró Mirtica en Fort Lauderdale." La tía Mercedes lo pronunciaba Fo-do-del-del.

"¿Para su fiesta de quince?" Eso fue la tía Linda. Aquello atrajo mi atención. Yo había tejido sueños acerca de mi propia fiesta fabulosa de quince desde que era niña, pero nunca había asistido a una. Primero habíamos vivido en un vecindario polaco en Pittsburg, y ninguno de nuestros vecinos en Manhattan sabía tampoco qué era eso. Así que cuando escuchaba a la gente hablar de planear o, mejor aún, de asistir a una fiesta fabulosa de quince, escuchaba atentamente, esperando obtener pistas, a favor y en contra.

Como la gente que era tan avara que sólo invitó a la familia de la chica. Imaginen eso. Alienaron a todo el barrio, a todos los amigos de la familia y la pobre chica probablemente perdió a todos sus amigos de la escuela. Mis padres eran comprensivos y prácticos. Yo sabía que no me fallarían cuando llegara el momento de hacer la lista de los invitados.

Las tías continuaban hablando del vestido de Fort Lauderdale.

"Cuesta un ojo de la cara," dijo la tía Mercedes, "pero, Dios mío, es bellísimo. La parte de arriba es ceñida, y con un escote profundo, así." Describió un arco bajo sobre su acolchonado pecho. Una medalla redonda de la Virgen de la Caridad del Cobre, del tamaño de un plato de café, estaba apretada hacia un lado en el escote manchado de pecas de mi tía. "Y tiene cinco capas de tul. No tiene tiras, sabes, y está cubierto de rositas de seda."

"Strapless with silk rosebuds." En ocasiones mi cerebro se sentía blando por el esfuerzo de la traducción simultánea.

El vestido sonaba espectacular y súbitamente odié a Mirta, aunque apenas la conocía. Era una prima distante, que siempre salía con sus amigos mayores, todos los cuales parecían tener autos elegantes, mientras que mi hermana y yo estábamos atrapadas en la Tierra de las Viejitas, con nuestros padres. Mi prima tenía catorce años, y yo sentí como si hubiera tenido trece durante veinte años.

No podía esperar a obtener mi permiso de conducir, y luego mi licencia. No asistiría a todas aquellas interminables visitas familiares. Pasaría mis vacaciones en Miami en la playa, o paseando por los centros comerciales. Quizás tendría allí mi propia fiesta de quince.

Me imaginaba en el vestido de Mirta, casi podía sentirme bajando por una grandiosa escalera cubierta por una alfombra roja, con las faldas de tul flotando detrás de mí. Mirta, quien era esquelética y de grandes dientes, luciría ridícula en aquel fantástico vestido. Y ¿qué sostendría aquel corpiño sin tiras? No sería su plano pecho. Los sostenes milagrosos aún no habían sido inventados. Aquel pensamiento poco bondadoso desconocía por completo el hecho de que yo era igualmente delgada, de pecho plano y que tenía los dientes tan grandes como el teclado de un piano. Mi ser imaginario era curvilíneo y elegante. Quizás me llenara un poco en dos años. El tiempo se agotaba para la pobre Mirta.

Aquella noche, después de más merengues, demasiado puerco asado, y unos sorbos robados de la cerveza del tío (púa), y del ron con Coca-Cola de la tía Chela, (mmm), soñé con el vestido de Mirta y desperté con ánimo de planeación.

Mi propia fiesta de quince estaba cada vez más cerca. Dos años súbitamente parecían un largo tiempo. Pronto sería el centro de atención, rodeada por mi elegante corte y, desde luego, mi vestido eclipsaría a todo el mundo. Pensé que, para entonces, Mirta estaría vieja, quizás incluso se habría casado.

Inspirada por la descripción del vestido de Mirta, comencé a planear el vestido de mis sueños. Dibujé y descarté cientos de diseños. Yo era una fanática de la moda desde niña. Mi madre era una costurera experta, y cosía vestidos para ella, mis hermanas y yo. Se había apoderado de dos enormes catálogos de McCall's y Buttericks, aquellos que se encuentran por lo general en las mesas de las tiendas de telas. Yo pasaba horas copiando las cabezas y los brazos de los diseños de modas, sustituyendo mis propios diseños por aquellos que aparecían en los catálogos.

Sabía que en el distrito de la ropa podíamos comprar cualquier clase de tela y de cinta que existiera, y pensé que lo que yo diseñara podría hacerse en nuestro propio apartamento.

Mi mejor momento para diseñar era el domingo en la tarde, después de la limpieza de la casa, cuando mami ponía su destartalada mesa de planchar, con una taza de agua sobre el lado ancho para rociar y su plancha de vapor conectada. Mientras planchaba pilas de camisas, sábanas e incluso mis propios vaqueros, yo me sentaba a sus pies.

Tenía una vieja lata de sopa llena de lápices de colores, un poco de papel periódico enrollado, cinco lápices número dos especialmente afilados para dibujar, y un grueso bloque de hojas.

Mientras mamá planchaba, mirando viejas películas en blanco y negro en la televisión, yo tomaba mi lápiz en cuanto veía un vestido que me agradaba en una de las películas históricas que a ambas nos encantaban. Las mujeres que actuaban en ellas eran como Merle Oberon, quien lucía increíblemente romántica con sus vestidos amplios e inflados. Imaginaba los vestidos en colores salvajes, en blanco virginal o en un rosa pálido, delicado. Mis lápices de colores se veían reducidos con rapidez a diminutos cabos, y mi padre se quejaba de que le pidiera constantemente otros nuevos.

Yo argumentaba que era por amor al arte, pero le ocultaba mis diseños, temerosa de que pensara que eran frívolos. Como era la hija mayor, era el "chico" designado por mi padre, y había aprendido a cazar, a jugar béisbol y a seguir las discusiones sobre la política cubana de las viejas épocas. Si él hubiera aprobado que las mujeres fumaran, probablemente habría aprendido también a fumar cigarros.

No que quisiera que yo fuese como un chico, pero yo deseaba desesperadamente complacerlo y, sin preguntarlo, sabía que el diseño de modas no sería la carrera que él habría elegido para mí. Estaba destinada a una carrera más importante, más seria. Derecho, quizás. O la enseñanza.

Entre tanto, yo devoraba aquellas películas clásicas y las mezclaba con los relatos que escuchaba acerca de La Habana perdida que la gente mayor describía como el cielo en la tierra. Un cielo lleno de fiestas, alimentadas por licores costosos, orquestas de veinte intérpretes y bailarines felices y a la moda. Afuera, líneas de limosinas aguardaban para llevarlos a casa; sus conductores uniformados hablaban con las manos, con amplios gestos, a los que hacían eco los hombres que fumaban elegantes cigarros en los balcones con barandas suspendidos sobre ellos.

Me imaginaba entrando al atestado salón de baile, las faldas amplias y diáfanas de mi espectacular vestido apenas tocando el piso encerado. Todos permanecerían en silencio cuando me vieran y luego sonaría un vals. Mi padre, radiante en su esmoquin, me acompañaría en el primer baile, mientras que mi madre nos miraría, orgullosa, con los ojos brillantes de lágrimas de alegría.

Después de que mi padre me hiciera girar alrededor de la pista de baile, todos mis amigos se nos unirían, formando las quince parejas tradicionales—una pareja por cada uno de los años que yo había pasado sobre la tierra. Luego, mi acompañante y yo nos uniríamos a ellos, la decimosexta pareja. Seríamos la pareja más bella, desde luego. Yo luciría el mejor vestido, con la pareja más apuesta, y seríamos los bailarines más elegantes. Una tiara brillaría entre mis rizos oscuros.

No importaba que viviéramos en Charlotte, Carolina del Norte, una ciudad que, en los años setenta, estaba dividida como una galleta de pastelería, negra de un lado, blanca en la otra. No sé eso que hacía de mí—¿el relleno de crema? Pero no había otras latinas en ninguna parte, o bien eran indetectables. Cuando me encontraba con una chica de apellido Díaz me entusiasmaba, hasta que descubría que lo pronunciaba *Die-ahz*. ¿Cómo puede una familia olvidar como se pronuncia su propio apellido? Si había un latino en su pasado, la sangre de aquella persona se había rendido hacía largo tiempo al ADN irlandés del resto de su familia.

La ausencia de chicas latinas de mi edad no me desanimó de mis planes para la fiesta de quince. Había escuchado acerca de muchas fiestas en las que la festejada era tan horrorosa que sus padres tenían que alquilar la corte, y también a sus parejas. Patético. Esto no me sucedería a mí. Tenía muchísimos amigos, aunque todos eran anglos. Tendría que negociar.

Ellos también. Los estudiantes de la secundaria a la que yo asistía eran en su mayoría afroamericanos, lo cual era nuevo para mí. Yo había pasado de un vecindario polaco en Pittsburg a uno judío húngaro / dominicano / puertorriqueño en Nueva York, y todos eran inmigrantes. Teníamos mucho en común. Para mí, Charlotte era como un país extranjero. Probablemente ellos pensaban lo mismo de mí. Una cubana. De Nueva York, nada menos.

Aun cuando mis amigos consideraban los quince años como una época de enormes cambios, esto tenía menos que ver con las fiestas de debutantes en un salón de baile y más con obtener la licencia de conducir. Mientras mis amigas estudiaban los signos de las carreteras, yo me preguntaba si las rosas de cinta serían demasiado chabacanas, y si deberíamos servir cerveza o solamente vino y ponche.

Mis amigas tendrían que aprender los bailes, y necesitarían una guía sobre lo que debían esperar. Había un riesgo de shock cultural extremo cuando el nuevo Sur conociera a la vieja Cuba.

Y así fue cuando dos autos llenos de parientes llegaron de Miami; nadie en nuestro barrio había visto gente así. Mucho antes de la llegada de latinos provenientes de México y de Centro América, nosotros éramos los únicos latinos que aquellos trabajadores de cuello azul y suelas de alquitrán habían visto jamás.

La imagen de toda mi familia en el jardín de adelante después de la cena, sentada en sillas de aluminio y sosteniendo seis conversaciones simultáneas, con mucho ruido, era un aviso para aquellas personas que mantenían su vida familiar en privado y se limitaban a sus patios rodeados de cercas con cadenas. Advertimos que el tráfico en nuestra tranquila calle se incrementó, a medida que los vecinos encontraban disculpas para pasar por ahí, como si fuésemos un espectáculo del zoológico.

Pero mis amigas Ellen y Sue no se mostraron sorprendidas con la cantidad de puerco, fríjoles, arroz y dulces que consumía mi familia. Después de todo, eran sureñas, y sus propias familias eran grandes (en más de un sentido).

Pero el fuerte café cubano que se cocía en la cafetera plateada sobre la estufa día y noche las intrigaba. Y se escandalizaron al ver que los niños lo bebían, mezclado con leche caliente, mucho azúcar y una pizca de sal. Sus ojos se abrieron de nuevo cuando vieron todas las joyas de oro de dieciocho quilates que rodeaban nuestros cuellos y colgaban de nuestras orejas. Las intrigaba especialmente las medallas que llevaban los hombres, colgadas de gruesas cadenas. Algunos de aquellos medallones eran enormes, como miniaturas de la Virgen María.

Ellen y Sue se interesaron más por mi fiesta de quince después de aquella visita. Aunque aún levantaban los ojos al cielo cuando yo hablaba de bailar el vals, los vestidos atrajeron toda su atención. Yo estaba pensando en las antiguas tradiciones cubanas, ellas en *Lo que el viento se llevó*, lo cual era, quizás, más cercano a la verdad. Llevados por el viento comunista, tal vez.

Al menos no tenía que preocuparme por mi pareja. El verano de mis catorce años, un chico cubano se mudó al vecindario. Andrés era moreno, apuesto y muy tímido. Su familia se había mudado a España en lugar de llegar a los Estados Unidos, así que era muy diferente de los cubanos que yo había conocido.

Sus maneras anticuadas me parecían extrañas, como si hubiese aterrizado en Charlotte por un desvío del tiempo pero, al mismo tiempo, se asemejaba mucho a los héroes de las películas que yo solía ver.

Me enamoré perdidamente de él y, mejor aun—había encontrado mi pareja para la fiesta de quince. ¿Quién mejor que él? Ahora mis sueños tenían como protagonista a Andrés, quien me tomaría de los brazos de mi padre después del vals, y me haría girar por el salón, con la falda en un remolino. A pesar de la pasión por mi primer amor, aquel vestido era tan importante como mi pareja. Quizás más.

Siendo una soñadora, pero también pragmática, planeé todo cuidadosamente. Aquí el vals, allá el momento del llanto con mi padre. Las flores, la comida, la música. Mis amigos aparecían en mi lista, o eran tachados con enojo después de una pelea.

Mi madre sacudía la cabeza y me llamaba loca cuando veía los esbozos de mis vestidos. Siempre decía que no habría una gran fiesta de quince para mí. Primero, porque estábamos en los Estados Unidos, donde nadie hacía aquellas cosas. Segundo, porque

éramos pobres y no podíamos pagarla. Esta última era la única
verdadera razón. Yo no la escuchaba.

Desde luego que podíamos pagarla. ¿Cuánto costaba una fiesta
así? ¿Un par de cientos de dólares? Comencé a investigar. En la
pastelería, señalaba la torta más grande y preguntaba para cuántas
personas era. ¿Cuánto costaba? La respuesta era sorprendente.

Y cuando la hermana mayor de Ellen se preparaba para el baile
de graduación de la escuela, nos enseñó su vestido, girando en su
vestido rojo de tiras. Me fascinó, y era perfecto para aquella fiesta.
Pero no para mis quince. Excesivamente ceñido, demasiado con-
temporáneo. Su pareja llevaba un esmoquin fabuloso. Ellen se sintió mortificada cuando le pregunté cuánto costaba el alquiler, pero
no me importaba. Andrés necesitaría saberlo.

Para ayudar a mi madre, dejé la lista de todos estos gastos sobre la mesa del desayuno. Supuse que había incluido todo. No había palacios ni mansiones disponibles, pero el hotel Hilton del
centro tenía un gran salón, con una enorme pista de baile. Lo mencionaba en mi nota. La First Baptist de South Park tenía también
un salón realmente decente, aunque la posibilidad de bailar allí era
remota. Pero si yo estaba dispuesta a ceder, quizás ellos también.

Aguardé y aguardé la reacción de mi madre. Pensé que querría
que redujera un poco la lista de invitados o que eligiera un salón
más pequeño, pero no esperé un silencio total.

Cuando llegó la hora de la cena, no pude esperar más.

"¿Qué pensaste de mi lista de invitados, mami?" Mi estrategia
era comenzar la conversación con lo que ella menos probablemente cambiaría.

Dejó de masticar su fricasé de pollo y miró a papi. No era un
buen signo. Los ojos de papi nunca se apartaron de su plato, lo cual
no quería decir nada porque siempre se concentraba en su comida.

"Vi tu notita, mija. Pero ya hemos discutido eso antes. No hay dinero para una gran fiesta de quince. No te preocupes. Haremos una pequeña fiesta para ti."

¿Una pequeña fiesta? El resto de lo que dijo se perdió en el estruendo que llenó mi cabeza. Imaginé que me alejaría furiosa, que cerraría de un golpe la puerta de mi habitación, que gritaría, pero sabía que con esto no conseguiría la fiesta que deseaba. Me tragué mi intensa decepción y decidí que necesitaba un enfoque más sutil.

Mis padres probablemente tendrían que pagar mi boda algún día. ¿Por qué no gastar ese dinero ahora? Yo podría conseguir el dinero para la boda, aun cuando tendrían más tiempo para ahorrar. No me casaría en muchos años, ¿verdad? Y ¿si nunca me casaba? ¡Qué desperdicio de recursos! Podían pagar mi fiesta de quince ahora, y nunca tendrían que preocuparse por contrariarme después.

Mi cumpleaños se acercaba, pero no vi señal alguna de una fiesta sorpresa. Andrés me consolaba enseñándome el beso francés, y el practicarlo hizo maravillas para hacerme sentir mejor por la falta de invitaciones impresas, y por haber dejado el salón de baile del Hilton vacío, sin decorar. Quizás sería una celebración de familia. ¿Y qué? Podía enseñarles mi apuesto novio a todas mis primas. Todavía había tiempo para el gran vestido y el salón de la iglesia bautista.

Cuando faltaban sólo unos pocos meses para mi cumpleaños y aún no se hacía ningún plan, me preparé para una fiesta sorpresa. Aunque quizás no sería en un salón alquilado y quizás no habría una gran cena. Busqué lugares en el patio de atrás para el puerco asado, y me pregunté si la banda cabría en el porche. ¿Y dónde pasarían la noche mis familiares si todos vinieran?

Mantenía mi habitación limpia y ordenada, pensando que podría alojar al menos a cuatro de mis primas en mi cama, la cama de mi hermana y en bolsas de dormir en el suelo. Mis tíos y tías podrían quedarse en un hotel. Reduje mis expectativas para la fiesta un poco más.

Con un puerco asándose en el patio y muchísimos amigos y festividades, sería como una verdadera fiesta cubana. Tendría que resignarme a bajar los escalones de la cocina. ¡Qué entrada!

Aquella primavera, el trabajo y el pago de cuentas tuvieron un papel más relevante que mis quince. Mi padre había aceptado un segundo empleo, e incluso nuestras vacaciones anuales en Miami se pospusieron. A mi madre le fascinó mi diseño definitivo para el vestido, y dijo que ciertamente podía hacerlo, pero se negó a comprar la tela. Sería demasiado caro, dijo, y agregó: "¿Para qué querrías un vestido que nunca usarás?"

Me dirigí a mi habitación y cerré la puerta. Pegué con cinta adhesiva el dibujo de mi vestido a la pared, y me eché a llorar.

Tendría que aceptar la verdad, que nunca tendría la fiesta de mis sueños. Me sentía tonta, traicionada y sentía una gran compasión por mí misma. Reuní todos lo cuadernos en los que había planeado la fiesta, la lista de invitados y los folletos de los salones de alquiler, y lloré hasta que me dolió el pecho. Cuando finalmente me dormí, Andrés, vestido de esmoquin, me consoló con sus besos.

La mañana del día en que cumplí quince años, mi padre me despertó encendiendo la lámpara y poniendo un vaso de jugo de naranja en mi mano, como lo hacía todos los días. Aquel día hice un espacio para él; se sentó en el borde del colchón y me besó en la mejilla.

"Ojalá hubieras podido tener tu gran fiesta, nena," dijo con su voz grave de presentador de radio. "Pero no somos ricos. Y la gente rica que da esta clase de fiestas, ¿crees que las aprecian? Es mejor tener amor y una pequeña torta que una enorme extravagancia. Lo verás."

Seguro. Algún día lo comprenderé. Ya había escuchado aquello antes, y de seguro lo escucharé de nuevo. Me vestí para la escuela, donde mis amigos me recibieron con tarjetas y con amenazas de grandes azotainas. Nadie pensaba menos de mí por no tener una gran fiesta. Me sentí un poquitín mejor. Cuando regresé a casa, mi madre me dio todos los sobres que habían llegado de mi dispersa familia. Siempre recibía el correo antes de que yo llegara a casa, así que pudo ocultar todas las tarjetas y las cartas que se habían acumulado.

Todos los miembros de mi familia habían recordado aquel día tan importante para mí, y los sobres estaban llenos de sonetos compuestos en mi honor, tarjetas firmadas con mucho amor y marcadas con besos, y cheques de bancos ubicados en todas las ciudades donde la Revolución Cubana había enviado a mis ambiciosos parientes.

Mis amigas gringas estaban asombradas. Sus madres les habían contado acerca de las fiestas de dieciséis años, de las épocas de las tiendas de malta y de los autos de grandes guardafangos, pero incluso entonces, nadie había recibido tantos regalos.

Aquella noche tuvimos torta y helado, y mis cuatro mejores amigas se unieron a mi familia, cantando mientras yo soplaba quince velas. Nadie bailó vals. Mis amigas y yo llevábamos vaqueros y camisetas estrechas, de manga larga, con muchos collares largos de pepas y grandes aretes de aro. Lucíamos completamente a la moda, y yo sonreía como si no tuviese el corazón partido. Me merecía un Oscar por aquella actuación.

Después, me senté sola en nuestros escalones de concreto de la entrada, iluminada por el farol de la calle, y pensé que, sin mi fiesta de quinceañera, parecía un cumpleaños más. Sólo el título de quinceañera lo hacía diferente. Sería Berta, la Quinceañera, durante un año. Al igual que una reina de belleza.

¿Reina de belleza? Ojalá. Todavía estaba atrapada en el mismo cuerpo, aun cuando ahora podía obtener una licencia de conducir. Al menos legalmente. La idea de que estuviera detrás del volante aterraba a mis padres sobreprotectores.

Después de mi cumpleaños, el tiempo que pasaba con Andrés sería más vigilado, como si súbitamente tuviera el deseo de hacer algo que no se me había ocurrido antes. Dios. Yo era más razonable que eso.

Es extraño que el acontecimiento que marca presuntamente el comienzo de la vida como mujer, con un vestido virginal y los adornos de una boda, fuera seguido de una mayor vigilancia sobre mi forma de conducir, los chicos con quienes salía, el estilo de mi ropa, mi maquillaje, mis amigas.

No creo que regresen los cinturones de castidad, especialmente porque son terriblemente poco higiénicos, pero si alguna alma emprendedora comienza a vender brazaletes de vigilancia para los tobillos de las chicas latinas, el mercado sería prácticamente ilimitado.

Para empeorar las cosas, cuando los chicos llegan a esa misma edad, se les da una libertad casi total. Saluda a tu mami, dale un beso en la frente a tu abuelito mientras paseas por la casa. Ay, eres un chico tan bueno.

Las chicas no pueden sólo entrar rápidamente a su habitación, al menos no si pasan por la cocina donde las mujeres están preparando la cena. Como si el estrógeno fuese un pegante, permanecemos con ellas, escuchando los chismes de la familia y, lo peor de todo es que, a la larga, te absorbe. Comienzas a disfrutarlo. Sientes que es allí donde perteneces, en la cocina, el ama no reconocida del universo.

Pero un rápido paseo por la casa expone el otro lado. Los hombres, golpeando la mesa para dar énfasis a las bromas, bebiendo cerveza helada, hablando ruidosamente, dejando el desorden para que las mujeres lo limpien. Piensan que mandan, pobres tontos.

Entonces, el dilema es: asume una posición firme y sé una mujer moderna, y estarás condenada a escuchar conversaciones interminables sobre el fútbol y diatribas sin fin sobre lo que hizo mal el último presidente, y sobre cómo serían de diferentes las cosas si aún estuviésemos en Cuba, o regresar a la cocina, llena de conversaciones tranquilizantes, risas histéricas y jarras de mojitos.

Se los digo, es una conspiración.

Incluso en Cuba, una gran fiesta de quinceañera no era lo habitual para mi familia. Habrían hecho más bien una escandalosa fiesta en la playa, no bailes grandiosos en vestidos formales. Pero aprendí luego que, incluso una fiesta en casa puede ser algo salvaje. Lo descubrí cuando me invitaron a una extravagante fiesta de quince en Miami, cuando tenía veintiún años.

No diré de quién era la fiesta, pero les contaré acerca de ella. Y he cambiado los nombres para protegerme de una golpiza en Coconut Grove.

Tania era una prima de una prima, lo cual hacía de ella prácticamente alguien de mi familia inmediata. Su elegante vestido costó casi mil dólares, sin contar los zapatos y el brazalete de diamantes que recibió como regalo de cumpleaños. Ya tenía un BMW, así que la habitual oferta de que eligiera un auto o una fiesta no se le hizo. Cuando descubrí que esta era la costumbre en Miami, me deprimí de nuevo por un momento al pensar en mi humilde fiesta de quince.

La lujosa fiesta de gala de Tania estaba segregada, los adultos a un lado de la piscina, los jóvenes del otro. Hizo su entrada de rigor ante las exclamaciones de los invitados, seguida de la rígida rutina de baile que siempre era idea de una amiga que se creía buena bai-

larina. Gracias a Dios no tenía amigas que cantaran ópera. Hubiéramos tenido que soportar arias interminables.

Luego estaba su padre, quien había bebido ya tres vodkas ante
la perspectiva de recibir la cuenta por todas aquellas cosas, seguidos por tres vodkas más ante la idea de tener que salir a bailar con
su princesita delante de todos. Terminó tropezando mientras hacía
girar a su Tania, y casi caen en su piscina olímpica.

La piscina tenía estatuas de diosas griegas en los extremos, vertiendo agua de sus urnas. Las urnas vertían continuamente y, francamente, hacían que quisiera orinar, especialmente después de
todos los mojitos que había estado bebiendo. Debo admitir que me
sentí decepcionada de que no se hubieran caído. Un acabado rápido y húmedo a la parte formal de las festividades habría sido
fantástico.

En lugar de esto, tuvimos cuarenta y cinco minutos de un número de baile rebuscado y artificial (juro que hicieron una especie
de cumbia-minueto en un momento dado), y luego Alberto, el padre de Tania, se conmovió cuando le quitó sus zapatillas planas y
sostuvo las zapatillas de tacón puntilla cubiertas de joyas, auténti-
cas Manolos, que simbolizaban su ingreso al mundo de la mujer.
Aquellos zapatos costaban más de dos de los pagos de mi auto.

Las mujeres estaban boquiabiertas y hubo otro coro de admiración. Los hombres miraban sus relojes. Los Marlins jugaban
aquella noche.

En cuanto tuvo los zapatos en los pies, la fiesta enloqueció.

Terminados los valses, resonó una música electrónica con
fuertes tambores y todos los invitados se unieron al baile. Los
adultos estaban cada vez más ebrios y como su vigilancia se bo-
rraba tanto como su pronunciación, los chicos se unieron a la diversión de beber. A los meseros que atendían el bar no pareció
importarles.

Bailé hasta quedar sudorosa e inestable, y supuse que beber

mojitos como si fueran limonadas de menta no era la mejor manera de refrescarme.

Me uní a los adultos que no bailaban, sentados en un círculo en la parte de la casa reservada para los adultos. Su conversación había sido sólo esporádicamente interesante y, cuando se lanzaron a su acostumbrado lamento sobre "la Cuba que fue," pasé al otro lado de la casa a ver qué hacían los adolescentes. Santo cielo. Buena cosa que el sacerdote se hubiera marchado temprano.

Mientras caminaba, advertí una zapatilla llena de joyas atascada en el rígido seto, seguida por unos gemidos que provenían de detrás de los hibiscos donde, sin duda, algo más estaba rígido.

El aire estaba denso de humedad, el perfume de las flores nos rodeaba, con un leve sabor a sal. O quizás era cerveza derramada. Los gemidos se hicieron más fuertes; pensé que quizás no toda la diversión era consensual y me dispuse a rescatar a la persona que estaba gimiendo.

Al final de un sendero de gravilla, cerca de un grifo de agua, encontré la fuente de los gemidos. Eddie Alvarado, el escolta de la quinceañera, estaba doblado en dos sobre su esmoquin alquilado, vomitando. Olía a ron y sofrito. Soplé la antorcha cercana, temiendo que los gases de la gravilla empapada de ron pudieran encenderse. Luego volví la manguera hacia él y le permití que lavara sus zapatos y enjuagara su boca con aquella agua tibia. Me pregunté dónde estaba su chica. Había visto uno de sus zapatos, pero el resto de la chica no se veía por ninguna parte.

Encontré a la chica del cumpleaños en el teatro de la casa. Tania tenía un tremendo berrinche, furiosa de que ya nadie la atendiera. Su maquillaje estaba perfecto a pesar de las lágrimas que corrían por sus mejillas. Felicitaciones al maquillador.

El gran salón con las paredes cubiertas de terciopelo, con cinco hileras de asientos de teatro estaba vacío, excepto por dos rubias adolescentes que lucían aburridas, probablemente las amigas de

Tania. O ex amigas, a juzgar por las hirientes palabras que salían de sus labios rojo rubí.

Las cortinas estaban abiertas y se veía la pantalla de cine del tamaño de la pared detrás de ella, que mostraba una película estilo documental de Tania probándose vestidos y tiaras y ensayando diferentes peinados.

Las luces estaban encendidas, así que la imagen se veía un poco borrosa y era imposible escuchar qué decía.

Las palabras de Tania de verdad eran claras como el cristal. Después de semanas de ensayos, un baile grabado en video y coreografiado, y todos los ritos entre la niñita y su padre que la adora, había sido abandonada por sus amigos, que estaban todos bailando alegremente, jugando juegos de video y haciendo el amor. Todos excepto aquellas dos leales seguidoras, cuyos ojos continuamente se perdían por la puerta que había a mis espaldas.

Parecía la escena de una película sobre el Antiguo Testamento, uno de aquellos relatos bíblicos que era seguido por el castigo de Dios y terminaba mal, con algún tipo de cataclismo. Me retiré hacia la oscuridad antes de que pudiera verme.

Era más de media noche, y el DJ de la piscina había aumentado bastante el nivel del sonido. La última melodía de Usher rebotaba contra las ventanas de las casas vecinas.

No quería encontrarme con la policía de Miami, así que me despedí de la anfitriona y tomé uno de los taxis que aguardaban en la entrada. Al día siguiente no apareció nada en el *Miami Herald* sobre la fiesta, así que supuse que todo había terminado bien.

Después de aquella fiesta, me consideré curada de mi obsesión por la fiesta de quinceañera perdida, hasta unos pocos meses atrás en Atlanta. Mi cuñada gringa estaba en la ciudad, y fuimos a una tienda local para novias, famosa por su enorme selección de vestidos de fiesta. Nuestra misión era encontrar un vestido que ella pudiera usar en la boda de su hijo en la primavera. Estábamos buscando un vestido elegante que no gritara "madre del novio."

La tienda era una bodega enorme llena de los más fantásticos vestidos—vestidos de novia, vestidos de noche, vestidos de graduación y rebajas de todos los vestidos que habían pasado por la alfombra roja del Oscar durante los últimos diez años.

Mientras mi cuñada se probaba los vestidos, yo me paseaba por la tienda, atónita. Rojo ceñido. Blanco virginal. Inflados vestidos en exquisitos tonos rosa y negro. Elegantes y sofisticados, con cristales, con volantes, con crinolinas—todo estaba ahí.

Mis sueños de quinceañera regresaron volando a mí, como hadas, para demostrar que eran reales.

Vi el vestido perfecto. No era un vestido remilgado y virginal. Este era negro, con un corsé, una inmensa falda decorada con chorros de lentejuelas metálicas de colores primarios que serpenteaban entre capas de tul negro como burbujas brillantes en un mar nocturno. Las mangas eran pequeñas volutas de seda negra transparente, con algunas cuentas negras que les daban brillo.

Yo estaba completamente enamorada. Olvídense de que ya tenía hijos y que mis quince habían pasado hacía décadas. Reinventé instantáneamente mis quince ideales para protagonizarlos en aquel vestido. Entre evaluaciones de los vestidos para la madre del novio, yo regresaba a mirar el vestido.

Sabía que estaba demasiado mayor para ese atuendo, pero pasaba a su lado, fingiendo estar aburrida. Recorría las etiquetas de papel de los vestidos, dejando que sus hilos me acariciaran los dedos, que las pequeñas tarjetas de cartón rebotaran contra mi piel. Me volví. Quinientos dólares. Podía pagarlo. Lo tenían en mi talla.

La vendedora asiática me miró a los ojos y sonrió bondadosamente. Yo no la engañaba. ¿Cuántas mujeres entraban allí buscando un vestido de matrona y terminaban examinando nostálgicamente un vestido para una chica de quince años? Cuando la vendedora salió de detrás del mostrador para ofrecer consejos y ayudar a mi cuñada a elegir más vestidos, vi en su mirada que lo sabía. Sintiéndome patética, confesé que me fascinaba el vestido.

Ella sonrió. "Ese vestido es muy especial. Muy divertido."

"¿Qué tipo de chica compra este vestido?" Lo que realmente quería saber era, "¿Puedo probármelo?" Anhelaba llevarlo.

Ella rió. "Una chica con confianza en sí misma. Una chica con un gran sentido de la diversión."

Yo tenía un gran sentido de la diversión. Me agrada pensar que hubiera podido elegirlo a los quince años, aunque quizás no en negro. No cuando me fascinaban los botones de rosa.

Sé que nunca tendré aquel vestido de tul negro salpicado de lentejuelas. ¿Dónde lo usaría? Quizás mi hija tenga uno semejante algún día, o su versión de él.

Ella es una niñita asertiva, y se vería maravillosa en aquel vestido negro. Pero lo que cuente será su sueño, lo que ella quiera. Si quiere una fiesta de quince la tendrá, aunque espero que no quiera una gran fiesta de debutante fuera de control. Preferiría gastar todo mi presupuesto en su vestido... y en el equipo de guardaespaldas que contrataré para que vigilen lo que ocurre. Sé que los chicos hacen cosas tontas y prohibidas y sobreviven, pero no mientras yo esté a cargo. Y si ella hace algo loco, no quiero enterarme sino mucho después. Como cuando esté en mi lecho de muerte. Está bien, quizás le ofreceré la elección entre el auto y la fiesta.

Mis quinces no fueron la bella fiesta que yo había soñado, pero tengo un recuerdo perdurable de ellos. La torta desapareció hace años y tomamos sólo algunas fotografías, probablemente porque yo lucía muy melancólica. Pero al día siguiente fui al centro comercial con mis amigas, armada con algunas de las expresiones de amor de mi familia (¡en efectivo!).

Fue la primera vez que se me permitió ir al centro comercial sin estar acompañada de adultos, y tenía mi propio dinero para gastar. Aproveché completamente la ocasión. Compré suficientes carteles como para empapelar las paredes de mi habitación, y llené mi alacena con zapatos a la última moda y las camisetas más lindas. Y compré un par de vaqueros descaderados que se ajustaban a mi cuerpo como una piel de mezclilla. Sabía que mami no los aprobaría, así que los mantuve escondidos, planeando el momento de enseñárselos por sorpresa.

Mis estrategias para los quince fueron suplantadas por la estrategia para los vaqueros de ensueño. Los vaqueros estaban a la mano, también, así que este no era un sueño inalcanzable.

Me tomó mucha sutileza adolescente conseguir que mami me permitiera usarlos. Finalmente se repuso del espanto que le causó aquella corta cremallera de tres pulgadas y el hecho de que la ceñida tela sólo cubriera partes esenciales de mi trasero. Aquellos vaqueros eran tan perfectos, tan fantásticos, que los usé hasta que se destrozaron. Bordé los huecos gastados, agregué parches de colores y, finalmente, después de años de uso, los corté como shorts.

Aún conservo esos shorts. Mi hija los usó este verano, y ya veo por qué protestó mi madre. En realidad, ¡sí tienen un corte muy bajo! Rápidamente los tomé de nuevo, diciendo que eran un recuerdo importante de mis quince años.

Me divertí durante muchos años en aquel maravilloso par de vaqueros que llegaron a simbolizar mis quince años.

Sin escabrosos relatos de fiestas.

Al menos, no aquel año.

El Recuerdo de Mi Hermana

POR Erasmo
Guerra

En la fotografía, mi hermana, Michelle, está sentada en su trono de hierro forjado, y su largo vestido blanco cae hasta el suelo de madera del salón alquilado. Cumple quince años. Ya es una señorita. En mi mente, sin embargo, siempre será una princesa adolescente, muerta antes de poder cumplir su promesa como mujer en el mundo. Sostiene un ramo de cinta rosada y claveles. Mi madre lleva un adorno igual en su vestido color ladrillo. Mi hermano menor, Marco, es el más alto de nosotros, con sus pantalones, su camisa de abotonar, y botas de vaquero en diferentes tonos marrón. Mi camisa y pantalones amplios brillan con la iridiscencia del descuido del niño del medio. Detrás de mí, con el traje gris pálido que lo obligaron a llevar, está mi padre con la camisa abierta en el cuello. Su bigote es oscuro, su cabello peinado hacia atrás. Enfrenta la cámara con los ojos cerrados, como si quisiera olvidar aquella noche, o aquella noche aun más terrible que vendría después y dejaría una sombra permanente sobre su familia. Por ahora, estamos atrapados en el brillo del bombillo del fotógrafo.

Muchos años más tarde, cuando estoy en casa de visita, me siento en la melancolía del comedor de la casa nueva de mis padres. Las persianas están bajadas contra el caliente sol de la tarde. Este es el Valle, donde la mayor parte de mi familia vive todavía, y donde el sol brilla más de trescientos días al año. Me mudé a otro lugar mucho tiempo atrás, y sólo regreso por los recuerdos.

Ojeo el álbum que el fotógrafo contratado había preparado para la fiesta de quinceañera de mi hermana. Mi padre, ahora con más de sesenta años, con su bigote y su cabello encanecidos, se mira en una foto tras otra y se pregunta qué pasó con aquel traje. Se rasca en el cuello de su camiseta en V los tatuajes que se han tornado verdes, recordando una noche hace largo tiempo, cuando era adolescente y escoltaba a una quinceañera.

"Una de mis antiguas novias," dice. Ríe y luego murmura que no debe decir nada más, "porque tu madre se enoja."

Mi madre, quien solía pagarme cinco centavos cuando era niño por cada cana que arrancaba de su cabello, tendría ahora el cabello completamente blanco si no fuera por la tintura que se pone cada cierto tiempo. Al escucharnos, viene de otra parte de la casa y pregunta por qué se enojaría. Se lo digo. Sacude la cabeza y dice: "Déjalo que diga."

No que mi padre recuerde muy bien. No recuerda siquiera el nombre de su antigua novia, únicamente el apellido—Martínez. "Estábamos de novios," dije. Tenía dieciséis o diecisiete años, quizás dieciocho. No está seguro. Su novia era más joven, pero entonces, como él lo cuenta: "llegó el momento temido." Martínez cumplió quince años y necesitaba un chambelán que la escoltara a su fiesta de quince.

El recuerda que, en lugar de esmoquin, llevó un "traje normal."

"No sé de dónde," ríe mamá. Siempre pensó que se vestía de una forma terrible, el tipo de hombre que lleva calcetines blancos de deporte con zapatos elegantes.

"No sé si lo pedí prestado, o qué, pero tenía un traje," insiste mi padre. "Era de un color azuloso."

Mi padre dice que en realidad no quería hacerlo. "Yo era del rancho," dice, queriendo decir con eso que no había crecido en la ciudad como su novia, sino en la comunidad aledaña de Madero, donde se asentaban las personas recién llegadas del otro lado del río, donde criaban a sus familias y trabajaban en una fábrica de ladrillos cercana, propiedad de alemanes, a la que llamaban "pequeña prisión" porque era un trabajo duro. Durante los fines de semana, en el jardín de la casa del vecino, se cocían lentamente reses en huecos llenos de brasas en la tierra. Mi padre, quien creció ahí y luego en las lodosas riberas del Río Grande, dice que no recuerda que ninguna de las chicas de allí hiciera una fiesta de quinceañera. Su hermana, Lucy, nunca tuvo una.

"Era una cosa de la ciudad," dice, y luego gruñe: "Yo no era un buen bailarín. Esa era la peor parte—tenía que ser el primero en bailar."

Deja salir un silbido bajo mientras intenta recordar dónde fue la recepción. Pudo haber sido en Mitla Patio, el salón del sur donde se realizaban la mayoría de los bailes los fines de semana en aquella época, pero no está seguro. "No, no, creo que fue en el centro de convenciones." Sólo que no hay un centro de convenciones. Debe referirse al centro comunitario en el Parque Lion. "Sí," ahora parece seguro de sí mismo, "creo que fue en el centro comunitario."

Luego recuerda el nombre completo de la chica: Norma Linda Martínez, pero aún no puede recordar dónde fue la recepción. Quizás fue en el Mitla después de todo. Los reflectores brillaban en lo alto. La tarima de la banda, debajo de la cual solía gatear cuando era más joven para mirar bailar a la gente, y el lote vacío en la parte de atrás donde él y sus amigos jugaban canicas, con nombres como el *hoga'o* y *la chusa*. Sabía más de las estrategias y de las reglas para jugar canicas que sobre Norma Linda Martínez. Cuando lo presiono para que me cuente más recuerdos, dice que no tiene más. "Nada," insiste. *"Na'a."*

No es tan fácil olvidar la noche de la fiesta de quinceañera de mi hermana. Una fotografía enmarcada está en la mesa del salón. La ve todos los días—mi hermana posando entre él y mi madre—y dice que se siente atontado. "No pienso. No deseo. No—nada. Sólo la miro."

Mi madre me recuerda que una vez fui chambelán. No estoy seguro qué año fue, cuántos años tendría, pero mi madre dice: "Allá está el retrato," como si la fotografía hiciera por ella el duro trabajo de recordar.

Lo único que recuerdo es la tarde que salí a gran velocidad en mi bicicleta de casa de un amigo para poder llegar a casa y vestirme a tiempo para la recepción. Finalmente, una cita con Iris, la chica de quien estaba enamorado en secundaria, aunque aún estábamos en la secundaria. Pasé a toda velocidad por la intersección, bajo un semáforo que se ponía en rojo, y cuando levanté la vista para mirar qué había al frente, vi la parte de delante de un camión de diesel que se acercaba y viré a la izquierda. Luego nada.

El médico de la sala de urgencias dijo que me encontraba perfectamente. Entonces me fui a casa, me puse mi esmoquin alquilado, anudé el corbatín y la faja aguamarina, pasé un trapo sobre mis zapatos brillados con saliva, y me dirigí al baile. Hay fotografías en las que aparezco llevando una flor blanca en el ojal. Mi novia estaba en un apretado vestido de cóctel con capas de encaje, guantes blancos, zapatos de tacón y un sombrero de velo.

De lo demás, no recuerdo nada. Culpo a la contusión.

Mi madre pasó la mayor parte de su vida inclinada sobre un surco de algodón golpeado por el sol y, al final de un abrasador día de trabajo que comenzaba al amanecer y terminaba a la caída del sol, se iba a una casa cubierta de brea, donde el agua potable era traída en baldes de los canales de irrigación. Era la recolectora estrella, que cosechaba mil libras de algodón en un solo día. Su fotografía apareció en los diarios locales. Pero nunca para anunciar la ocasión de su fiesta de quinceañera.

"No recuerdo cuándo cumplí quince años," dice. "Nunca tomé mi edad en serio, como decir: Oye, mañana es mi cumpleaños, *no le ponía cuida'o.*"

Pero recuerda la primera vez que un joven fue a su casa a visitarla. "Todavía *jugaba con muñecas en ese tiempo, y lloré cuando me nombró.*" Dice que una de sus cuñadas le dijo: "Oye, ya eres una señorita, es hora de que vengan los jóvenes a visitarte." Pero mi madre dijo que no. "Yo todavía me consideraba una niña."

Mi madre habría cumplido quince años en 1959, pero no recuerda nada especial aquel año. "*Como te digo, no me recuerdo nada porque* la mayor parte del tiempo estaba siempre trabajando. Tuve que salirme de la escuela para trabajar en el campo. Para ayudar. Mi mamá estaba enferma de los nervios. Enferma del corazón. Entonces *de qué servía que supiera* que era mi cumpleaños. No habría ningún regalo. No tendría una fiesta. Sólo vivía mi vida trabajando en el campo y cuidando de mi mamá y eso era todo. Yo era feliz." Trabajaba duro y sus únicos placeres consistían en nadar en los canales, correr por los aspersores y pararse bajo la lluvia. Mi madre siempre pensó que sería una sirena maravillosa.

Sin embargo, sostiene que fue dama en muchas quinceañeras, y explica que compraba la tela en cualquier tienda de abarrotes del centro y luego la llevaba a una costurera, que hacía los vestidos para toda la corte de damas. "En aquella época era barato. No era tan terrible como ahora. *Ahora te sale bien caro.* Muchas chicas no quieren ser damas ahora, porque no tienen el dinero, o por los problemas con la costurera, *que los vestidos no quedaron bien. Y luego después los chambelanes no todos quieren pagar."*

A diferencia de mi padre, quien llevó aquel traje azuloso para cumplir con sus deberes de chambelán, mi madre dice que todos sus acompañantes llevaban esmoquin. Recuerda alinearse con su pareja bajo un arco decorado de flores mientras llamaban a las damas y los chambelanes. Por la forma como lo cuenta, la presentación comenzaba con una dama de un año y su acompañante (no sé si creerle, pero ella continúa), luego la pareja de dos años, y así sucesivamente. *"Las niñas p'acá y los niños p'allá—hasta la que tenía catorce. Y luego, al último, la quinceañera sola con su chambelán. Bailaban el primer vals. Bailaba con el papá. Y luego al rato bailábamos todos."*

La fiesta de quinceañera de mi hermana fue idea de mi madre. Quizás porque mi hermana había nacido el día de su cumpleaños, el 28 de diciembre, mi madre también quería celebrar sus quince años, veinticuatro años más tarde. Así, en menos de un mes y con mil dólares para gastar, mi madre y mi hermana organizaron el evento. Fijaron la fecha para el último día del año, la víspera de 1984.

Un impresor local diseñó las invitaciones en español, idioma que ninguno de los chicos podía leer bien. Y la fotografía de mi hermana que usaron en la cubierta de la invitación terminó como una fotocopia mal hecha en tonos grises y con manchas.

Tía Ofelia le prestó a mi hermana el vestido de trescientos dólares que había usado mi prima un año antes. "Sólo llévalo a la tintorería," dijo Ofelia.

En la gran noche, mi madre le ayudó a mi hermana a vestir su vestido blanco—corpiño de seda, cuello festoneado y hombros inflados que disminuían hasta las muñecas. Mi madre había escuchado la superstición de que *"las perlas eran malas,"* que eran de mala suerte, que quien las llevara terminaría llorando después, pero no quiso creerla. Le puso el collar de perlas en el cuello y luego los aretes compañeros.

Un amigo de la familia vino a buscar a mi hermana a nuestra vieja casa en un Lincoln Continental vino tinto, decorado con tandas color rosa y una muñeca de quinceañera pegada en el adorno del frente del capó. Mi hermana, sentada sola en el asiento trasero, salió de la colonia en la que vivíamos. Más allá de las casas de madera que se apoyaban en ladrillos rotos. Casas sin líneas de agua o alcantarillado, de manera que se sentía un olor apestoso cuando los tanques sépticos de los jardines se desbordaban. Casas que se cerraban durante el verano cuando las familias viajaban al norte, para la cosecha de fresas y de maíz. Casas donde las chicas del vecindario llamaban a las otras chicas orgullosas por creerse mejores. Casas donde los perros deambulaban, brillantes de los baños de aceite de motor que se suponía los curaría de la sarna.

El Lincoln Continental dejó todo esto atrás mientras avanzaba evitando los huecos y dirigiéndose hacia la ciudad donde se realizaría una misa temprana en la iglesia de St. Paul. Desde afuera, la iglesia de concreto, con su alto techo arqueado, siempre se ha asemejado a un sagrado hangar de aeropuerto. Adentro, una enorme corona de cobre y latón flota sobre el altar. Mi hermano menor imaginaba, como lo hacía la mayoría de los domingos durante la misa: "¿Qué pasaría si la corona cayera sobre el sacerdote?"

Mi madre y mi padre acompañaron a mi hermana hacia la baranda del altar, donde se arrodilló en un cojín rosa bordado con las palabras "MIS XV AÑOS." Había un árbol de Navidad decorado con adornos dorados y palomas blancas.

Los tres primeros reclinatorios habían sido decorados con flores, reservados para la familia, pero como era una misa regular de sábado en la tarde, la mayor parte de la iglesia estaba llena de "pájaros de nieve"—jubilados del Oeste Medio que habían migrado al sur para jugar críquet durante el cálido invierno. "*Se miraban asustados,*" observó mi madre. "Como si nunca antes hubieran visto una quinceañera."

La recepción fue en el salón de la iglesia, que habíamos decorado con randas color rosa y llenado con las melodías de "Feliz Cumpleaños" y "Las mañanitas." Cenamos en las mesas plegables del carnicero, cubiertas de papel.

Unas pocas familias colaboraron con entradas de arroz español y fríjoles *a la chara* que olían a grasa de tocino, cilantro y ajo, para disminuir los gases. Nuestra familia ofreció el plato principal de carne a la brasa. Mi madre no sabe dónde lo compró. "*La mera verdad no me acuerdo—pero creo* que lo compré en MacAllen o en Misión." Piensa por un momento. "¿Ramiro? ¿En la carnicería de Ramiro?" No está segura. "*Allá pa 'rumbo de* Palm View. El hombre ya había muerto—de diabetes. Le cortaron una pierna. Luego la otra. Luego su esposa murió de cáncer del estómago."

La torta fue horneada en Edinburg. Mi madre no sabe dónde, aunque recuerda que tenía tres pisos y las capas rellenas de piña. El *pan de polvo* venía de la pastelería del supermercado H.E.B. donde trabajaba mi madre.

La muñeca Barbie sentada al lado de la torta la había traído una viuda que vivía en la colonia con sus hijas solteras. Había también un libro de invitados, RECUERDOS DE MIS QUINCE AÑOS, pero nadie lo firmó porque nos olvidamos de sacarlo.

Mi hermana posó para las fotografías: Michelle con su sombrilla de encaje, Michelle con su amiga de la escuela Maritza, que fue la única amiga a quien invitó porque, como debió explicarlo mi madre, no podíamos invitar a todo el mundo. Michelle con su familia y los amigos de su familia—Chapa, Garza, Guerra, Ortiz, Pérez, Riojas y Tanguma. Las mujeres habían pedido prestados vestidos y blusas y metían el estómago para no lucir muy gordas. Los hombres llevaban pantalones de vestir y botas con sombreros de vaquero compañeros, sonriendo como si quisieran relajarse pero no pudieran.

Mi hermana tenía el cabello largo y negro, que en ocasiones peinaba con el secador o lo quemaba en rizos apretados con una plancha caliente, como lo hizo aquella noche. Cuando mi madre tenía el dinero, e incluso cuando no lo tenía, llevaba a mi hermana al salón de belleza M&H, con su olor narcótico de tinturas y productos para el cabello, y mi hermano y yo nos sentábamos en el suelo cerca de los secadores con forma de colmena, mirando como le hacían la permanente a mi hermana.

Cuando las chicas ponían laca en su flequillo para hacer una alta cresta, mi hermana usaba una lata entera de laca y luego caminaba hasta la parada del ómnibus mirando en la dirección del viento. Caminaba sin mirar a dónde iba, con el cuello torcido como una veleta, para que no se deshiciera su peinado. Siempre estaba a un paso del desastre.

Sus piernas se arqueaban como las de nuestra abuela Torina. Y estaba obsesionada con un "bulto" en el puente de la nariz, que juró que se operaría en cuanto fuera famosa. Un lunar creció dentro de uno de los huecos de su nariz, quizás por obsesionarse tanto, y mi hermano y yo vimos cómo el médico de la familia cauterizaba al monstruo. También sufría de vellos encarnados en las axilas; lloraba de dolor y sostenía que eran tumores. Mi madre le ponía compresas calientes en las espinillas y, con una aguja esterilizada, las punzaba y le decía que no, que no se estaba muriendo. Y, sin embargo, lucía tan llena de vida en aquellas fotografías de quinceañera.

Para su gran noche, mi hermana no tuvo una banda en vivo. Tampoco mariachis. Ningún DJ. Pusimos nuestros propios discos: *Off the Wall* de Michael Jackson, la música de *Flashdance* y la balada de dolor de Laura Branigan, "How Am I Supposed to Live Without You." Eran los éxitos de aquel año.

Mi madre sentía que a mi hermana le hubiera gustado un baile formal—a menos que fuesen sus propios pies danzarines los que trataban de convencerla—pero mi padre no quería nada. *"Tu papá es—bien avergüenzoso"* se quejaba mamá más de dos décadas después. *"Él no quería na'a,* punto, como siempre, ¡nunca quiere nada!"

No que hicieran nada para mi cumpleaños aquel mismo año, cuando finalmente me convertí en un adolescente, al pasar de los doce a los trece años. Esperaba que alguien de mi familia dijera, "¡Feliz cumpleaños!" Mis padres no recordaron siquiera que era su aniversario de boda. (Pensaría que haber nacido el día de su aniversario les ayudaría a recordar, pero quizás sólo querían olvidar.)

Me senté en la mesa de la cocina toda la noche. Cuando todos se fueron a la cama, mi madre apagó la luz de la cocina y me dijo: *"Ya, duérmete."* Yo no me moví. Preguntó: *"¿Qué te pasa, huerco?"* Comencé a llorar en la oscuridad, dejando salir aquellos sollozos poco propios de un adulto, y le dije que era mi cumpleaños.

Todos se levantaron de la cama y subieron a El Camino y condujimos hasta la tienda que aún estaba abierta. Creo que se llamaba

Sunshine. Se disponían a cerrar, pero el hombre que estaba en el mostrador nos permitió entrar, y todos aguardaron en el auto mientras yo recorría los pasillos iluminados con luces fluorescentes, mirando los estantes de pasteles fritos y su provisión de productos de la pastelería Butter Crust.

Elegí una torta de chocolate alemán envuelta en celofán y cartón azul. No era siquiera toda la torta. Sólo la mitad. La vendían en medias porciones. Durante largo tiempo después, me fascinaba la torta de chocolate alemán. Ahora no puedo soportarla.

Mis padres continuaron olvidándose de mi cumpleaños. Un niño tan ignorado como yo habría huido de casa mucho tiempo atrás, pero supongo que a mi no me importaba. Nunca quise ser el centro de atención tanto como mi hermana, quien advirtió a nuestros padres que en cuanto se graduara de secundaria se marcharía.

Vivíamos en Misión, un pueblo de veinticinco mil personas, famoso por ser el hogar de las toronjas Ruby Red y el lugar de nacimiento del entrenador de los Cowboys de Dallas, Tom Landry. Mi hermana quería una vida mejor y más elegante, lejos de todo aquello. Mi hermano y yo no sabíamos de qué se quejaba, si era la favorita. Recibía los últimos vaqueros de Gloria Vanderbilt y Sergio Valente. Qué importaba que fuesen de K-Mart. Mi hermana tenía incluso su propia habitación—bien, nosotros también, pero no era igual—con una cama con dosel, carteles de Michael Jackson, y con las paredes de un color rosa como flamingos incendiados.

En la escuela, bailaba con los High Flyers, las porristas que se vestían de vaqueras con botas blancas de flecos, faldas de volantes, chalecos y guantes. Durante los juegos de fútbol de los viernes en la noche, ladeaban sus sombreros de vaquero al comienzo de cada espectáculo de media hora. Mi hermana languideció en los rangos inferiores durante dos años hasta que entró a formar parte del equipo de porristas más respetado. Gritaba y sacudía sus pompones color granate durante los juegos. Si a nuestro equipo, las Águilas, no le iba bien, las porristas soltaban sus brazos entrelazados, se golpeaban los talones y lanzaban su grito de batalla "Garra de águila." El otro canto popular era "Vamos, Luchen, Ganen," con el acompañamiento de la banda:

VAMOS, VAMOS, VAMOS, ÁGUILAS PODEROSAS.

LUCHEN, LUCHEN, LUCHEN, ÁGUILAS PODEROSAS.

GANEN, GANEN, GANEN, ÁGUILAS PODEROSAS.

VAMOS, VAMOS, VAMOS.

LUCHEN, LUCHEN, LUCHEN—¡GANEN!

Era una animosa estudiante de secundaria, presidente de su clase, directora del comité para la fiesta de graduación, que trabajaba en el diario de la escuela y en el anuario. Después de la escuela, trabajaba como cajera en el supermercado H.E.B. del vecindario. Durante los fines de semana, era voluntaria en el hogar de ancianos Retama en McAllen. Como la mayoría de los adolescentes, estaba ocupada con la vida. Y era mi hermana. Diana Michelle Guerra.

La última vez que la vi con vida, estaba sentada en mi cama, bajo la luz amarillenta de mi habitación, mirando como empacaba mi maleta. Era el verano de 1987. La radio lloraba con baladas de desplazamiento como "Somewhere Out There" de Ronstadt e Ingram, o se mecía con el rock, con las poderosas cuerdas de "Alone," del dúo de las hermanas Herat. Yo tenía diecisiete años y me marchaba a la Florida para quedarme allí con unos parientes. Planeaba conseguir un trabajo en Disney World durante el verano.

Mi hermana, de dieciocho años, acababa de graduarse de secundaria. Su plan era ir al norte del estado de Texas, a Denton, para estudiar no sé qué, puesto que cambiaba de idea todo el tiempo. Quería ser veterinaria, modelo de alta costura en París o Milán, o actriz de *General Hospital* o *Guiding Light*. Tenía las vertiginosas e indisciplinadas aspiraciones que todos tenemos en la juventud. Quería alejarse. Había gritado durante toda su corta vida que no podía aguardar el momento de escapar.

Nuestros padres querían que permaneciera ahí y asistiese a Pan American (a la que mis amigos llamaban "TacoTech"), porque estaba a menos de diez millas de nuestra casa y porque era mujer. Estaría más segura ahí.

Mi hermana nunca había estado sola, excepto en los campamentos de porristas en San Antonio y en Dallas, donde las acompañaban los patrocinadores del equipo. Hizo un viaje durante las vacaciones de primavera en su último año de secundaria a Puerto Vallarta, pero había viajado con mi madre, y el informe, al regreso, era que habían discutido. Uno de los argumentos predilectos de mi hermana, a medida que se hacía mayor y exigía que le permitieran ir donde quisiera, era: "Voy a morir, voy a morir." Su fatalismo adolescente nunca convenció a nuestros padres. Más que nada, se escandalizaban ante su exigencia desesperada, casi suicida, de que le permitieran salir al mundo.

En julio compré una postal y le escribí a mi hermana, animándola a que viajara a la Florida para una audición en uno de los espectáculos de Disney. Pero nunca tuve la oportunidad de ponerla al correo. La noche del cuatro, al regresar de mi trabajo en Pecos Bill Café en Frontierland, me sentí solo y sentí nostalgia de mi hogar. Mis primos estaban en una barbacoa. Permanecí en casa, compadeciéndome de mí mismo, algo que mi hermana no hubiera aprobado, pues siempre me decía que necesitaba más amigos.

Pasé la noche cambiando de canal de televisión y sentí que algo extraño me sucedía, algo que sólo más tarde identifiqué como crecer. Sólo que no era el súbito florecer social que experimenta una mujer a los quince años, cuando realmente vale por sí misma, con la bendición de la iglesia, su familia, sus amigos. Yo, como la mayor parte de los hombres, lo hice solo y sin ceremonias. Decidí aquella noche que si esto era ser un adulto, quería tomar el siguiente vuelo de regreso.

Más tarde, mientras intentaba dormir, los vecinos dispararon a la noche y encendieron fuegos artificiales para celebrar el Día de la Independencia. Un perro aulló mientras yo recordaba celebraciones anteriores, cuando mis hermanos y yo pedíamos a nuestros padres que nos compraran cohetes embotellados y bombas de humo. Encendíamos luces de Bengala en la estufa de la cocina y corríamos por el pasillo y hacia el jardín, mientras mi madre gritaba que se incendiaba la casa. Cuando mis padres se dormían, abríamos a hurtadillas el refrigerador y tomábamos una lata de las Lone Star de mi padre y la bebíamos entre todos.

A la mañana siguiente, muy temprano, mi primo tocó a la puerta y dijo que mi madre estaba en el teléfono. Entonces lo supe. El perro de la noche anterior. Los mexicanos creen en la superstición de que los perros aúllan cuando alguien a quien conoces ha muerto. Cuando llegué al teléfono, lo único que escuché fue el llanto ahogado de mi madre.

"Se la llevaron," dijo.

Volé a casa al día siguiente. Cuando llegué, los funcionarios de la oficina del alguacil habían interrogado a toda la familia, a los vecinos, novios actuales y pasados e incluso a tíos sospechosos que, en su opinión, se interesaban demasiado por averiguar qué habían hallado hasta entonces. No sirvió de nada. Aún seguía perdida.

Conduje el camión de mi padre al pueblo y puse volantes con la fotografía de mi hermana y la pregunta ¿LA HAN VISTO?

Más tarde, me dirigí a una casa donde un grupo de amigos de mi hermana se había reunido a rezar, y permanecí allí solo con mi hermano, mientras el novio de mi hermana y su mejor amiga lloraban juntos en medio del sofá del salón. Cuando el grupo se dispersó, cuando todos nos dirigimos a casa a cenar y a seguir con el resto de nuestras vidas, entró una llamada de uno de mis tíos para decirnos a mí y a mi hermano que regresáramos a casa.

"¿La encontraron?" pregunté. "¿Se encuentra bien?"

Se negó a decir algo específico, sólo que debíamos regresar a casa de inmediato.

Afuera, mientras buscábamos un aventón, un auto marrón bajó por la calle a gran velocidad y frenó casi en el jardín. Se mecía de un lado a otro cuando se detuvo. La chica, otra de las amigas de mi hermana—tenía tantas—abrió la puerta de un golpe y gritó que habían hallado a mi hermana.

"Encontraron a Michelle," exclamó y, antes de respirar, dijo que mi hermana había muerto.

Mis rodillas se entrecruzaron. Caí sobre la hierba. Nubes blancas pasaban por el cielo ardiente y sentí que el calor me invadía, me llevaba, transportándome en sus brazos como no lo habían hecho los amigos de mi hermana.

Encontraron a mi hermana en una pradera detrás de nuestra casa. El calor del verano había descompuesto su cuerpo. Las estaciones de noticias locales transmitieron clips de video de su delgado brazo de porrista asomándose por la alta hierba seca. Las luces fantasmales de la cámara brillaban contra una piel que parecía demasiado pálida para ser la suya.

Para alguien que tenía sueños tan ambiciosos—y esta es la parte que más me duele—su vida llegó a aquel final de pesadilla no lejos de casa, donde se presumía que estaría más segura. Nunca encontraron a su asesino. El caso quedó en el olvido.

* * *

Después de terminar la secundaria, me mudé, aunque en realidad no avanzaba. Las amigas de mi hermana se fueron a la universidad, cerca y lejos; se casaron y adoptaron los apellidos de sus maridos; se convirtieron en enfermeras, profesoras y madres. En mi propia familia, la siguiente generación de primas continúa celebrando su paso al mundo de la mujer. Ahora gastan cerca de un año y miles de dólares en la planeación y realización del evento. Ordenan sus tortas de tres pisos y las galletas de *pan de polvo* a la pastelería Celebrity de McAllen. Compran sus vestidos y tiaras en la tienda Princess de Palm View. Alquilan el salón de baile del Nellie, el Centro de Convenciones Villa Real o el salón de baile Outta Town. Pagan cerca de dos mil dólares por publicar un anuncio de doscientas palabras en el diario local.

Mi prima segunda, Danielle, dice que le dieron la opción de elegir entre un auto y una fiesta de quinceañera. Ella eligió la fiesta. "Mi vestido fue confeccionado especialmente para mí," dice. "Estaba bañado en perlas y lentejuelas, de seda blanca con tiras debajo de los hombros." Llevaba zapatos de tacón compañeros, que se perdieron cuando los guardó debajo de la mesa de la torta, pero el punto máximo de la noche fue el baile con su padre. La canción que eligió fue "Hero" de Mariah Carey. Fue especialmente memorable, dice Danielle, porque su padre murió pocos años después. "Tengo únicamente lo que me dejó mi padre—recuerdos para toda la vida."

Otra prima, Melinda Yvette, dice que no tuvo la corte tradicional de damas y chambelanes: "porque termina siendo un problema encontrar el vestido adecuado para todas. Así que fui sola." Como una novia lanzando su liga, Melinda Yvette lanzó una muñeca a un grupo de chicas más jóvenes, que simbolizaba su "última muñeca." Años más tarde, insiste que la fiesta de quinceañera es "algo que nunca olvidarás incluso cuando seas vieja. Me sentí feliz aquel día."

Otra prima más, Cassandra, quien celebró la más reciente fiesta de quinceañera en nuestra familia, la describe así:

Los fotógrafos llegaron a mi casa alrededor de las tres de la tarde para grabarme en vídeo a mí y a mi familia. Luego, cerca de las tres y media, una limosina pasó a buscar a mis amigos, a mi hermano menor y a mí, y paseamos durante dos horas. A donde quisiéramos ir, tomábamos el teléfono y se lo decíamos al conductor de la limosina.

A las 5:30 nos condujo al club campestre Seven Oaks. Mi madre había pedido que decoraran el lugar con manteles beige y cada silla tenía una cinta anudada con un bello lazo atrás. Yo tenía mi propia mesa para mis amigos. En cada una de las mesas había bellísimos tulipanes frescos color lila y peceras con un pez beta en cada una. Los peces eran un regalo para mis amigos.

Yo llevaba un largo vestido lila con perlas y lentejuelas y una pequeña tiara, con las joyas compañeras. Mi madre llevó un bello vestido largo color granate, y mi padre y mi hermano llevaban pantalones negros y camisas blancas, pues no son de esas personas que les gusta llevar esmoquin.

Cassandra dice que no bailó con su padre porque es excesivamente tímida. De cualquier forma, por tímida que fuera, durante una noche disfrutó ser el centro de atención y dice que atesorará por siempre las fotografías y el video como recuerdos.

Querida Michelle, durante mi última visita a casa, mamá, obsesionada con la finca raíz de los cementerios, me conduce por los Valley Memorial Gardens. Señala una nueva sección donde se encuentran los lotes de ella y papá Se mudaron de lotes recientemente porque no quería estar tan lejos de ti, y los dos lotes que hay a cada lado fueron adquiridos para Marco y para mí, para que te escoltemos en tu descanso eterno.

Mamá, que se ocupó durante tanto tiempo en hacer un hogar perfecto, ahora nos prepara para la otra vida. Insiste: "*La muerte de segura la tiene uno. Por más que uno no quiere hablar de la muerte*, tienes que saber que todos, algún día, tendremos que partir. Nadie se va a quedar. *Un día como quiera te tienes que ir al otro mundo.*"

Los aspersores lanzan arcos llorosos de agua sobre los prados. No sacamos el camión para ir a verte. Además, de los innumerables viajes que he hecho a tu tumba, he memorizado la inscripción en la lápida que dice, "Compartió sus sonrisas y ocultó sus lágrimas." Mamá se besa los dedos, los agita hacia ti, y susurra, "Te amo, *mija*."

Señala un árbol cercano que se sembró por la época de tu entierro. Ahora extiende una sombra sobre tu tumba en las tardes. "No debe estar tanto al sol," murmura mamá, olvidando que tú siempre querías estar al sol. Brillar bajo los reflectores de Hollywood.

Al señalar la distancia entre las tumbas donde tú, Marco y yo algún día reposaremos, y donde ella y papá serán enterrados, mamá dice que no quería que termináramos demasiado lejos los unos de los otros. Quiere mantenernos juntos por siempre. Se pregunta en voz alta, "¿Crees que hice bien al cambiar?"

Aún no está segura. Pero algo es seguro. Este es el fin del linaje de los Guerras. Marco y yo seguimos solteros y sin hijos. No hay nadie que lleve nuestro apellido. Pronto, en lugar de una familia recordada, seremos una familia olvidada. "¿Se acuerdan de los Guerras?" dirán y nadie nos recordará.

Más tarde, mamá va a la vieja iglesia, donde hiciste la Primera Comunión, celebraste tu quinceañera, y donde se hicieron los servicios funerarios. Cuando salimos del camión, mamá murmura que hubiera debido traer su sombrero. Se pone un diario doblado sobre la cabeza. "Tengo que protegerme," dice, preocupada desde que le diagnosticaron un cáncer de la piel algunos años atrás. "No voy a permitir que el sol me llegue."

Tratamos de abrir las pesadas puertas de la iglesia y del nuevo salón parroquial—el viejo fue demolido—pero están cerradas con llave. No estamos seguros a dónde ir. ¿Qué puertas de la memoria nos quedan?

Las palmas se mecen en la brisa del verano y los árboles de *anacuahita* dejan caer sus flores blancas en forma de trompeta que se queman en la caliente vereda. Una bandada de loros salvajes estalla en el cielo, con sus plumas verdes brillando al sol mientras bajan en picada y graznan. No sabía que hubiera los loros en el Valle, pero mamá dice, "Vienen de México—pasan al otro lado."

Quiero pensar que en total hay quince, pero pierdo la cuenta después de doce. Según mamá, son sólo una bandada. "Mira," susurra para sus adentros, "allá van." Las aves aletean sobre nosotros en una mancha esmeralda, entre las altas palmas y sobre el parque cercano; la bandada se dispersa y desaparece en el cielo.

Sobre los Autores

Alberto Rosas nació en California y ha actuado en algunas obras de teatro. A todas las personas que conoce les dice: "Mi corazón está en el teatro." Alberto esperaba que cada obra de teatro lo acercara a encontrar su corazón. Después de protagonizar cerca de siete obras de teatro, Alberto aún no había encontrado su pasión. Su novia de entonces dijo que no tenía corazón. Aunque no estuvo de acuerdo con ella, Alberto sin embargo abandonó el teatro. Además de diversos cortometrajes y presentaciones en televisión, Alberto protagonizó cinco películas independientes, representando personajes tan disímiles como un delincuente juvenil, un homosexual con el corazón partido, un hombre acusado de abuso infantil, el jefe de un negocio de drogas, y un poeta. Alberto actualmente asiste a la Facultad de Derecho. Admite que estudiar Derecho se asemeja mucho a trabajar con actores. En sus ratos de ocio, escribe una novela de crímenes. Ocasionalmente, alguien le dice todavía que se parece a Antonio Banderas. Alberto ya no asiste a las fiestas de quinceañera. Para más información sobre los escritos de Alberto y su trabajo en el cine, visite www.alberto rosas.net.

Angie Cruz fue concebida en la República Dominicana y nació en Washington Heights, en la ciudad de Nueva York. Asistió a la escuela secundaria La Guardia, concentrándose en artes visuales y siguió ese camino para estudiar diseño de modas en F.I.T. En 1994, renunció a su estilo de vida de diseñadora de modas para estudiar de tiempo completo en SUNY Binghamton, donde comenzó su aventura amorosa con la literatura. Se graduó del programa MFA en NYU en 1999. Cruz ha aportado trabajos más cortos a varias publicaciones, incluyendo *The New York Times,* la revista *Latina y Callaloo.* Ha publicado dos novelas, *Soledad* y *Let It Rain Coffee* (Simon & Schuster). Actualmente trabaja en el libreto de cine para *Soledad,* cuya opción de producción es de Nueva York Productions. Recientemente se mudó a Texas para trabajar como profesora asistente en Texas A&M, donde está terminando su tercera novela.

Constanza Jaramillo-Cathcart nació en Medellín, Colombia, en 1972. Estudió Literatura Comparada y Cine, y tiene un título de maestría en periodismo. Ha vivido en Colombia, México, Francia y los Estados Unidos. Actualmente vive en Brooklyn, Nueva York, con su esposo Blake y su hijo Lucas, y trabaja como profesora y escritora. Sus relatos han sido publicados en la revista *Brooklyn Rail, Brooklyn Rail Anthology,* y es miembro de LART (Mesa Redonda de Artistas Latinos). Trabaja en su primera novela, *Subtítulos para la vida.*

Fabiola Santiago escribe artículos para el *Miami Herald,* donde ha trabajado como periodista desde 1980. Sus artículos sobre la cultura, las artes y la identidad cubana han sido publicados en muchos diarios y revistas estadounidenses, así como en América Latina, Canadá y Francia. Su poesía y sus cuentos cortos han aparecido en *The Caribbean Writer, Tropic Magazine* y *Highlights for Children.* Nacida en Matanzas, Cuba, llegó a los Estados Unidos con su familia en 1969, a la edad de diez años. Vive en Miami.

Leila Cobo-Hanlon es la directora ejecutiva del contenido latino y la programación de Miami de la revista *Billboard*. Sus trabajos han aparecido en *Latina, Miami Herald* y varias otras publicaciones. Nació en Cali, Colombia, y vive en Key Biscayne. Actualmente trabaja en su primera novela.

Nanette Guadiano-Campos es una escritora y profesora, y una fanática mexicana del estado de la Estrella Solitaria. Durante el día enseña a los niños a leer y a escribir. En la noche, lee y escribe. Varios de sus poemas han sido publicados en *Border Senses, Flashquake, True Poet Magazines* (selección de los diez mejores en junio de 2006), *Mom's Writer's Literary Magazine, The San Antonio Express News* y otras revistas en Internet. Acaba de ganar el primero y segundo puesto y la mención de honor en la Feria de Poesía de San Antonio, y aparecerá en una antología titulada *Voices Along the River* más tarde este año. Aunque a Nanette le fascina escribir poesía, su primer amor es la prosa, y este ensayo es su primera obra publicada. Actualmente trabaja en un libro de cuentos cortos basado en su legado mexicano-americano, así como en pulir su primera novela. Vive en San Antonio, Texas, con su esposo y sus dos hijas.

Malín Alegría Ramírez creció en el distrito Misión en San Francisco. Se graduó de la Universidad de California Santa Bárbara y recibió su título de maestría en educación. Es profesora, guerrera ecológica, bailarina azteca y actriz. Ha escrito diversos cuentos cortos y ha actuado con grupos como Teatro Nopal, Lovefest y WILL Collective. Su primera novela, *Estrella's Quinceañera*, fue lanzada en 2006 por Simon & Schuster y la segunda, titulada *Sofi Mendoza's Guide to Getting Lost in Mexico* salió al mercado en mayo de 2007. Malín vive actualmente en California.

Adelina Anthony es una autodenominada prostituta de género, queriendo decir con eso que trabaja en todos los géneros y no se siente culpable por ello. Actriz, escritora, directora y artista de medios digitales, esta escandalosa lesbiana chicana acaba de graduarse de un programa de maestría en Stanford, donde estudió intensamente con su mentora, Cherríe Moraga. Obtuvo una beca de PEN USA Rosenthal. Las obras de Adelina han aparecido en *Nerve, Best American Erótica 2002, Bedroom Eyes, Tongues* y otras revistas. Actualmente, su obra de teatro, *Mastering Sex and Tortillas,* está siendo considerada para publicación.

Eric Taylor-Aragón nació en Berkeley, California, en 1972. Su madre es peruana y su padre inglés. Tiene un título universitario en estudios interdisciplinarios de la Universidad de Berkeley, California, donde sus estudios se centraron en literatura moderna y filosofía. Ha vivido largo tiempo en América Latina, donde trabajó en derechos humanos al terminar la universidad. Sus obras han sido publicadas en la revista *Conch* de Ishmael Reed y en la revista literaria *Fence,* con sede en Nueva York. Ha contribuido como investigador/escritor de dos libros de la lista de los mejores vendidos en el género de no ficción, *Savages* de Joe Kane, y *Ptown—Art, Sex, and Money on the Outer Cape,* de Peter Manso. Aragón actualmente está negociando su primera novela y terminando una colección de cuentos cortos.

Bárbara Ferrer es una cubano americana de primera generación, bilingüe, nacida en Manhattan y criada en Miami, todo lo cual, advierte, hace de ella un cliché ambulante. No obstante, significa también que tiene a su disposición una familia extensa, de la cual saca inspiración y un arsenal de expresiones coloridas para utilizar en sus escritos. Bajo el nombre de Caridad Ferrer, *Adiós to*

My Old Life fue lanzado por MTV Books en 2006, cosechando elogios tales como "Un libro que hay que leer" (*Curled Up with a Good Kid's Book*), y "una inteligente primera novela sobre el mundo de la música y de la televisión de los realities." *(Romance Junkies)*. Su segunda novela para MTV Books será lanzada en agosto de 2007. A Barb pueden encontrarla en la Web en: http:// barbaraferrer.com, o www.caridadferrer.com.

Michael Jaime Becerra creció en El Monte, California. Es autor de la colección de cuentos cortos, *Every Night is Ladies' Night* (HarperCollins, 2004). Actualmente trabaja en una novela.

Durante 25 años, *Mónica Palacios* ha estado en la vanguardia de los escritos y actuaciones latinos gay. Creadora de varios espectáculos de una persona, incluyendo, *Getting Your Feet Wet* y *Greetings from a Queer Señorita*. Apareció en la antología *Latinas on Stage, Out of the Fringe: Latina/o Theatre & Performance; LA Gay & Lesbian Latino Arts Anthology 1988–2000; Puro Teatro; Living Chicana Theory; A Funny Time to be Gay; Latina: Women's Voices from the Borderlands;* y *Chicana Lesbians: The Girls Our Mothers Warned Us About*. Su trabajo continúa siendo estudiado en las universidades, y es conferencista de Loloya Marymount University, UCLA, American Academy of Dramatic Arts, UC Santa Bárbara, California State University Los Ángeles, y UC Riverside. Entre los premios que ha obtenido están la beca postdoctoral Rockefeller, dramaturga finalista en Chicago Dramatists; Excellence in Palywriting—Premio Indie; "OUT 100" de la revista OUT; Una de las latinas/os LGBT más influyentes del país; y Los Ángeles Latin Pride Foundation. Ha sido comisionada también por el Center Theatre Group. Encuéntrela en la Web en www .monicapalacios.com.

Felicia Luna Lemus es autora de dos novelas, *Like Son* (Akashic Books, 2007) y *Trace Elements of Random Tea Parties* (Farrar, Straus and Giroux, 2003). Sus escritos han aparecido en *Bomb, Small Spiral Notebook, A Fictional History of the United States with Huge Chunks Missing,* revista *Latina* y en otras publicaciones. Vive en la ciudad de Nueva York.

Berta Platas, la autora de *Cinderella López* (St. Martin's Press, 2006), comenzó su carrera de escritora con la línea Kensington Encanto. Nació en Cuba, se crió en los Estados Unidos y ahora vive en Atlanta, Georgia. Su próximo libro será una novela corta en la antología *Names I Call My Sister,* que publicará Avon en 2007.

Erasmo Guerra nació y se educó en el Valle del Río Grande al sur de Texas. Es autor de la novela *Between Dances,* por la cual obtuvo el Premio Literario Lambda, y es editor de la colección de no ficción *Latin Lovers: True Stories of Latin Men in Love.* Sus escritos han sido publicados en una serie de diarios, revistas, y antologías, incluyendo *New World: Young Latino Writers* y *Hecho en Texas.* Guerra ha recibido becas del Vermont Studio Center, Fine Arts Work Center de Provincetown y del Virginia Center for the Creative Arts. Es miembro de Macondo, el colectivo de escritores dirigido por Sandra Cisneros. Vive en la ciudad de Nueva York.

Agradecimientos

Gracias a John Hughes, Molly Ringwald y Anthony Michael Hall por guiarnos a través de tiempos extraños. A René Alegría, por la oportunidad de hacernos sentir como *Samantha* de *Sixteen Candles* en lugar de como Hope en *Thirtysomething*. Gracias a Cecilia Molinari, Melinda Moore y al equipo Rayo por hacer de este trabajo pura diversión. Muchas gracias también a mi agente Joy Tutela, así como a Michelle Herrera-Mulligan, Marcela Landres, Carmen Ospina, Deborah Kreisman-Title y Rafael López, por sus sugerencias y por su apoyo.